개정판

수학의 세계

대학교양총서 18

개정판

수학의 세계

박 세 희

서울대학교출판문화원

Invitation to the World of Mathematics

Sehie Park

Seoul National University Press

개정판 머리말

이 책이 1985 년에 처음 간행된 지 21 년이 흘러갔다. 그동안 이 책은 수많은 독자 여러분의 사랑을 받아 12 쇄나 간행되었고, 최근 십여 년 간에는 서울대학교의 교양강좌 "수학의 세계"의 교재로도 사용되었었다.

그동안 우리나라의 학문적 환경도 많이 바뀌었다. 수학에 관한 읽을거리가 거의 없던 시대가, 오늘날에는 수많은 번역서와 해설서들이 넘쳐나는 시대로 바뀌었다. 학자들의 수와 그 수준도 괄목할 만하게 높아져서 국제적으로 높은 평가를 받는 이들도 많아졌다.

수학의 세계 안에서도 놀라운 변화가 많이 나타났다. 새로운 분야, 새로운 발견, 미해결 문제의 해결이 연이어 나타나고, 일상생활에서 컴퓨터를 상용화함에 따라 정보량이 과다한 시대가 되었다. 이런 큰 변화 속에서는 수학 전문가들도 자신의 좁은 전공 분야 안에서조차 따라가기 힘들게 되어 있다.

이러한 시대적 상황 속에서 이 책의 존재의의는 무엇인가? 원래의 목표는 대학 초년급 학생들에게 수학의 길잡이로서 순수수학 전반의 고전적 내용을 소개하고 해설하는 것이었다. 더구나 고교시절에 수능이나 입시 공부에만 매달려 온 학생들에게 시야가 넓은 생동하는 학문의 면모를 보여 줄 필요가 있었다. 그리하여 아직도 이런 목표를 가진 책이 필요하다는 생각에서 제 2 판을 내기로 하였다.

제 2 판에서는 한글을 전용하기로 하고, 지난 20 여 년 간의 수학의 발전 내용을 적극 반영하기로 하였다. 본문에서 수십 군데를 수정하였고, 부록으로 "20 세기 수학의 몇 이야기"를 붙여서, 20 세기 수학에서의 토픽을 따로 다루었다. 이들 토픽은 본문에서 미쳐 못다 한 이야기를 덧붙인 것이라 생각해도 된다.

몇 년 전부터 계획된 개정 작업도 본인의 바쁜 학자 생활 때문에 더디어진 것은 초판 때와 거의 같다. 다만 몇 년 전에 정년을 맞았고, 수학에 입문한 지 52 년째인 금년에 43 년간의 서울대학교에서의 강의 생활을 마침으로써 이 일을 끝낼 수 있었음을 다행스럽게 생각한다.

2006 년 7 월

박 세 희

책머리에

《수학의 세계》(*The World of Mathematics*)라는 말은 미국의 계몽가 뉴맨 James R. Newman이 편집한 4권으로 된 방대한 분량의 책에 붙은 이름이다. 1956년에 간행된 "아모세 A'h-mosé로부터 아인슈타인 Einstein에 이르는 참고문헌의 작은 도서관"이라는 부제가 붙은 이 책은, 역사상의 수학문헌 중에서 비교적 비전문적이고도 중요한 것 133개를 골라 해설과 주를 단 것이며, 전문적인 수학자가 아닌 사람에게는 참으로 귀중한 읽을거리이다.

이 책을 비롯하여 외국에는 너무나 많은 계몽적인 수학서가 있다. 그것은 수학이 서양정신사의 큰 추진력의 하나였던 점과 독자층이 고급이라는 데서 이해되는 일이다. 그러나 이 중 딱 한 권만을 추천해 달라고 한다면 여러 가지 이유로 해서 굉장한 어려움을 느낄 것이다.

이 책은 고도의 지성을 가진 독자들을 위하여 현대수학의 세계를 개관해 보려는 의도를 지극히 서투르게 시도해 본 것이다. 말하자면 남들이 즐겨 택하는 길이 아닌 방법을 택하였다고 보면 된다. 그 동기는 서울대학교의 모든 계열의 신입생들이나 재학생들이 너무나 수학에 관하여 아는 것이 없다는 데 충격을 받은 데 있다. 1979년에 시작된 이 작업은 저자의 바쁜 학술활동 때문에 더디어질 수밖에 없었다.

수학의 세계의 광대함에 비하여 한 수학자가 다룰 수 있는 분야들은 자연히 적어질 수밖에 없다. 그 분야라는 것도 자기의 연구분야로 한정한다면 더더욱 좁아진다. 이해를 가지고 있는 분야조차도 해마다 내용이 늘어나고 방법이 바뀌고 하여 따라가기 힘들다. 유능한 학자는 마치 분별 있는 영주처럼 자기의 영토를 수시로 점검하고 경계를 분명히 하여 자기의 분야인 자기의 영토에 대한 지배를 확고히 해 둘 필요가 있다. 이는 무던히도 힘든 작업이다.

영토를 보전하는 것으로 그쳐서는 안 된다. 여행가가 견문을 넓혀 가듯이, 학자도 자기의 세계를 부단한 탐구를 통하여 확대해 나가야 한다. 이때의 확대도 건성으로 그쳐서는 안 되며, 그동안의 내용의 발전과 방법의 변화를 터득하여야 하는 진지한 작업이 되어야 한다. 방법론의 발달로 말미암아 불과 몇 년 전의 논문들조차도 더 간단한 방법으로 더욱 정밀하게 더 밀도 있는 짧은 논의로 대체되고 확대되는 일이 많다.

학문이란 한때만의 결실을 위한 것이 아니며, 한 대의 학문은 그 후속자들에 의하여 연연히 이어져서, 뒤의 대의 학문의 초석이 되는 것이다. 더구나 수학은 모든 학문의 언어로서의 역할을 하고 있으며, 모든 합리적 사고의 밑바닥에 깔린 아이디어의 결정이므로 수학을 모른다는 것은 일종의 문맹과 같은 처지에 놓이게 되는 것과 같은 것으로 보인다.

저자는 이 작은 책이 독자들에게 순수수학에 대한 작은 이해를 줄 수 있으리라 기대하며, 이를 통하여 우리나라 학문의 발전에 관심을 가져 주었으면 하는 마음이 간절하다. 잊지 말 것은, 수학을 한다는 것은 그 속에 몰입하는 경지 속에서만 무엇인가 터득된다는 사실이다.

이 책의 내용 중 일부분은 1980-82 년의 KBS-TV 의 교육방송에서 저자가 방송한 것들이며, 대부분의 내용은 대체로 여러 가지 참고문헌으로부터 인용한 것이다. 또, 이 책의 목표는 고교 이상의 학력을 가진 분들에게 현대수학의 오리엔테이션을 한다는 정도의 가벼운 것이라 보면 된다.

적은 페이지 수여서 많은 내용을 다루지 못한 것, 넣을 것보다 뺄 것을 먼저 생각하여야 했던 것, 또 순수수학으로만 제한한 것에 대하여는 책 끝의 참고문헌 등을 통하여 독자 스스로의 세계를 구축해 볼 것을 권하는 것으로 대신한다.

이 기회를 통하여, 본서를 쓰는 동안 여러 가지로 도와준 이상석(숭실대), 정광식(숭실대), 배종숙(충남대), 박종안(강원대), 문권배(상명여대), 김원규(충북대), 강병개(성신여대) 교수에게 감사의 뜻을 표한다.

1985년 4월
박 세 희

차례

Ⅱ. 수와 대수학

Ⅲ. 도형과 기하학

Ⅳ. 함수와 해석학

V. 집합과 수학의 기초

I. 초기의 수학

모든 고대 문명은 제 나름대로의 수학을 가지고 있었다. 그것은 개인적인 생활 경험이 집적되어 산업과 통치의 기본 수단으로 변해져 온 것들이다. 논밭을 측량하여 조세 수입을 계산하는 것은 국가 재정의 근본이었으며, 치수 관개를 입안하여 실행하는 것, 천문 관측을 통하여 바른 역법을 만드는 것, 인구 조사를 통하여 국세를 파악함으로써 국방을 튼튼히 하는 것 등은 국가가 반드시 해야 할 일이다.

초기의 수학은 메소포타미아, 이집트, 황하 연변의 중국 등에서 나타났다. 메소포타미아와 이집트의 수학은 그리스로 전해져 비로소 단편적인 지식들이 체계적인 학문으로서 종합화되어 오늘날의 수학의 모태가 되었다. 여기에 다시 인도와 아랍에서 태어난 수학이 더해져서 중세 유럽으로 전해지게 된다.

중국을 중심으로 한 동양의 수학은 오랫동안 유럽에서 발전된 수학과 독립되어 있었는데 이에 관하여는 저자가 번역한 야부우찌 지음 《중국의 수학》(전파과학사)을 읽어 주기 바란다.

여기에서는 메소포타미아와 이집트의 수학을 살펴본 뒤에, 그리스의 초기 수학과 알렉산드리아 시대의 그리스 수학을 살펴보고, 그 뒤 인도와 아랍의 수학에 대하여 알아보기로 한다.

그리스에서 태어난 수학에서의 몇 가지 중요한 문제들이 오늘날까지 2,300여 년 간 어떤 영향을 주어 오면서 연면히 내려오는가를 알아보는 것은 자못 흥미 있는 일이다.

1. 메소포타미아와 이집트의 수학

고대의 수학

인간은 예로부터 수와 도형에 대하여 관심을 가지고 그것을 사용해 왔다. 5천 년 이상의 오래된 기록에서도 상당한 수학적 지식을 가진 내용을 찾을 수 있으므로, 그보다 앞선 몇만 년 동안 그런 개념을 알고 있었다고 볼 수 있다. 고대인의 도형에 관한 지식은 원시예술로부터도 알 수 있는데, 2~3만 년이나 된 그림 중에서 원근법 같은 것을 볼 수 있으며, 극단적으로 5만 년 전이라 알려진 스페인의 알타미라 동굴의 벽화에도 그 같은 예가 있다.

고대인의 수에 관한 개념의 자취는 알기 어렵지만, 동물이나 현대의 미개인들의 수에 관한 인식으로 미루어 알 수 있다. 가령 새들도 2와 3을 구별할 수 있다고 하며, 미개인들 중에는 "하나", "둘", "많다"라는 세 개의 수사만을 가지고 있고, 4개를 식별할 수 있는 사람이 드문 예도 있다고 한다. 한편, 오늘날의 문명국의 언어 안에서도 옛날에 그러한 단계를 거쳤다는 흔적을 나타내는 말이 있으므로, 분명히 수의 개념이 진화되어 왔음에 틀림이 없다. 수를 셀 때 두 집합 사이에 1 대 1 대응의 개념을 쓴 것으로 보이며, 이때의 가장 간단한 도구로 손가락을 써서 수를 파악한 것임은 자연스런 일이라 생각된다.

고대인의 문명이 비약적인 발전을 이룬 것은, 방랑하던 수렵 생활에서 정주하는 농경 생활로 바뀐 것으로 비롯된다고 한다. 그 결과 기원전 3천 년대의 나일강 유역의 이집트, 티그리스와 유프라테스 두 강 유역의 메소포타미아 (바빌로니아), 그보다 뒤에 갠지스강 상류 지대의 인도, 황하와 양자강 연변의 중국 등에서 문명이 태어난다. 이들 큰 강들은 해마다 범람하여 그 유역을 황폐하게 하기도 하고 비옥하게 하기도 하였으므로, 작은 집단의 힘으로는 활용할 수가 없어 5천 년도 더 이전에 강력한 국가들이 생겨났다.

이리하여 개인적인 생활 경험에서 생겨난 수학의 지식은 농업과 통치의 기본 수단으로 쓰이게 된다. 국가는 배수나 관개 시설을 해야 했고, 경지를 측량하여 조세를 거둬들여야 했으며, 천문 관측을 통하여 계절의 결정 등 농업에 필요한 지식을 얻어야 했고, 인구 조사를 통하여 국세를 파악함으로써 국방을 튼튼히 하여야 했다. 한편 정신 생활 면에서 필요한 종교의 탄생은 승려들이 지배층이 되어 천문이나 역법 같은 중요한 지식을 장악하게 된다.

이와 같은 기록은 후세에 발굴되었는데, 고고학적 연구가 뒤진 인도와 양자강변을 제외한 다른 세 지역에서는 많은 유물들을 찾아낼 수 있었으며, 특히 메소포타미아와 이집트에서는 많은 수학적 지식이 활용되고 있었음을 알게 되었다.

메소포타미아의 수학

고대의 바빌로니아 문명이 번성하였던 티그리스강과 유프라테스강은 터키에서 시작하여 시리아를 거쳐 이라크를 관통하고 페르시아만으로 흘러 들어간다. 이 두 강 사이의 지방을 메소포타미아라 부르는데, 이는 "강 사이의 토지"라는 뜻이다. 이 지방은 기후가 온난하고 토지가 비옥하고 동서 교통의 중심이었기 때문에 일찍부터 문명이 싹터 있었다. 여기에서 문명을 일으킨 수메르 Sumer 인들은 그 언어가 어느 계통인지 알려져 있지 않으며, 지금의 이라크인 메소포타미아의 남부에서 살고 있었다. 그들의 문명은 기원전 2천 년경에 셈족 Semite의 바빌로니아 문명으로 흡수되는데, 성경에 나오는 족장 아브라함은 이 시기에 수메르인의 도시 우르 Ur에서 태어났다고 한다. 바빌로니아 문명은 기원전 575년경에 최고조에 이른다. 여기에서 다루는 메소포타미아의 수학은 주로 수메르인의 것이다.

19세기 중엽 이후 메소포타미아 지방에서 50만 개 가량의 서판(書板)이 발견되었는데, 그것은 진흙판에 막대 끝으로 쐐기꼴의 자취[楔形文字]를 남겨서 말린 것으로서, 대체로 기원전 2400년에서 1350년까지의 것이 많으며, 특히 기원전 2200년경의 것이 많다. 이 서판 중에서 약 300개는 수학에 관한 것으로, 여러 가지 수표(數表)와 수학 문제가 기록되어 있으며, 수표가 기록되어 있는 것만 200여 개에 이른다.

1930년대 이후의 메소포타미아의 수학의 연구로 저명한 **노이게바우어** Neugebauer(1899-1990)에 따르면, 메소포타미아에서는 60진법의 정수와 분수를 알고 있었고, 수표 중에는 곱셈표, 역수표, 제곱표, 세제곱표, 지수표 등이 있으며, 이들을 써서 1차, 2차의 방정식, 간단한 3차방정식과 연립 2원 2차방정식을 풀었다. 지수표는 복리 계산에, 역수표는 나눗셈을 곱셈으로 전환하는 데 사용된 것으로 보인다.

메소포타미아인들은 또 직사각형, 직각삼각형, 이등변삼각형, 직각사다리꼴 등의 면적과 직육면체의 체적 또는 특수한 꼴의 사다리꼴을 밑면으로 가지는 각기둥의 체적을 구하는 일반적 법칙들을 잘 알고 있었던 것 같다. 원주율로는 3 또는 $3\frac{1}{8}$ 을 사용했으며, 직원기둥의 체적은 밑면의 면적과 높이의 곱으로 구하였다. 닮은꼴인 두 직각삼각형의 대응하는 변은 비례한다는 것이나, 이등변삼각형의 꼭지점에서 밑변에 내린 수선이 밑변을 2등분한다는 것, 지름에 대한 원주각은 직각이라는 것도 알고 있었다. 잘못 알고 있던 것도 있는데, 그것은 "원뿔대 (또는 사각뿔대) 의 체적은 밑면과 윗면의 면적의 합의 반과 높이의 곱으로 표시된다"는 것이었다.

현재 우리가 360° 를 1 회전으로 보는 각의 단위는 메소포타미아로부터 유래된 것이다. 360 이라는 수를 사용하게 된 동기에 대하여는 여러 가지 주장이 있으나, 노이게바우어에 설명이 가장 타당한 듯하다. 유프라테스강 어귀의 고대 수메르인들은 먼 거리를 재는 단위로서 오늘날의 마일 (mile) 의 7 배에 해당하는 길이를 사용하였으며, 이것은 또한 그와 같은 거리를 가는 데 소요되는 시간의 단위로 사용되기도 하였다. 편의상 이 단위는 30 등분하여 사용되었는데, 천문기술이 발달함에 따라 하루의 길이는 이 단위의 12 배이며, 하루에 천구가 1 회전한다는 것이 밝혀졌다. 따라서 원주를 $12 \times 30 = 360$ 으로 등분하게 된 것이다.

한편 1° 를 60′, 1′ 를 60′′ 로 나누는 60 진법도 메소포타미아인의 생각을 따른 것이며, 1′ 을 라틴어로 partes minutae primae (첫째 작은 부분), 1′′ 을 partes minutae secundae (둘째 작은 부분) 이라 부른 것이 오늘날의 분 (minute) 과 초 (second) 라는 이름으로 바뀌었다.

노이게바우어는 루브르 박물관의 한 서판에서 다음과 같은 두 개의 급수에 관한 문제가 있는 것을 발견하였다.

$$1+2+2^2+\cdots+2^9 = 2^9+2^9-1,$$

$$1^2+2^2+3^2+\cdots+10^2 = \left[1\left(\frac{1}{3}\right)+10\left(\frac{2}{3}\right)\right]55 = 385.$$

그들은 또한

$$\sqrt{2} \approx \frac{17}{12}, \quad \frac{1}{\sqrt{2}} \approx \frac{17}{24}$$

과 같은 제곱근의 근사값을 알고 있었으며, $\sqrt{2}$ 의 근사값으로서 더 정확한 값인

$$1+\frac{24}{60}+\frac{51}{60^2}+\frac{10}{60^3}=1.4142155$$

가 기록되어 있는 서판도 있다.

여러 가지 수표를 만들어 낸 메소포타미아인들은 고도의 계산 능력을 가지고 있었으며, 기하보다는 대수에 더 능했었다. 그들이 생각해 낸 문제들의 깊이와 다양함은 놀랄 만하다. 이들의 대수학은 뒤에 유클리드에 의하여 기하학적으로 뒷받침된다.

이집트의 수학

나일강은 오늘날의 콩고, 우간다, 케냐, 에티오피아에서 시작되어 수단을 거쳐 이집트의 동쪽에 치우쳐 관통하면서 지중해로 흘러드는데, 그 하구는 여러 개로 갈라져 있다. 매년 봄이 되면 아프리카 오지의 눈이 녹은 물 때문에 나일강 하류에는 정기적인 범람이 일어나서, 피해도 컸지만 비옥한 삼각주가 생겼다.

이러한 결과로 이집트의 고대 문명에서는 범람의 시기를 예측하기 위한 천문역법이 발달하였고, 가령 1년이 365일과 1/4이라는 것을 알고 있었다고 한다. 또, 범람의 피해에 따른 세금 감면을 위한 계산법이나, 범람 후의 토지를 다시 구획해야 할 토지측량법이 발달하였다. 오늘날의 기하학을 영어로 geometry라 하는 것은 geo가 토지를, metry가 측량을 의미하는 그리스말에서 나온 것이다.

이집트인들의 수학 지식은 체계적인 것이 아니며 학문이라 부를 수 있을 정도의 이론적인 것도 아닌 단순한 생활의 지혜였으나, 그들이 사용한 과학과 기술 속에서 상당한 수학적 지식을 찾아낼 수 있다. 그 거대한 피라밋이나 여러 가지 건조물을 지은 것으로 보아 그 높은 수준을 짐작할 수 있지만, 남아 있는 기록은 적다.

고대 이집트인들은 나일강 하류에 무성한 파피루스라는 풀로 만든 일종의 종이 같은 것에 사물을 기록했다. 고대 이집트의 수학 문헌은 **모스크바 파피루스** Moscow papyrus와 **린드 파피루스** Rhind papyrus밖에 남아 있지 않은데, 거기에는 각각 25개와 85개의 문제들이 기록되어 있다. 앞의 것은 기원전 1850년경의 것으로 모스크바의 박물관에 있으며, 뒤의 것은 기원전 1650년경의 것으로 린드가 1858년에 구입하여, 사후에 대영 박물관(British Museum)에 기증되었다. 지은이(또는 필사한 이)는 **아모세** A'h-mosé로 알려져 있으며, 세로가 약 20 cm, 가로가 약 5 m 50 cm인 파피루스에 상형문자로 기록되어 있다.

이집트의 산술은 10진법과, 분자가 1인 분수로써 수를 나타냈다. 또, 구구표를 사용하지 않고 곱셈과 나눗셈을 하였는데, 그것은 모두 자연수가 2의 거듭제곱의 합으로 표시된다는 것을 이용한 것이었다. 이를테면 $26=16+8+2$이므로 $26\times33=858$은 아래와 같이

1	33
* 2	66
4	132
* 8	264
*16	528
	858

*표에 해당하는 것을 더하여 곱을 얻었으며, 또 753÷26 은 다음과 같은 표를 써서 계산하였다.

1	26
2	52
4	104*
8	208*
16	416*
28	

$$\begin{aligned}753 &= 416+337\\ &= 416+208+129\\ &= 416+208+104+25\end{aligned}$$

몫은 *표에 해당하는 것만 더하여 28, 나머지는 25 이다.

간단한 방정식을 푸는 방법도 나와 있는데,

$$x+x/7=24$$

를 푸는 데 적당한 값, 예를 들어 $x=7$ 을 대입하면 $x+x/7=8$ 이므로 7 에 $24/8=3$ 을 곱하여 $x=21$ 을 얻는다고 되어 있다.

린드 파피루스에는 덧셈과 뺄셈의 기호와 등호나 미지수를 나타내는 기호가 사용되었다.

모스크바 파피루스와 린드 파피루스의 110 개의 문제는 대부분 일상생활에서의 간단한 문제들을 풀어놓은 것이다. 1 차방정식이나 식료의 분배 같은 비례 문제도 있으며, 그중 26 개는 기하학에 관한 문제이다. 이들 대부분은 토지의 면적이나 곡물 창고의 용적을 계산하는 데 필요한 구적공식에 관한 문제들이다. 원의 면적은 그 지름의

8/9 을 한 변으로 가지는 정사각형의 면적으로, 원기둥의 체적은 밑면의 면적과 높이의 곱으로 나타내었다. 또 삼각형의 면적은 밑변과 높이의 곱의 반이라는 것을 알고 있었다.

재미있는 것은 린드 파피루스에서 아모세가 몇 가지 틀린 면적의 공식을 쓰고 있다는 것이다. 그런데 기원전 257 년에 건설된 한 신전의 벽에 기원전 100 년경의 승려의 토지 수와 면적이 기록되는데, 거기에 아모세의 틀린 법칙이 그대로 적용되고 있다는 것이다. 이는 유클리드의 시대보다 200 년이나 뒤가 된다. 따라서 이집트의 초기의 기하학이 번성했던 데 비하여, 그 다음 시대에는 별로 발전했던 것 같지 않으며, 그 이유는 수학이나 의학에 관한 지식이 성전 속에 편입되어 수정이나 증보를 허용하지 않았기 때문이었던 것 같다.

또, 놀랄 만한 것은 모스크바 파피루스에 지름이 d 인 반구면의 표면적을 구하는 데

$$S=\left[2d-\frac{1}{9}\times2d-\frac{1}{9}\left(2d-\frac{1}{9}\times2d\right)\right]d=\left(\frac{256}{81}\right)\frac{d^2}{2}$$

을 썼다는 것이 나와 있다. 다시 말해 반지름이 r 이면 $S=2\pi r^2$ 이고, $\pi=256/81=3.1605$ 인 것이다. 그리고 각뿔대의 아래위의 면이 각각 변의 길이 a, b 인 정사각형이고, 높이가 h 일 때 그 체적 V 를

$$V=\frac{h}{3}(a^2+ab+b^2)$$

로 구하고 있다. $h=0$ 일 때는, 정사각뿔(피라밋)의 체적의 공식이 얻어진다.

2. 그리스의 수학

논증수학의 탄생과 탈레스

기원전 1000 년경이 되면 이집트와 메소포타미아가 쇠퇴하고, 히브루, 앗시리아, 포에니키아, 그리스 사람들이 강대해졌다. 철기 문명이 발전되고, 알파벳과 동전이 나타났으며, 무역이 성행하여 새로운 문화가 일어났다. 이 문화는 소아시아의 해안에 산재해 있던 무역의 중심지에서 일어났으며, 뒤에 그리스 본토, 시칠리아와 이탈리아의 해안 도시로 전파되었다.

원래 그리스인은 기원전 2000 년경에 북쪽에서 남하하여 지중해의 통상을 위협하던 야만족이었으나, 선진제국의 문화를 흡수하여 그들을 정복하고 지중해안 여러 곳에 식민지를 만들었다. 그들은 그들이 받아들인 문화와 전혀 이질적인 독특한 문화를 세웠는데, 그들의 학문은 실용을 떠난 지식 그 자체만을 목표로 하였으며, 또 후세에 큰 영향을 준 학파들의 주류는 모두 수학을 학문의 중심으로 보았다. 이리하여 그리스에서 비로소 학문으로서의 수학이 태어나게 된다.

그리스의 식민지였던 소아시아의 이오니아 (서부 터키) 지방에서는 기원전 7세기부터 이집트와 메소포타미아와의 교통이 번성하여 가장 먼저 그리스 문화가 꽃피었으며 합리주의 사상이 일어났다. 이 시기의 정신적 특색은 신화와 같은 종교적 세계관과 함께, 세계를 일원적으로 이론화하여 이해하려는 시도가 나타난 것에 있다.

이오니아 학파의 대표는, 서양 철학의 시조이고, 그리스의 논증 수학의 아버지이며, 그리스의 일곱 현인 중 하나인 탈레스 Thales (624?-546? B.C.)이다. 그는 소아시아 해안 지방에서 올리브 기름 장사에 종사하다가, 이집트 여행 중에 그곳 승려들로부터 실용적인 지식을 배운 뒤, 상업 대신에 수학과 철학에 몰두하게 되었다. 그는 그림자의 길이를 이용하여 피라밋의 높이를 계산했다고 한다.

그는 실용적인 지식에 논증을 줌으로써 이론을 체계화하고, 이론에서 얻어진 지식을 다시 실용적인 문제에 적용한다는 그리스적인 학문 정신을 세운 사람이다. 이러한 방법으로 탈레스가 발견했다고 전해지는 것으로 다음의 것이 있다.

(1) 지름은 원의 면적을 2 등분한다.

(2) 이등변삼각형의 두 밑각은 같다.

(3) 두 맞꼭지각은 같다.

(4) 두 쌍의 각과 그들의 사잇변이 같은 두 삼각형은 서로 합동이다.

(5) 지름에 대한 원주각은 직각이다.

탈레스는 이들 정리에 명확한 증명을 줌으로써 기하학을 굳건하게 세우는 전통을 세웠을 뿐 아니라, 이같이 얻어진 지식을 실제 문제에 응용하였는데, 예를 들어, 그는 (4)를 써서 해안으로부터 멀리 떨어져 있는 배까지의 거리를 계산했다.

이오니아 학파 중에서 천문학을 과학적으로 발전시킨 아낙시만드로스 Anaximandros (610?-547? B.C.)와 아낙시메네스 Anaximenes (585?-528? B.C.)는 탈레스의 제자이다. 또, 후자의 제자였던 아낙사고라스 Anaxagoras (500?-428? B.C.)는 π의 값을 정확히 구하려 시도한 최초의 학자이며, 무한과 연속에 관한 생각을 써서, 원의 면적은 반지름의 제곱에 비례함을 발견했다고 한다.

피타고라스 학파

탈레스를 중심으로 한 이오니아 학파는 합리적인 것만을 추구하였으나, 그 뒤 피타고라스를 중심으로 하는 학파는 여기에 종교적 신비주의를 첨가하였다. 피타고라스 Pythagoras (580?-500? B.C.)의 생애는 신비에 싸여 있다. 이오니아의 사모스 섬에서 태어나, 탈레스의 권고를 따라 수학의 시야를 넓히기 위해 여러 해 동안 이집트와 메소포타미아에 유학한 뒤, 고향에 돌아와 종교색이 짙은 학교를 열었으나, 정치적인 박해 때문에 성공하지 못했다. 40세경에 다시 이탈리아 남부의 크로톤에 학교를 세웠는데, 이는 영혼의 불멸을 논하는 일종의 종교 단체로서, 의식을 거행하고, 그 제자들의 발견은 모두 피타고라스의 것으로 하고, 또 그 발견을 외부에 누설하지 못하게 했다. 이들의 세력이 커짐에 따라 정치적인 반대파 때문에 학교는 불태워졌다. 뒤에 피타고라스는 메타폰티온에서 죽었으나, 그의 학파는 그리스의 여기저기에 흩어져서 약 200년간 활동하였다. 그들은 근본 철학이 "만물은 수이다"였기 때문에 수학을 중요시하였다.

이제 피타고라스 학파의 업적을 살펴보기로 하자.

정수론 피타고라스 학파의 학과는 음악, 천문, 기하학, 정수론이었다. 음악이 강조된 것은 고대인의 정신 생활의 한 특징이며, 또한 종교의 영향이라 생각된다.

피타고라스는, 처음에 길이가 1인 현을 울려서 소리를 내고, 다음에 길이가 2/3인 현을 울려서 소리를 내면, 처음의 소리보다 5도 높은 소리가 나고, 또 길이 1/2인 현은 원래의 소리보다 8도 높은 소리가 남을 발견하여, 이들을 기초로 해서 음계를 만들었다. 이는 오늘날 피타고라스음계로 알려져 있다.

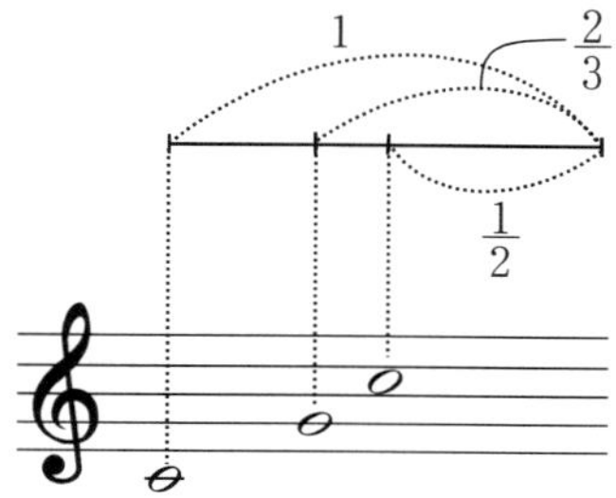

이와 같은 사실에서, 피타고라스는 자연계에서의 수의 역할을 중요시하여, "만물은 수이다"라 하고, 계산 기술이 아닌, 수 자체의 성질을 연구하는 정수론(산술)을 연구했다. 그는, 자연수의 성질 중 간단한 것, 아름다운 것, 조화가 잡힌 것이라 생각되는 것에 이름을 붙였다. 예를 들면, 홀수, 짝수, 소수, 서로 소(素)인 수, 완전수, 과잉수, 부족수, 친화수 등과 같은 것이다.

자연수 중에서, 자기 자신을 제외한 모든 약수의 합이 자기 자신과 같아지든가, 자기 자신보다 크든가, 자기 자신보다 작든가이면, 그 자연수를 각각 **완전수**, **과잉수**, **부족수**라 불렀다. 예를 들어, 6과 28은 완전수, 18은 과잉수이고, 10은 부족수이다.

또, **친화수**란, a가 b의 자기 자신을 제외한 모든 약수의 합이 되고, 또 b가 a의 자기 자신을 제외한 모든 약수의 합이 되는 한 쌍의 수 $(a,\ b)$를 가리키는 말이다. 예를 들면,

$$220 = 1+2+4+71+142 \quad (284\text{의 약수의 합})$$

$$284 = 1+2+4+5+10+11+20+22+44+55+110 \quad (220\text{의 약수의 합})$$

이므로 220과 284는 친화수이다. 피타고라스 학파는 (220, 284) 단

한 쌍의 친화수만을 발견했을 뿐이나, 제 2, 제 3의 쌍은 17 세기에 페르마 Fermat 와 데카르트 Descartes 가 발견하였으며, 18 세기에는 오일러 Euler 가 62 번째의 쌍까지 발견하였다.

피타고라스 학파는 수를 도형과도 결부시켰다. 그 개수만한 점을 써서 배열할 때, 1, 3, 6, 10, … 과 같이 정삼각형으로 배열할 수 있는 수들을 **삼각수**, 1, 4, 9, 16, … 과 같이 정사각형으로 배열할 수 있는 수들을 **사각수**라 불렀다. 마찬가지로 **오각수**, **육각수**들을 다루었다.

이와 같은 수의 연구는 별로 가치가 있는 것은 아니지만 뒤에 정수론 연구에 큰 영향을 주었다.

참고로, 그리스의 수학자들은 "산술" (수의 과학) 과 "계산술" (계산의 기술) 사이에 구별을 하는 관습이 있었고, 앞의 것을 Arithmetice, 뒤의 것을 Logistice 라 불렀다. 앞의 것의 내용이 주로 정수론인 것이다.

기하학 이집트에서는 3, 4, 5 를, 메소포타미아에서는 5, 12, 13 을 세 변의 길이로 하는 삼각형을 이용하여 직각을 그렸는데, 이집트와 메소포타미아에 유학한 피타고라스는

$$3^2+4^2=5^2, \quad 5^2+12^2=13^2$$

에 착안한 것 같다.

> "직각삼각형에서 빗변의 길이의 제곱은 다른 두 변의 길이의 제곱의 합과 같다."

이것이 유명한 **피타고라스의 정리**인데 그는 다음 그림에서 보는 것과 같이 정사각형을 분할하는 방법을 써서 이 정리를 증명한 것으

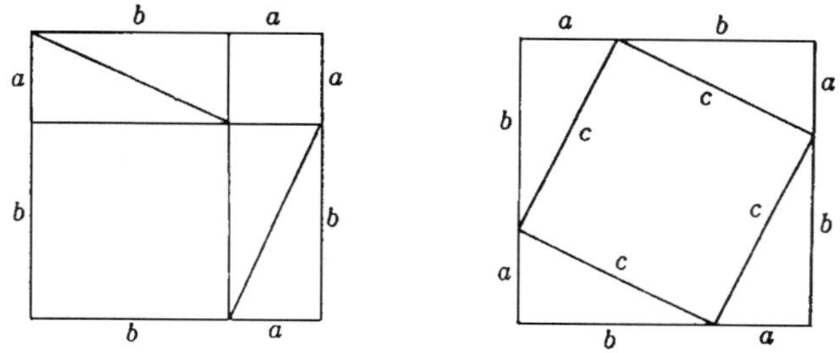

로 알려져 있다.

이 정리와 관련하여,

$$a^2+b^2=c^2$$

을 만족하는 세 자연수 a, b, c를 피타고라스의 수라고 부르는데, 피타고라스는 공식

$$(2m)^2+(m^2-1)^2=(m^2+1)^2$$

을 이용하여 피타고라스의 수가 무수히 많이 존재한다는 것을 증명하였다.

피타고라스의 정리 이외에도 이 학파의 도형에 관한 연구는 많은데, 그중 하나는 한 변의 길이를 알 때 정오각형을 작도하는 방법이다. 그들은 정오각형이 아주 마음에 들었던 듯, 오른쪽과 같은 별꼴오각형을 그 학파의 심벌로 사용하였다. 이 그림의 정오각형 ABCDE의 두 대각선,

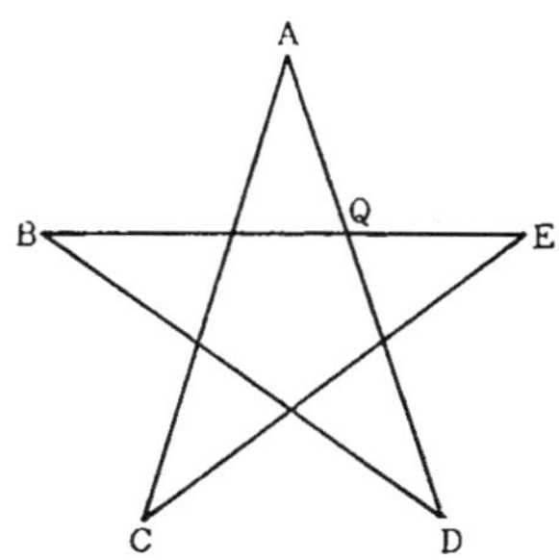

예컨대, BE 와 AD 의 교점을 Q 라 하면, 항상

$$BQ^2 = BE \cdot QE$$

라는 관계식이 성립한다.

일반으로, 주어진 선분 BE 위에서, 위의 식이 성립하는 점 Q 를 잡는 것을, 선분 BE 를 Q 로 황금비로 분할한다고 말한다. 피타고라스 학파가 발견한 **황금분할**은 예로부터 주어진 선분을 두 부분으로 가르는 가장 아름다운 분할법이라 생각되어 회화, 조각, 건축 등에 널리 이용되고 있다.

피타고라스 학파는 타일 깔기 문제도 해결하였다. 그것은, 같은 꼴과 크기의 정다각형의 타일을 한 점 주위에 몇 개씩 모아 평면을 빈틈없이 채울 수 있는 것은 정삼각형, 정사각형, 정육각형 중 어느 한 가지 타일을 쓸 때뿐이라는 것이다.

또, 피타고라스 학파는 정다면체에 관하여도 연구했다. 이집트인들은 정사면체, 정육면체, 정팔면체라는 세 가지 정다면체만을 알고 있었으나, 피타고라스 학파는 다시 정 12 면체와 정 20 면체를 발견하였고, 정다면체는 이들 다섯 종류밖에 존재하지 않음을 증명하였다.

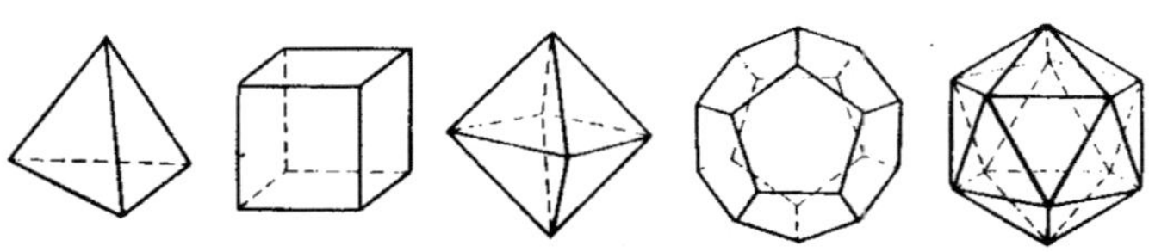

정4면체 정6면체 정8면체 정12면체 정20면체

무리수 피타고라스 학파는 적어도 한 무리수를 알고 있었다. 이

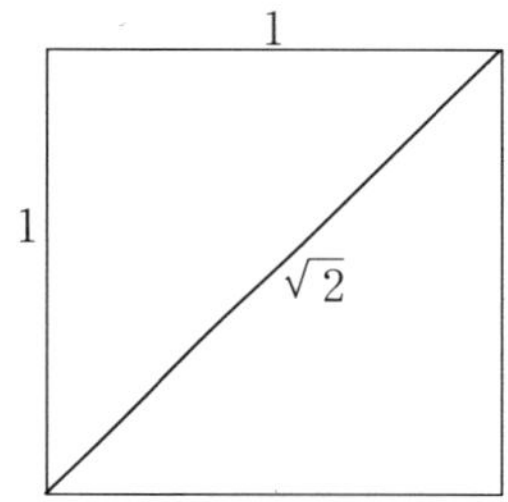

집트, 메소포타미아, 그리스에서 당시에 알고 있던 수는 자연수와 분수뿐이었는데, 피타고라스 학파는 변의 길이 1 인 정사각형의 대각선의 길이 $\sqrt{2}$ 가 분수로 타나날 수 없음을 증명하였다.

정수와 분수는, 두 정수 p 와 q 의 비 (ratio) $\frac{p}{q}$ 꼴로 나타낼 수 있는 수이다. 따라서 정수와 분수를 총칭하여 비가 되는 수라는 뜻에서 rational number 라 부른다. 이 말을 두고 서양에서는 수에 이성이 있느냐는 농담을 한다. 또, $\sqrt{2}$ 와 같이 정수의 비로 표현할 수 없는 수를 비가 되지 않는 수라는 뜻에서 irrational number 라 부른다. 이들은 오늘날 동양에서는 각각 유리수, 무리수라 번역되고 있다. 이 역어도 서양에서와 마찬가지로 농담의 대상이 된다. 차라리 처음부터 유비수, 무비수라 부를 수도 있었을 것이다.

엘레아 학파와 제논

엘레아 학파는 이탈리아의 엘레아에 있던 학문의 일파이었다. 이들은 수학을 중요시하지 않았을 뿐 아니라, “하나와 여럿”이라는 철학의 문제에 붙어 다니는 모호한 것이라 하여, 도리어 학문으로부터 추방하려고 하였다. 그러나 이 학파는 피타고라스 학파와 함께 역사상 큰 역할을 하였다.

그중에서도 유명한 것은 제논 Zenon(490?-429? B.C.)의 역리이다.

제논은 수학과 철학에서의 중요한 개념인 운동과 연속에 관하여 몇 가지 역리를 제시하였다.

이를 차례로 들어 보자.

(1) 이분할의 역리 A에서 B로 가는데, B까지 도달하려면, AB의 중점 C_1에 도달해야 한다. 마찬가지로 A와 C_1과의 중점 C_2에 도달해야 한다. … 이것을 무한히 계속하여야 하므로, 결 결국 B까지 도달할 수 없어, 운동을 할 수 없다.

(2) 아킬레스와 거북 그리스의 전설에 나오는 아킬레스 Achilleus처럼 빨리 달리는 사람도 거북을 따라갈 수 없다. 거북이 앞서 A에 있고, 아킬레스가 B에서 동시에 출발할 때, 아킬레스가 A에 도달하면, 거북은 전진하여 A_1점에 가 있다. 아킬레스가 A_1점에 도달하면 거북은 그보다 앞선 A_2점에 가 있다. 이같이 생각하면 아킬레스는 거북을 따라갈 수 없다.

(3) 날으는 화살 날으는 화살은 각 순간에 있어 일정한 위치를 차지한다. 즉, 화살은 각 순간에 있어 그 위치에서 정지하고 있다. 따라서 화살은 운동할 수 없다.

제논의 역리는 일종의 귀류법적 추론으로서, 옛부터 여러 가지 논의가 많으나, 이 학파의 역할은 그 논리성에 있다. 특히 귀류법의 발견은 이 학파의 공적이며, 여기에서 이론적 수학의 탄생을 보았다고 하는 견해도 있다. 연속이나 무리수의 고찰에 제논이 직접 관여한 듯한 증거는 없으나, 원자론 탄생에 자극을 준 듯하다.

가령 (1), (2) 와 같은 예는 무한등비급수의 합을 써서 간단히 설명되며, (1), (2) 는 그 합이 무엇인가를 묻는 문제라 생각된다. 어떤 학자는 제논의 운동불가능의 역리에 영향을 받아 유클리드가 "운동" 또는 "이동"이라는 개념을 피한 것이 아닌가 해석하기도 한다.

소피스트들과 3대 작도불능문제

기원전 480년의 살라미스 해전의 승리로써 그리스는 오랫동안의 페르시아의 압박으로부터 벗어나게 되고, 점점 더 번영하게 되었다. 특히, 아테네는 그리스의 정치와 문화의 중심으로 번영하였는데, 그 시민들은 생활을 위한 노동은 노예에게 맡기고, 자신들은 정치와 학문에만 종사하게 되었다. 그리하여, 아테네에는 근처의 여러 지방으로부터 많은 학자들이 모여들었다.

이같이 아테네 시민들이 정치와 학문에 전념하게 됨에 따라, 소피스트 sophist 라 불리는 직업적인 교직자들의 한 무리가 나타났다. sophia는 "지혜"를 뜻하였으므로 sophist 는 "현인"이라는 뜻이 된다. 이들이 차차 변론술을 주로 따지게 됨에 따라, 뒤에는 "궤변가"라고 번역되어 좋지 않은 뜻으로 쓰이는데, 이는 잘못된 듯하다.

이들 소피스트들이 가장 열심히 연구한 것이 작도에 있어서의 3대문제이다. 즉

(1) 임의의 각을 3등분하는 것 (각삼등분문제, trisect an angle)

(2) 원과 같은 면적의 정사각형을 그리는 것 (원적문제, square the circle)

(3) 정육면체의 체적의 2배인 정육면체를 구하는 것 (입방배적문제, duplicate the cube)

이들에 대하여는 뒤에 자세히 설명하기로 한다(⇨ p.114).

오늘날 철학을 가리키는 말인 philosophy 는 "지혜" (sophia) 를 "사랑" (phil) 한다는 "애지" (愛知) 를 뜻했던 말로서, 그리스 시대에는 학문 전체를 가리키는 것이었다. 지금도 유럽이나 미국에서 학문으로 박사 학위를 했을 때 Doctor of Philosophy (약칭 Ph.D.) 를 주는 것은 이와 같은 연유에서이다. 일본에서는 이것을 학술박사라 부르는 예도 생겨났다.

플라톤 학파

그리스는 펠로폰네소스 전쟁(431-404 B.C.) 이후 정치적으로 약화되었으나, 그래도 한동안은 학문과 문화의 중심으로서 번성하였다. 이 시대에는, 그리스 최대의 철학자이었던 **소크라테스** Socrates (469-399 B.C.) 와 그의 제자 **플라톤** Platon (429-347 B.C.) 이 활약하였다.

철학자로서의 소크라테스는 만인에게 공통인 진리나 도덕을 확립하는 데 노력한 사람이었다. 그가 잘 쓰던 논법의 하나는, 상대방이 사용하는 말의 의미를 따져서, 상대방으로 하여금 스스로의 무지를 깨닫게 하는 것이었다. 이것이 수학에 있어서의 정의의 중요성을 암시해 주는 것이라 볼 수 있다.

소크라테스의 제자이었던 플라톤은 **테오도로스** Theodoros (410? B.C.) 에게서 수학을 배웠다. 플라톤이 기원전 385 년에 아카데미아의 숲속에 세운 학교의 입구에 "기하학을 모르는 사람은 이 문 안에 들어서지 말라"고 써 붙였다는 얘기는, 그가 얼마나 수학을 중요시하고 있었나를 말해 준다. 피타고라스의 학문은 여기에 이식되어 비로소 논리적인 학문이 되는데, 이 학교의 학과는 피타고라스의 학원의 것과 비슷하였고, 철학자나 정치가를 양성하는 연구소이며 학교이었다.

플라톤의 시대에는 기하학이란 수학을 가리키는 말이었는데, 어째서 그가 수학을 존중했을까? 소크라테스는 "만인에게 공통인 것"을 추구했다. 플라톤의 생각도 마찬가지여서, 그는 개인들이 제각기 가지고 있는 감각이나 사상을 이데아 (idea) 를 써서 통일하려는 것이었다. 이같이 차례로 개인차가 있는 감각의 세계를 떠나 만인에게 공통인 것을 추구해 나가면, 마침내 "선의 이데아"라는 유일 최고의 것에 도달한다. 또, 참된 지혜는 사람을 훌륭한 시민으로 만드는 지식이며, 그것에 도달하는 유일한 길은 기하학을 비롯한 학문이었다.

그는 그때까지 알려져 있던 수학에 대하여 깊은 반성을 가하고, 이를 방법론적으로 정리하였다. 그 뒤의 수학에 있어서의 정의, 공준, 공리, 정리 등은 그에게서 비롯된다고 한다.

이 플라톤 학파인 **테아이테토스** Theaitetos (415-369? B.C.) 는 정다면체의 이론을 구성하였고, 제곱근의 개념을 명백히 하였다. **유독소스** Eudoxos (408?-355? B.C.) 는 비례론을 전개하였고, 무한 개념을 쓰지 않고 교묘하게 여러 가지 도형의 면적과 체적을 구했는데, 이 같은 방법은 "착출법"(⇨ *p*.201) 으로 알려져 있으며, 오늘날의 구구분적법 비슷한 것이다. 특히 피라밋의 체적이 밑면의 면적 a^2 과 높이 b 를 곱한 것의 1/3 이라는 것은 유독소스의 공식이라 불리운다.

플라톤 학파는 앞서 말한 작도의 3 대문제도 연구했는데, 그 작도 방법을 자와 컴퍼스로 제한했으므로, 그 해결이 어렵다는 것을 깨닫게 되었다. 즉, 직선과 원만으로는 어렵기 때문에 차차 다른 곡선으로 눈을 돌리게 되었고, 그 결과 유독소스의 제자 **메나이크모스** Menaikhmos (375-325 B.C.) 는 원뿔곡선의 개념을 얻었다

(⇨ *p*.124).

이 밖에도, 논리학을 연구한 아리스토텔레스 Aristoteles (384-322 B.C.)와 기하학의 역사를 연구한 유데모스 Eudemos (320? B.C.) 등이 플라톤 학파에 속한다.

여기에서 수학의 어원에 대하여 알아보자. 수학은 mathematics의 역어인데, 이 말은 그리스말의 마씨마타 μαθηματα에서 나왔다. 그런데 이 말은 적어도 플라톤의 시대까지는 수학이란 뜻이 아니고, 단순히 학과라는 의미를 가지고 있었다. 피타고라스 학파의 학과는 음악, 천문, 기하학, 정수론(산술)이었다. 그 뒤, 아리스토텔레스 시대가 되면, 위의 네 학과만을 마씨마타라 부르게 되고, 이맘때 논리적인 수학이 탄생함에 따라, 수학을 의미하는 것으로 바뀌었다.

만약에 유클리드가, 그대의 정열에 불을 붙이지 못한다면,
그대는 과학자가 될 수 없을 것이다. —아인슈타인

3. 알렉산드리아 시대의 수학

알렉산드리아의 도서관

알렉산드로스 대왕의 정복 이후에, 그리스 문화는 동양의 문화와 결합되어 소위 헬레니즘 문화를 낳았다. "헬렌"이라 함은 그리스를 뜻한다. 이집트의 지중해 연안 도시인 알렉산드리아는 알렉산드로스 대왕이 기원전 332년에 고대 세계의 중심으로 세운 도시로서, 그리스인, 이집트인, 히브루인 등 여러 민족들이 모여 살았다. 이집트의 총독이었던 프톨레마이오스 1세는 그곳을 수도로 하여 새 왕국을 세웠는데, 이 왕조는 클레오파트라 여왕에 이르기까지 지속되었다.

프톨레마이오스 왕은, 서울 알렉산드리아에 여러 가지 문화를 도입하고 각지의 학자를 초빙하여, 그곳을 학문과 문화의 중심으로 만들었다. 이리하여, 이집트에서 태어나 그리스로 건너가서 육성되었던 문화는 다시 이집트로 돌아와 번영하게 된다.

프톨레마이오스는 기원전 288년에 알렉산드리아에 오늘날의 대학과 같은 '뮤즘' Museum이라는 큰 학원을 세워, 학자들이 모여서 토론하고 연구하는 곳으로 만들었으며, 여기에는 한때 75만 종 이상의 파피루스 또는 양피지 두루마리를 수용하는 도서관이 있었다. 프톨레마이오스 왕조는 지중해를 지나가는 배들을 불러들여 가진 자료를 모두 필사한 뒤 사본을 주고 원본을 도서관에 보존했다고 한다. 이리하여 알렉산드리아는 수학과 과학을 비롯한 문화와 교역의 세계적 중심이 되었다.

그동안 로마는 이탈리아 반도를 지배하고, 지중해 연안을 공략하기 시작하였는데, 기원전 48년에 카이사르는 왕조 말기의 클레오파트라와 그 동생 사이의 내분을 틈타 이집트를 장악하려 하였다. 로마군은 항구에 머물던 이집트 함대를 화공으로 격멸하려 하였는데, 항구의 불이 도서관에 옮겨 붙어, 2세기 반에 걸쳐 수집된 많은 문헌들이 소실되었다. 3세기경 로마군이 알렉산드리아에 수차례 침입하여, 학원과 도서관이 있던 궁전을 불태움으로써 도서관은 완전히 파괴되었다.

그동안 이 도서관에서 연구한 저명한 학자로는 지동설을 주장한 아리스타르코스, 천문학의 아버지 히파르코스, 도서관장이며 지구의 둘레를 계산한 에라토스테네스, 기하학의 체계를 세운 유클리드, 수학자이며 물리학자였던 아르키메데스, 도서관학의 아버지 칼리마코스 등이 있다. 히브루어로 되어 있던 구약성경이 그리스어로 번역된 곳도 이곳이다.

그 뒤 학원은 로마인의 간섭과 지배로 알렉산드리아의 문화와 함께 쇠퇴하게 된다. 로마 제국 후기의 테오도시우스 황제가 392년에 기독교 이외의 종교를 금지하게 되자, 다른 종교의 사원들이 파괴되었다. 기독교들은 알렉산드리아의 세라피스 사원을 파괴하였고, 거기에 있던 많은 양의 양피지에 씌어진 그리스 저작들을 지워서 성경을 기록하는 데 사용하였다.

640년 이슬람의 침공으로 학원이 파괴됨으로써 알렉산드리아 문화는 끝이 났다. 이슬람교도들은, 코란의 내용이 들어 있지 않은 책이면 읽을 필요가 없으며, 코란에 반대되는 내용이 들어 있는 책은 읽어서는 안 된다는 이유로 하여, 알렉산드리아의 목욕탕들이 6개월 동안 양피지 두루마리들을 연료로 사용하게 하였다. 학원은 파괴되고 학자들은 흩어졌지만, 그래도 그리스 문화는 살아남아서 뒤에 서유럽 문명 형성의 밑거름이 되었다. 이와 같이 기원전 300년경에서 기원후 600년대까지를 알렉산드리아 시대라 부른다.

당시의 헬레니즘 문화가 알렉산드리아의 도서관을 통하여 인류 문화에 공헌한 것을 기리기 위하여, 1971년에 그 도서관을 재건하기 위한 운동이 시작되었다. 이집트 정부는 UNESCO를 통한 각국의 원조를 받아 1993년에 착공하였으나, 그 부지의 유물 발굴 때문에 2년간 중단되었다가, 1995년에 재착공되어 7년 만인 2002년 10월에 완공되었다. 이리하여 다시 태어난 BA, Bibliotheca Alexandria는 자료수로나 규모로나 다시 세계 최대의 도서관이 될 것이라 한다.

유클리드

이 시대의 대표적 학자 **유클리드** Euclid (에우클레이데스 300? B.C.)의 생애에 대하여는 잘 알려져 있지 않다. 아마도 플라톤의 아카데미에서 공부한 뒤, 프톨레마이오스 왕의 초청에 따라 알렉산드리아로 온 학자가 아닌가 상상되고 있다. 그는 광학, 음악, 천문학 등에 관한 10가지 정도의 책을 썼는데, 그중 5가지는 아랍어로 번역된 것이 남아 있다. 그는 그때까지 알려져 있던 거의 모든 수학의 지식을 깊이 연구한 뒤에 그것을 한 이론 체계로 조직하여 저술한, 전 13권으로 된 대저작 《원론》(*Elements*, 그리스어로는 *Stoikeia*)으로 불멸의 이름을 남겼다. 여기에서 권(卷, books)이라 함은 단순히 "부분"이란 뜻에 불과하다. 이 책은 당시의 교과서로 사용되었던 듯하며, 실제로, 프톨레마이오스 왕이 《원론》을 교과서로 하여 유클리드로부터 기하학을 배울 때, 그 엄밀함에 지쳐서, "좀 더 쉬운 방법은 없겠는가?"라고 유클리드에게 물었더니 "기하학에 왕도는 없다"는 대답을 들었다는 유명한 얘기가 있다.

유클리드의 《원론》은 기원전 300년경에 씌어진 것이나, 1500년경에 서유럽의 인쇄술이 보급되기 전까지는 필사본으로 전해져 왔다. 현존하는 가장 오래된 사본은 1000년경의 것이다.

《원론》에서 유클리드는 그의 선구자들이 발견한 중요한 기하학적 사실을 체계적인 형식으로 기록하였는데, 기하학의 논리전개에 필요한 증명 없이 사용하는 다섯 개의 공준(公準)과 크기의 문제에 일반적으로 적용되는 다섯 개의 공리(公理)에 기초를 두고, 사용하는 용어에 대한 정의를 명백히 하여, 어떤 특수한 도형의 특수한 성질이 아닌 일반적인 도형의 일반적인 성질을 하나 하나 정리(定理)로서 증명하여 나가고 있다. 이제 《원론》에 나와 있는 평면기하학의 공준과 공리를 열거해 보면 다음과 같다.

공리

(1) 같은 것과 같은 것들은 서로 같다.
(2) 같은 것들에 같은 것을 더하면 그 합은 서로 같다.
(3) 같은 것들에서 같은 것을 빼면 그 차는 서로 같다.
(4) 서로 포개어지는 것들은 서로 같다.
(5) 전체는 부분보다 크다.

공준

(1) 임의의 서로 다른 두 점은 직선으로 연결할 수 있다.
(2) 직선은 무한히 연장할 수 있다.
(3) 임의의 점을 중심으로 하고 임의의 길이를 반지름으로 하는 원

을 그릴 수 있다.

(4) 모든 직각은 같다.

(5) 한 평면 위의 한 직선이 그 평면 위의 두 직선과 만날 때 동측 내각의 합이 2 직각보다 작으면 이 두 직선은 그쪽에서 만난다.

여기에서 보는 바와 같이 공준은 기하학적 성격만을 가지고 있는데 비하여, 공리는 일반적 명제의 성격을 가지고 있다. 영어로 공리는 axiom 인데, '원리'를 의미하는 라틴어 axioma 에서 나왔으며, 공준은 postulate 로 '요청'을 뜻한다. 유클리드는 공리를 모든 사람들이 인정하고 있는 명제로 생각한 데 비하여, 공준은 기하학을 전개해 나가기 위해서 성립해 주어야 할 명제로 요청하고 있는 것이다. 이로써 유클리드는 공준, 공리는 자명의 명제임을 요구하고, 기하학적인 직관에 의존하지 않고 논리적인 전개만으로 증명을 이끌어 나가기를 바란 것이다. 그러나 유클리드의 《원론》은 이들 기본 원리를 충분히 분석하지 못했기 때문에 순서의 개념, 도형의 운동의 가능성 따위를 암암리에 가정하거나 또는 직관적인 자명한 것으로 증명 과정에 숨겨 두었다.

위에서 공준이란 말이 뒤에는 공리로 바뀌었으며, 위의 공준 (5) 를 특히 **평행선공리**라 부르게 되었다.

《원론》의 대체적인 내용은, 제 1 권은 평면직선도형의 성질을 다루었는데, 삼각형에서 시작하여 면적론, 피타고라스의 정리와 그 역의 증명으로 끝나고, 제 2 권은 2 차적인 작도문제, 제 3 권은 원, 제 4 권은 정다각형의 작도 문제를 다루고 있다. 제 5 권은 비례론(실수론), 제 6 권은 그 응용인 닮은꼴의 이론, 제 7-9 권은 정수론, 제 10 권은 특수한 무리수, 제 11-13 권까지는 입체기하학인데, 제 13 권에 정다면체가 다섯 가지밖에 없다는 것을 작도로써 자세히 논하고 있다.

《원론》의 제13권 중 유클리드 자신의 이름으로 된 정리는 없으며, 1, 2, 6, 7, 8, 9, 11권은 피타고라스 학파, 특히 아르키타스 Archytas (428?-347? B.C.)의 업적이라 하며, 3, 4권은 히포크라테스 Hippocrates (430? B.C., 의사들의 선서를 만든 사람이 아님, 키오스 Chios 섬 출신), 5권과 7권은 유독소스, 10권과 13권은 테아이테토스의 업적을 다루고 있다고 한다.

유클리드의 《원론》 또는 그와 비슷한 내용은 2천 년 이상이나 대학 또는 중등학교에서 기하학뿐 아니라 엄밀한 사고법을 가르치는 데 쓰여 왔다. 2차대전 후 얼마 되지 않아 사람들은 기하학이 논리를 가르치는 데 적절한 분야가 아니며, 《원론》이 충분히 엄밀하지 않다고 하여, 결국 '새 수학'을 가르치는 것으로 바뀌게 되었다.

아르키메데스

메소포타미아와 이집트에서 경험적인 과학으로 태어난 수학이 지중해를 건너 그리스에 와서 이론적 학문으로 육성되는 동안, 유클리드에 이르러 그 그리스적 성격이 최고조에 이르렀던 것으로 보인다. 그러나 이집트의 알렉산드리아에 와서는, 그곳이 학문의 중심이었을 뿐만 아니라, 당시의 세계의 상공업의 중심이기도 하였으므로, 수학과 과학은 순수한 학문으로서뿐만 아니라 실용적인 학문으로서 크게 연구되었다.

이런 관점에서의 대표적인 수학자, 과학자는 **아르키메데스** Archimedes (287?-212 B.C.)이다. 그는 시칠리아 섬의 시라쿠사에서 태어나 당시의 왕 히론의 사랑을 받았고, 알렉산드리아에 오랫동안 유학한 뒤 고향에 돌아와서, 이론뿐 아니라 그 응용에도 열중하였다.

그는 로마와 시라쿠사가 전쟁을 하는 동안 많은 무기를 고안하여 나라에 봉사했다. 히론 왕이 건조한 군함이 너무 커서 진수시키는 데 곤란을 겪을 때 도르래를 이용하여 그 군함을 진수시켰다든가, 반사경을 이용하여 적의 군함을 불태웠고, 또 돌을 날리는 기계 등으로 적군을 크게 괴롭혔다고 한다. 그러나 시라쿠사도 마침내 함락하고 말았는데, 그날 로마의 병정이 그의 집안으로 난입해 들어왔을 때도, 그는 방바닥에 도형을 그려 놓고 연구에 여념이 없었다. 병정 한 사람이 그가 연구 중인 원을 밟자, "그 원을 밟지 말라"고 고함치는 순간, 그가 대과학자인 줄 알지 못했던 한 병정의 창에 찔려 죽었다고 한다.

아르키메데스의 일화 중 유명한 것으로는 히론 왕의 왕관에 관한 이야기로,

"물체는 물속에서 그와 같은 체적의 물의 무게만큼 가벼워진다"

는 **아르키메데스의 원리**를 공중목욕탕에서 발견하고는 벌거벗은 채 '유레카' *eureka* (발견했다) 를 거듭 외치면서 집으로 뛰어 돌아왔다는 얘기가 있다.

아르키메데스는 수학과 물리에 관한 여러 저서를 남겼는데, 가장 유명한 것은 원과 구에 관한 연구이다. 그는 원에 내접하는 정 96 $(=6 \cdot 2^4)$ 각형과 외접하는 정 96 각형을 써서

$$3\frac{10}{71} < \pi < 3\frac{1}{7} \qquad \text{즉,}\ 3.1408\cdots < \pi < 3.1428\cdots$$

임을 증명하였다. 이것은 원주율을 소수 둘째 자리까지 정확히 구한

셈이다.

또 그는 반지름 r 인 원의 면적이 πr^2 으로, 반지름 r 인 구의 표면적이 $4\pi r^2$ 으로 주어짐을 증명했다. 이제, 반지름 r 인 이 구에 외접하는, 밑면이 반지름 r 인 원이고 높이가 $2r$ 인 직원기둥을 생각하면, 그 옆면적은

$$2\pi r \times 2r = 4\pi r^2$$

이 된다. 즉, 반지름 r 인 구의 표면적은 옆의 그림과 같이 외접하는 직원기둥의 옆 면적과 같다.

또, 아르키메데스는, 반지름 r 인 구의 체적이 $\frac{4}{3}\pi r^3$ 임을 증명했다. 이 구에 그림과 같이 외접하는 직원기둥의 체적은 $\pi r^2 \times 2r = 2\pi r^3$ 이다. 따라서 반지름 r 인 구의 체적은 그림과 같이 외접하는 직원기둥의 체적의 $\frac{2}{3}$ 이다.

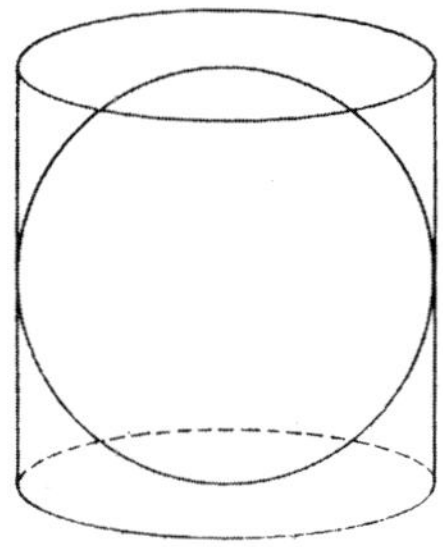

이와 같이, 아르키메데스의 구에 관한 업적은, 모두 오른쪽의 그림으로 집약된다. 아르키메데스가 로마의 한 병정의 창에 찔려 죽었음을 안 로마군의 대장 마르케르스는 아르키메데스의 연구를 기념하기 위하여 오른쪽의 그림을 아르키메데스의 묘비에 새겨 주었다고 한다.

그 밖에도 그의 포물선이나 나선으로 둘러싸인 도형의 면적에 관하여 연구하였다. 1906 년 콘스탄티노플 (오늘날의 이스탄불) 에서 아르키메데스의 저서 《방법론》이 발견되었는데, 이것은 에라토스테네스에게 보낸 편지의 형식으로 되어 있다. 이 저서에는 아르키메데스가 정리들을 발견하는 데 쓴 방법에 대하여 자세히 씌어 있는데, 그

것은 오늘날의 적분의 개념과 밀접한 관련을 가지고 있다. 《방법론》의 필사본은 양피지에 씌어졌는데, 그것이 살짝 지워지고 그 위에 12세기경의 그리스 정교회의 의식에 관한 내용이 덧씌어져 있었다. 이 문헌은 1920년대 이후 행방이 묘연하다가 1998년에 한 프랑스인이 뉴욕의 크리스티 경매장에 내놓은 것을 1999년에 익명의 미국인이 220만 달러로 낙찰받아서, 그 뒤 미국에서 공개되었다.

알렉산드리아 후기

기원전 146년에 그리스는 로마인의 지배에 들어가 학문의 쇠퇴를 가져오지만, 알렉산드리아는 한동안 학문과 문화의 중심으로 남아 있었다.

그리스인 **아폴로니우스** Apollonius (260-200? B.C.)는 8권으로 된 《원뿔곡선론》을 지었는데, 거기에는 타원, 포물선, 쌍곡선에 대하여 오늘날 우리가 알고 있는 지식이 거의 모두 들어 있다 (⇨ p.125).

한편, 이 시대에는 교통이 발달함에 따라 동서의 사상 교류가 점점 번성해졌고, 또 항해술을 위한 천문학과 삼각법의 연구가 활발해졌다. 실제로 1회전을 360°, 1°를 60′, 1′을 60″로 하는 메소포타미아의 60진법은 이미 기원전 2세기경의 그리스의 천문학과 삼각법에 들어와 있었다.

그때까지의 천문학은 철학자들의 제멋대로의 상상에 맡겨져 있었으나, 이때부터는 관측에 의한 과학적인 논의로 전개되었다.

알렉산드리아의 도서관 책임자이던 **에라토스테네스** Eratosthenes (275?-194? B.C.)는, 하짓날 정오에 있어서의 태양의 고도(높이)로부터 지구의 크기를 추정하였다고 한다. 즉 대상의 말에 따르면, 시

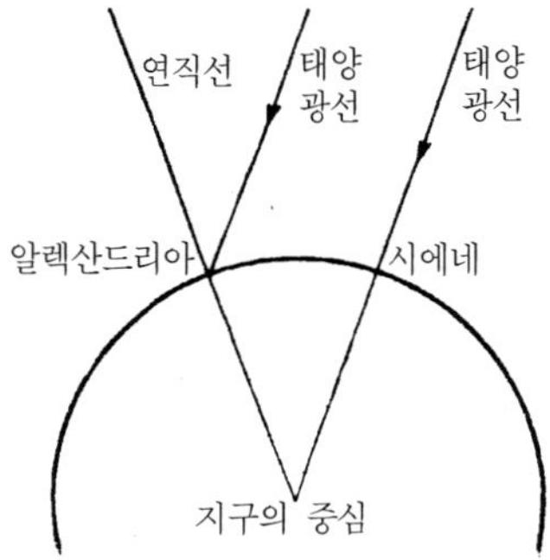

에네(오늘날의 아스완)와 알렉산드리아의 거리는 5,000 스타디아이고, 시에네에서는 하짓날 정오에는 태양광선이 똑바로 위쪽에서 내리쬐는데, 같은 순간에 알렉산드리아에서는 태양광선이 연직선과 7°12′의 각을 이루고 내리쬔다. 그런데 7°12′은 360°의 $\frac{1}{50}$이므로, 지구의 둘레는

$$5,000 \times 50 = 250,000(\text{스타디아})$$

가 된다는 것이다. 이것은 42,000km와 같으며, 오늘날의 값인 약 40,000km와 비교하여 상당히 정확하다는 것을 안다. 그는 또 임의로 주어진 자연수보다 작은 소수를 모두 찾는 방법을 발견했는데, 이것을 **에라토스테네스의 체**(sieve)라고 한다.

또 **히파르코스** Hipparchos(190?-125? B.C.)는 천문학에서 필요한 삼각법의 기초를 세웠다. 그는 오늘날의 삼각함수표에 해당하는 것을 만들었고, 또 구면천문학도 연구하였다.

앞서 말한 바와 같이, 당시의 수학은 그리스적인 논증적 성격을 띠고 있었음과 동시에, 동서 문화 교류의 영향에 따라 실용 면도 중요시하고 있었다. 이 같은 예로 **헤론** Heron(100? B.C.)의 업적을 들어 보자.

삼각형의 세 변의 길이를 a, b, c라 하고 $2s=a+b+c$라 두면, 그 면적 S는

$$S=\sqrt{s(s-a)(s-b)(s-c)}$$

로 주어진다는 소위 **헤론의 공식**은 유명하다.

헤론은 또 자연수의 제곱근의 근사값을 구하는 방법을 발견하였다. 자연수 n이 두 자연수 a, b의 곱으로 표시될 때 $\sqrt{n}$의 근사값으로 $(a+b)/2$를 취할 수 있는데, 이는 a, b 두 수가 서로 가까운 값일수록 더욱 정확한 근사값이 된다. 또한 a_1이 $\sqrt{n}$의 근사값일 때

$$a_2=\frac{1}{2}\left(a_1+\frac{n}{a_1}\right)$$

은 더 좋은 근사값이 되며, 이것을 반복함으로써 얼마든지 정확한 값을 구할 수 있다. 이 방법은 오늘날 컴퓨터에서도 사용되고 있다.

또, 천문학의 연구는 그 뒤 **메넬라우스** Menelaus (1세기 말) 와 **톨레미** Ptolemy (클라우디오스 프톨레마이오스, 85?-165?) 가 계승하였다.

메넬라우스는 구면천문학의 기초를 세웠고, 구면삼각법에 관한 3권으로 된 저서를 지었다.

"한 직선이 삼각형 ABC의 세 변 BC, CA, AB 또는 그 연장과 각각 점 P, Q, R에서 만날 때,

$$\frac{\mathrm{BP}}{\mathrm{PC}}\cdot\frac{\mathrm{CQ}}{\mathrm{QA}}\cdot\frac{\mathrm{AR}}{\mathrm{RB}}=1$$

이 된다"

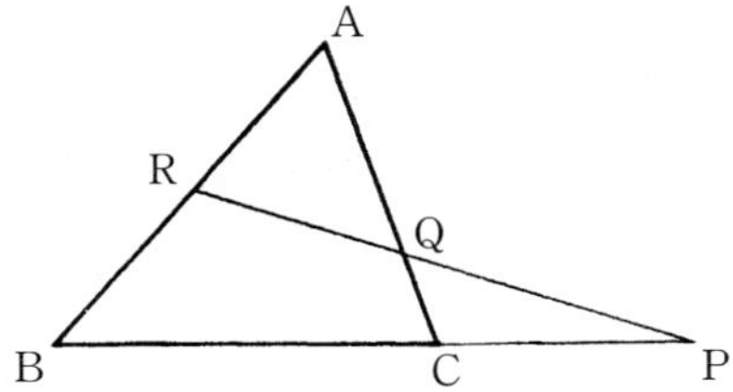

는 **메넬라우스의 정리**가 있다.

톨레미는 이집트의 위정자는 아니지만, 왕실 소속 수학자였다. 그는 수십 년에 걸치는 천문의 관측에 따라, 13권으로 된 《알마게스트》 *Almagest* 라는 책을 지었는데, 이는 당시의 수리과학에 관한 백과사전과 같은 책으로, 근세 초기에 교회와 과학과의 투쟁 중 교회 측이 전면에 내세워 신흥과학에 대항한 것은 이 책의 내용이다.

"원에 내접하는 사각형 ABCD에 있어

$$AB \cdot CD + AD \cdot BC = AC \cdot BD"$$

라는 **톨레미의 정리**도 잘 알려져 있다.

한편, 알렉산드리아 시대의 말기에, 근대의 정수론의 아버지라 불리는 **디오판토스** Diophantos (246?-330?)가 나타났다. 그는 330년경에 84세로 죽었는데, 그것은 그의 다음과 같은 묘비명으로 알려졌다.

"디오판토스는 그 생애의 1/6을 소년, 1/12을 청년, 1/7을 독신자로 지냈다. 그가 결혼한 5년 뒤에 아들이 태어났다. 그 아들은 아버지보다 4년 전에 아버지의 나이의 반으로 세상을 떠났다."

그의 걸작 《산술》 또는 《정수론》 13권 중 6, 7권만이 남아 있는

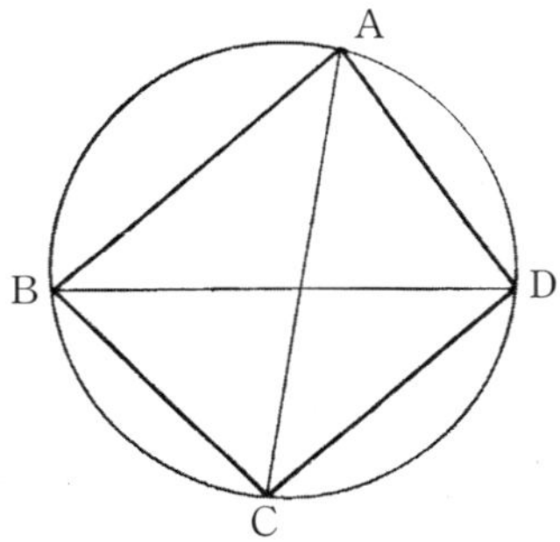

데, 이는 그리스의 대수학을 대표하는 책이다. 그는 대수학을 기호로 써서 표현한 선구자이며, 그 방법은 기하학에서 완전히 분리된 해석법이었는데, 그리스 수학의 연구로 저명한 히스 Heath 경 (1863-1940)은 디오판토스의 책이 틀림없는 계산술에 속한다고 했다.

그는 이 책에서 1차와 2차의 방정식과 부정방정식을 다루었으며, 답은 양수만을 택하고, 무리수나 나눗셈과 같은 것은 배제하고 있다. 그의 재능은 개개의 해법에서 뚜렷이 나타나나, 그것을 읽은 사람이 비슷한 문제에도 적용할 수 없을 정도였다. 이 점이 도리어 교훈적이어서, 이 책을 공부한 후세의 페르마, 오일러, 라그랑즈, 가우스 등이 새로운 사실을 발견하게 되었다.

4. 인도와 아랍의 수학

기수법

인도의 갠지스(힌디어로는 강가라고 함) 강가와 중국의 황하 연변에서도 찬란한 고대 문명이 있었다. 인도에서 일어난 수학은 아랍을 거쳐 유럽에 수입되고, 뒤로 로마의 수학과 결부되어 중세의 수학에 빠질 수 없는 요소가 된다. 인도의 수학을 논하기 전에 기수법의 역사를 알아보자.

우리 인류의 먼 조상이, 아직 1, 2, 3, 4, … 처럼 수를 세는 것을 몰랐을 때에는, 거기에 몇 개의 물건이 있다와 같은 것을 기록하든가 기억하는 데는, 거기에 있는 것과 소위 1 대 1 대응이 되는 다른 집합을 이용하였다. 예를 들면, 가축의 수를 기록하는데, 그 가축들을 한 마리씩 지나가게 하면서 지나갈 때마다 나무줄기에 눈금을 하나씩 긋는 방법, 사람들의 수를 셀 때 작은 돌을 하나씩 나누어주었다가 다시 그것을 모아서 보관하는 방법 등이 그것이다. 영어에 눈금을 뜻하는 tally 라는 말이 있는데, 사전을 보면 "부절, 부신, 계산, 할인, 짐표, 단위수"를 뜻한다고 나온다. 또 돌을 뜻하는 calculus 의 뜻을 알아보면, "결석, 돌, 계산, 미적분학"이라 나온다. 이들은 모두 인류가 계산에 있어 눈금이나 돌을 이용한 증거로 알려져 있다.

그 밖에도 인류는 자기 자신의 신체를 써서, 가령 손가락이나 발가락을 이용하여 수를 외우거나 계산을 할 수도 있었을 것이다. 실제로 한 손의 손가락의 개수인 5나 두 손의 손가락의 개수인 10, 손가락과 발가락을 모두 합한 20이 셈의 한 단위가 된 것을 볼 수 있다.

가령, 그리스의 숫자는

I	II	III	IIII	Γ	ΓI	ΓII	ΓIII
1	2	3	4	5	6	7	8

과 같이 썼고, 로마 숫자에서는

I II III IV V VI VII VIII

과 같이 썼는데, 이는 5진법을 사용했다는 증거가 된다.

영어에 20을 뜻하는 score라는 단어가 있어서 70을 "three scores and ten"이라고 한 일도 있는 것을 보면, 옛날에 20을 한 뭉치로 생각하던 시대가 있었던 증거가 된다. 그 뜻을 사전에서 찾아보면 "득점, 셈, 20, 새긴 눈, 다수" 등이 있는데, 이것도 인류가 수를 사용해 온 역사를 나타내고 있는 것으로 생각된다. 다수라는 뜻이 포함되어 있는 것은, 20이 미개인들에게 있어서는 이미 큰 수였다는 것을 말해 준다. 현재에도, 아주 여러 번을 뜻하는 말로 "scores of times"라는 표현이 있다.

그러나 5를 한 뭉치로 해서는 너무 작고, 20을 한 뭉치로 해서는 너무 크며, 또, 두 손의 손가락을 꼽거나 펴는 것이 자유롭다는 것이, 아마도 인류가 10진법을 채용한 동기인 것으로 보인다. 실제로, 고대의 이집트, 메소포타미아, 그리스, 로마의 숫자들이 모두 10진법으로 표현되어 있었으며, 한 단위가 10개 모여 한 자리 올라갈 때마다 새로운 기호를 쓰고 있다.

이에 대하여, 우리들이 현재 쓰고 있는 기수법에서는

1, 2, 3, 4, 5, 6, 7, 8, 9

로 나아간 뒤, 그 다음의 수를 나타내는 데, 위의 9개의 숫자 이외에 0이라는 새로운 기호를 준비하여

10

이라 한다. 그 다음에는

11, 12, 13, …, 20, 21, …, 90, 91, …, 99

로 나아가고, 10이 10개 모였을 때, 새로운 기호를 도입하지 않고

100

이라 한다. 즉 우리들은 1에서 9까지의 9개의 숫자와 0이라는 기호를 사용하고, 자릿수를 생각하면서, 예를 들어

3904

와 같이, 단 10개의 숫자로 모든 자연수를 나타낼 수 있는 것이다.

고대 인도의 수학

이와 같이, 0이라는 기호를 써서, 그것을 이용하여 자릿수를 나타내는 방법은 인도에서 발견된 것이다. 이것을 흔히 0의 발견이라 부르는데, 이 0의 발견이야말로 고대 인도인들이 남긴 가장 큰 공적이다.

인도 사람들은 작은 흑판 위에, 잘 지워지는 흰 물감을 막대 끝으로 찍어서, 또는 붉은 가루를 뿌린 흰 판 위에 막대 끝으로 글씨를 쓰

곤 했는데, 이것은 필요 없는 숫자들을 지워 가면서 계산하기에 상당히 편리한 방법이었다. 그들이 사용한 덧셈과 곱셈의 방법은 아랍을 통해 유럽에 들어 와서 오늘날까지 사용되는데, 현재 우리가 쓰는 방법과는 다소 다르다. 오늘날 우리가 낮은 자리에서부터 셈하는 것과 달리 그들은 높은 자리에서부터 셈을 하였다.

345 + 488 의 경우, 옆에서 보는 바와 같이 3 + 4 = 7의 7을 첫 세로줄 위에 적고, 4 + 8 = 12에 의하여 7을 지우고 8을 대신 쓰며, 그 옆에 2를 적는다. 또 5 + 8 = 13에 의하여 2를 지우고 3을 대신 쓰며, 마지막 세로줄 위에 3을 적음으로써 833을 얻는다.

8 3
~~7~~ ~~2~~ 3
3 4 5
4 8 8

곱셈에 있어서도 위와 흡사한 방법이 사용되었으며 이 외에도 많은 다른 방법들이 전해지고 있다.

인도의 고대 수학은 그리스에서와는 달리 독립된 학문은 아니고, 주로 천문과 역법을 중심으로 발달한 듯하다. 또 논리적인 기하학은 없었다. 특색은 기호에 의한 대수학과 기수법에 있으며 양수, 0, 음수의 개념을 확립하였고, 일반적인 2차방정식의 근을 구하였다. 즉, **아랴바타** Aryabhatta(476?-550?), **브라마굽타** Brahmagupta(598-660) 및 **바스카라** Bhaskara(1114-85)는 일반 2차방정식을 오늘날과 같은 방법으로 풀어서 두 근이 있음을 알았다(⇨ *p*.52).

한편 논리학도 발달하였는데, 불교를 매개로 하여 그 업적들이 다른 문화와 함께 중국으로도 전해졌다.

아랍의 수학

7세기경의 아랍권에서는 이슬람교가 큰 세력을 떨쳐, 아랍인들은 강력한 종교 국가를 세웠다. 그들은 종교의 힘과 무력으로 페르시아를 합병하고, 다시 지중해 연안, 이집트와 스페인까지도 정복했다. 그러나 대대로 교주들은 모두 학문을 보호하고 장려했으므로, 문화 국가로서도 번성했다. 아랍어는 이슬람권 지식인들의 공용어이며, 이는 마치 라틴어가 중세 유럽의 공용어이었던 것과 같다. 따라서 아랍의 수학자라고 하더라도 터키인일 수도 있고 페르시아인일 수도 있다.

이 시기의 아랍 세계의 지식의 중심은 오늘날의 이라크 바그다드이었는데, 이 도시는 8세기경에 세워진 동부 교주(칼리프)의 서울이었다. 알-마문 al-Mamun 교주는 9세기 초에 '지혜의 집(Bayt al-Hikma)'이라는 대학 겸 도서관을 바그다드에 세웠는데, 서쪽으로부터는 그리스나 히브루의 학자들이, 동쪽으로부터는 인도와 페르시아의 학자들이 방문하였다. 사서들은 약 1세기 전의 고대 그리스와 알렉산드리아의 학교와 도서관의 파괴를 피해서 옮겨간 학자들의 유산인 그리스 문헌을 모아서 아랍어로 번역하였다. 이렇게 해서 유클리드, 아르키메데스, 디오판토스, 톨레미 등의 책이 차례로 아랍어로 번역됨으로써 그리스의 수학은 아랍으로 옮겨갔다.

또, 아랍인들이 상업상 여행을 자주 하게 됨에 따라 인도의 수학도 아랍으로 흘러 들어왔다. 앞서 말한 인도의 기수법은 먼저 아랍에 전해지고, 다음에 유럽으로 건너갔다. 따라서 인도에서 발명된 1, 2, 3, 4, 5, 6, 7, 8, 9, 0이라는 숫자가, 유럽에서는 아랍 숫자라 불리어지게 된 것이다.

위와 같이, 그리스와 인도의 두 수학이 아랍에서 혼합되었고, 9-10세기는 아랍 수학의 황금기였다. 특히 대수학과 삼각법이 크게 융성하였으며, 적어도 그리스 수학에 관한 한 아랍인이 보호하지 않았더라면 남아 있는 것이 없을 뻔했었다. 수학뿐 아니라 인도의 의학이나 화학을 비롯하여 널리 문명 전체에 걸쳐 아랍인의 공헌은 괄목하다.

아랍인들은 그리스에서와 같은 논리적 정신은 불충분했으나, 그 결과로, 논리적 정신으로는 결합시키기 어려운, 인도의 기호적 대수와 그리스의 기하학을 결부시킨 기하학적 대수를 만들었다. 예를 들면, 2차방정식을 푸는 데 오늘날의 근의 공식을 도형을 써서 풀고 있다.

'지혜의 집'에 소속된 수학자 **알코와리즈미** Mohammed ibn Al-Khowarizmi (825?)는 《알제브르 왈무카발라》 *Al-gebr w'almuqabala* (말하자면 《이항과 간약》)라는 대수학 책을 썼는데, 그 속에서 가령 1차방정식

$$5x-7=3x+5$$

의 풀이를 다음과 같이 설명하고 있다.

먼저, 양변에 7을 더하면

$$5x=3x+5+7 \quad \therefore 5x=3x+12$$

다음에 양변에서 $3x$를 빼면

$$5x-3x=12, \quad 2x=12$$

양변을 2로 나누어

$$x=6$$

이와 같이, $5x-7=3x+5$에서 $5x=3x+5+7$을 이끌어 내는 것, 즉 이항을 al-gebr라 부르고, $5x-3x=2x$와 같이 동류항을 정리하는 것을 almuqabala라 불렀다.

오늘날 대수학을 의미하는 algebra라는 말은 이 al-gebr에서 나왔다고 한다. 또 현재 계산법을 의미하는 algorithm이라는 말은 그가 태어난 지명을 가리키는 그의 이름 Al-Khowarizmi가 변해진 것이라 한다.

아랍인들은 부정방정식도 다루었고, 10세기에는 피타고라스의 정리와는 달리 $x^3+y^3=z^3$의 자연수해가 없다는 것도 알았으며, 이 전후에서 3차방정식의 기하학적 해법이 시도되고 있다. 페르시아의 시인 우마르 카이얌 Umar Khaiyam(?-1123?)은 3차방정식의 분류와 해법에 관한 연구를 했으며, 또 33년 주기에 의한 새 역법도 만들었다.

아랍인들은 삼각법의 연구로도 잘 알려져 있는데, 이에 관하여는 따로 다루기로 한다 (⇨ *p*. 187).

> 과학의 교육은 모두 수학에서부터 시작하지 않으면 당연히 그 근저에 결함이 나타난다. —콩트

II. 수와 대수학

로마를 비롯한 서유럽에서의 초기의 수학은 별로 볼 만한 것이 없다. 그러나 중세 유럽에 들어와 앞에서 본 모든 수학이 잘 알려지게 되자, 새로운 내용이 첨가되게 된다. 여기에서는 먼저 중세 유럽에서의 수학에 대하여 알아보고, 방정식의 근의 공식, 대수학의 그 뒤의 발전, 수의 체계, 벡터와 행렬, 대수계 등의 토픽을 다룬다.

중세 유럽에서는 무리수까지의 수를 알고 있었으며, 단순한 수의 계산으로서의 산술이 자유로이 쓰여졌다. 그러던 것이 문자의 사용에 관한 대수학으로 발전된다. 대수학의 주된 내용은 방정식을 푸는 것이었다. 1차, 2차방정식의 해법은 이미 고대에 알고 있었으나 3차, 4차방정식의 해법은 16세기에 알려졌다.

방정식을 푸는 과정에서 허수가 나타남에 따라 수의 체계는 복소수까지 확장되고, 뒤에 다시 사원수가 도입되었다. 실수의 개념의 논리적 기초는 19세기 말에 와서 데데킨트와 칸토르에 의하여 엄밀하게 되었다.

한편 5차방정식의 해법에 관한 3세기에 걸친 연구 과정으로, 그것이 대수적으로는 풀리지 않는다는 것이 밝혀졌다. 방정식론에서 큰 업적을 남긴 가우스, 아벨, 갈르와의 생애는 드라마틱하다. 그 뒤로 오늘날의 추상대수학의 개념이 나타나게 되어, 현대의 대수학은 여러 가지 대수계의 구조에 관한 연구로 정착하게 되었다.

이 같은 대수학은 그 내용 자체가 중요할 뿐 아니라, 현대수학의 가장 중요한 방법론 중 하나인 대수적 방법을 개발시켰다.

1. 서유럽에서의 초기수학

로마 시대의 수학

고대의 로마인들은 그리스로부터 많은 문화적 유산을 받아들였으나 그것을 더 이상 발전시키지는 못했고, 또 이론적 수학에 관한 한 그것을 받아들이거나 발전시키지는 못했다.

로마인들은 로마 숫자로 알려진 독특한 기수법을 사용하였고, 오랜 옛부터 수판을 사용하고 있었으며, 기원 46년에 역법을 정하여 사용하였다. 그들은 알렉산드리아 시대의 그리스인의 영향을 받아 건축, 토목, 측량, 무기 등 실제적인 문제에서 발전을 보였으나, 지적인 업적에서는 그리스보다 훨씬 뒤떨어진다.

5세기 말에 서로마 제국은 북방의 게르만족의 침입으로 멸망하게 되는데, 그맘때 도리어 그리스의 학문을 추구하게 된다. 그중에서도 **보에티우스** Boetius (480-524)는 기하학에 관한 저술을 남겨 중세 수학에 큰 영향을 주었으나, 실질적으로는 유클리드의 《원론》을 증명을 빼고 요약한 것이었다. 그밖에 점성술과 신비한 수에 관한 저술이 있다.

로마인의 문화에 대한 공헌은 법률을 비롯한 몇 가지 부면에서 강조되어야 하며, 특히 그들이 사용했던 라틴어는 19세기 초까지 학술어로서 생명을 가지고 있었다. 한편 기독교 문화를 보급하는 데 있어서는 공과가 뚜렷하다.

중세 유럽의 수학

5세기 말에서 11세기에 걸쳐 서로마 제국이 멸망하고, 게르만족의 국가가 여기저기에 생겨났다. 게르만족은 야만족으로 알려졌으나, 유럽을 지배한 뒤에는 차차 로마의 문명을 받아들여, 농업을 주로 하는 봉건사회를 만들었고, 정신 면으로는 기독교를 받아들였다. 기독교가 절대적인 지배권을 확립함에 따라, 모든 학문은 교회의 학교에서 가르쳤으므로, 6세기에서 11세기에 이르는 수학은 종교수학, 교회수학이라 불리는 성격을 띠게 되었다. 당시의 수학의 내용도 로마식 산술과 시일을 결정하기 위한 역산이 주로 연구되었다.

그리하여, 그리스 문명의 중심이었던 수학은 학문적 전통이 끊어지고, 당시의 새로운 세계의 중심이었던 신에 결부되는 경향이 강해졌다. 일부 신비주의 신학자들의 "신-무한자"라는 사상은 그리스 수학에서는 볼 수 없었던 무한론을 후세에 남겨 준 것이라 볼 수 있다.

한편, 11세기 말에서 13세기 중엽에 이르는 몇 차례의 십자군 원정은, 그때까지의 농업 대신에 상업을 융성하게 했고, 도시들이 활발히 개발되고, 교통도 번성해졌다. 그리하여 이교의 학문이라 하여 배척되어 오던 이슬람의 학문을 배우려는 경향이 높아져, 아랍의 영토이었던 스페인(특히 코르도바)과 알제리에 유학하기도 하고, 아랍의 학자들이 유럽으로 초빙되었으며, 아랍 말로 된 교과서들이 라틴어로 번역되었다. 이리하여, 유클리드나 톨레미의 저서들이 아랍 말을 통하여 라틴어로 번역되면서, 서유럽의 학문적 수준이 차차 높아져 가서 르네상스로의 길을 열었다.

당시에 새로 일어난 상공업자들은 그들 자신에게 필요한 상업수학을 가르치기 위한 학교를 설립했는데, 이에 대항하여 교회 측도 전통적인 학문을 가르치기 위한 대학을 설립하였다. 이리하여 이탈리아의 볼로냐대학, 나폴리대학, 프랑스의 소르본느대학, 영국의 옥스퍼드대학, 케임브리지대학 등이 설립되었다. 따라서 이들 대학에서의 지배적인 생각은, 기독교가 절대적이고, 학문은 그 뒷받침을 위한 봉사에 불과하다는 소위 스콜라 철학이 우세하였다. 또, 자연 인식에 있어서도, 주로 형이상학적 사고 방식이 압도적이어서, 실험적 견지는 거의 무시되고 있었다.

그러함에도 불구하고, 중세 말이 되자, 자연 인식에 대한 실험적 사고 방식이 싹트게 된다. 영국의 철학자 베이컨 R. Bacon(1214-94)은 그 선구자 중 한 사람이다. 그는 아랍의 수학과 자연과학을 깊이 이해했고, 자연 인식에 있어서는 먼저 수학과 경험을 주로 해야 한다고 주장했으나, 그 학설은 당시의 교회에 받아들여지지 않았고, 완전히 이단자 취급을 받았을 뿐이었다.

그때까지의 수학은 신부들이 다루고 있어서 실용적이라고는 할 수 없었다. 그리고, 계산은 수판을 사용했다. 그러나 위와 같이 하여 일어난 상공업은 교회 수학을 차차 실용적인 것으로 변화시켰다. 그리하여 수판에 의한 계산 대신에 실용적이고 빠른 인도의 기수법과 계산법이 보급되었다. 이와 같이, 교회 수학을 고집하는 수판파와 실용성을 중요시하는 필산파 사이의 투쟁이 계속되다가 후자가 널리 보급된다.

당시 이탈리아의 상업 도시 피사에서 상인의 아들로 태어나, 북아프리카의 알제리 등지에서 이슬람 교사에게 배웠다고 전해지는 피사의 레오나르도 Leonardo da Pisa(1170-1250)는 《수판 책》이라는 큰 책을 썼다. 이 책은 그 제목과는 반대로, 인도와 아랍의 수학, 기수법, 계산법 등을 설명한 것으로서 그 내용을 유럽에 보급하는 데 크게 공헌한 책이다. 이 피사의 레오나르도는 **피보나찌** Fibonacci 라고도 불린다.

$$1,\ 1,\ 2,\ 3,\ 5,\ 8,\ 13,\ 21,\ 34,\ 55,\ 89,\ 144,\ \cdots$$

와 같이 제3항 이후가 언제나 앞의 두 항의 합으로 되어 있는 수열은 **피보나찌 수열**로 알려져 있다. 이러한 수열들은 자연에서나 인공적인 현상에 흔히 나타나기 때문에 아직도 연구되고 있다. 가령 위의 수열의 이웃하는 두 항의 비의 값

$$\frac{1}{1},\ \frac{2}{1},\ \frac{3}{2},\ \frac{5}{3},\ \frac{8}{5},\ \frac{13}{8},\ \frac{21}{13},\ \frac{34}{21},\ \cdots$$

으로 된 수열의 항들은 황금비의 값에 가까워진다. 이 수열의 항 233/144의 값은 1.618055556이 되는데, 이는 $(1+\sqrt{5})/2$와 거의 같다. 이 비는 자연 현상 중 앵무조개 껍데기나 나뭇잎들이 줄기에 나선형으로 붙어 있는 식물 등에서도 나타난다.

이리하여, 중세는 13세기 중엽부터 영국과 프랑스의 백년전쟁, 영국의 내란인 장미전쟁과 같은 긴 전란이 계속되고, 유행병은 만연되어, 문화 발전 없이 지나갔다.

이 시기의 수학자로서 빠뜨릴 수 없는 사람은 프랑스의 주교 **오렘** Oresme(1323-82)이다. 그는 거듭제곱의 개념과 기호를 창안해 냈을 뿐 아니라, 분수 지수, 음수 지수까지 생각해 냈으며, 한편으로는 오늘날의 함수 $y=f(x)$의 변화 상태를 그래프로 나타내는 것도 시도하였다.

피보나찌로부터 250년쯤 지난 1509년에 출간된 이탈리아인 **파치올리** Pacioli(1450?-1520?)의 책에는 인도 기수법에 의한 복식부기

를 다루고 있는데, 우리나라 고려시대의 개성 부기보다는 훨씬 뒤의 일이다. 한편 그는 3차방정식의 해법에 관한 책을 썼는데, 이것이 뒤의 고차방정식의 해법에 관한 연구를 촉진하게 된다 (⇨ p.53).

기호의 정비

중세에 오늘날과 같은 종이가 사용되기 시작하고 1450년경부터는 활자에 의한 인쇄술이 발명되었는데, 물론 우리나라보다 뒤진 때이었다. 이때부터 1500년까지의 50년 동안에 유럽 전체에서 출판된 책은 2만 종에 이르며, 수학 책은 이탈리아에서만 200종 이상이 간행되고, 그 다음 100년 동안에는 1,500종을 넘었다 하니, 인쇄술의 발명의 큰 의의를 알 수 있다.

인쇄술의 발명의 결과로 그리스와 아랍 고전의 번역과 출판이 쉬워져서 사람들이 이를 쉽게 구해 읽을 수 있게 되었다. 한편 이탈리아에서 상인 계급의 생활에 여유가 생겨나자, 고전의 부흥에 의한 인간 해방을 주장하는 휴머니즘 운동이 일어나고, 16세기가 되면서 르네상스의 시대가 나타났다.

이 시기의 수학은 12세기에서 비롯된 형성과정의 한편으로는 치밀하고 정확성을 추구하는 고대 그리스 수학을 복원하는 동시에 또한 새로운 수학의 창조로 나타난다. 대수학은 먼저 기호를 정비하는 데서 비롯된다. 이제 차례로 이들에 대하여 설명해 보자.

(1) 플러스 +와 마이너스 − 이들 기호는 "계산의 두목"이라는 별명을 가지고 있던 독일의 **비드만** Widmann이 1489년에 라이프치히에서 발표한 산술 책에 나타난다. 처음에는 과부족의 뜻으로 쓰였

으나, 차차 덧셈과 뺄셈을 뜻하는 기호로 쓰이게 되었다. 플러스라는 말은 이 책에 나타나지 않으나, 마이너스라는 말은 사용되고 있다.

더구나 이 ＋라는 기호는 and 에 해당하는 라틴어의 et 를 빨리 썼을 때 나타나는 꼴에서 나왔다고 한다. 그러나 －는 어떻게 하여 그런 꼴이 되었는지 알려져 있지 않다.

(2) 근호 √ 비엔나대학 교수 **슈라이버** Schreiber 는 1521 년에 출판한 책 속에서, 위의 ＋와 －를 덧셈과 뺄셈의 뜻으로 사용하였다. 그의 제자 **루돌프** Rudolff 도 1525 년에 발간된 대수학의 저서 속에서 마찬가지로 사용하였다. 루돌프는 그 책 속에서 근호 $\sqrt{\ }$를 쓰고 있다. 처음에는 √라 썼는데, 이는 근을 뜻하는 root 의 머리글자 r 에서 나왔다는 설도 있다.

(3) 등호 ＝ 이것은 영어로 된 최초의 대수학 책으로 알려진 **레코드** Recorde (1510-58) 의 《지혜의 숫돌》(*The Whetstone of Witte*, 1557)에 처음 나타난다. 레코드는 이것을 등호로 채용한 이유를 다음과 같이 말하였다.

"두 평행선 ＝ 만큼 같은 것은 달리 있을 수 없기 때문이다."

(4) 나눗셈 기호 ÷ 스위스인 라안 Rahn 이 1659 년에 취리히에서 출판한 대수학 책 *Teutsche Algebra* 에서 처음 쓰였다.

(5) 소수 기호 현재 3.754 라 쓸 것을 $\overset{0}{3}\,\overset{1}{7}\,\overset{2}{5}\,\overset{3}{4}$ 라 써서, 처음으로 소수 기호를 도입한 것은 **스테빈** Stevin (1548-1620) 이다. 10 진법의 체계는 이로써 완성된 셈이다. 한편 그는 도량형을 10 진법으로 고치자는 것을 주장하였는데, 이는 미터법의 채용보다 200 년이나 앞선 탁견이다.

(6) 부등호 >와 < 이것은 영국의 수학자 해리옷 Harriot (1560-

1621) 이 죽은 지 10년 후에 출판된 저서 *Artis Analyticæ Praix* 에 나타난다. 또, ≧와 ≦라는 부등호는 그로부터 1세기 후에 부게 Bouguer(1698-1758)에 의하여 처음 쓰였다.

(7) 곱셈 기호 × 영국의 수학자 오트렛 Oughtred(1574-1660)의 책 《수학의 열쇠》(*Clavis Mathematicæ*, 1631)에 나타난다.

(8) 차의 기호 ∼ 이것도 위의 오트렛의 책에 나타난다.

(9) 문자 기호 프랑스의 수학자 비에트 Viète(1540-1603)는 기지량과 미지량을 구별하기 위하여, 기지량에 대하여는

$$B,\ G,\ D,\ \cdots$$

와 같이 자음을 나타내는 문자를 썼고, 미지량에 대하여는

$$A,\ E,\ I,\ O,\ V,\ Y$$

와 같이 주로 모음을 썼다.

오늘날과 같이 기지량에 알파벳의 앞의 쪽 글자

$$a,\ b,\ c,\ d,\ \cdots$$

를 쓰고, 미지량에 대하여 뒤의 쪽 글자

$$x,\ y,\ z$$

를 쓰는 것은 뒤에 데카르트가 시작한 것이다.

이상으로, 초기의 수학에 대한 역사적 기술을 마치고, 앞으로는 각 토픽별로 필요한 경우에 한하여 역사적 회고를 덧붙이기로 한다.

2. 근의 공식

1차, 2차방정식의 풀이

대수학 (algebra) 이라는 말은, 800 년경의 방정식을 푸는 규칙에 관한 아랍 기록의 제목 일부에서 비롯된 말이었는데 (⇨ p.42), 100 년 전까지는 방정식을 푸는 이론에 불과했다. 오늘날에는 다소간 형식적인 수학적 연산이나 관계를 다루는 학문으로 바뀌었으나, 여전히 방정식의 풀이는 그 주요한 내용이다.

오늘날, 우리는 1 차방정식

$$ax+b=0\ (a\neq 0)\text{의 근은 } x=-\frac{b}{a}$$

로 주어지고, 또 2 차방정식

$$ax^2+bx+c=0\ (a\neq 0)\text{의 근은 } x=\frac{-b\pm\sqrt{b^2-4ac}}{2a}$$

로 주어짐을 안다.

1 차방정식은 옛부터 잘 알려져 있었고, 2 차방정식은 이집트나 메소포타미아의 기록에 단편적으로 나타난다. 아마도 2 차방정식을 본격적으로 다룬 사람은 헤론 Heron (100? B.C.) 일 것이다. 그는

> "한 정사각형이 있다. 그 면적과 둘레의 합은 896 이다. 그 한 변의 길이는 얼마인가?"

라는 문제를 풀었다.

디오판토스 Diophantos (246?-330?)의 《산술》 책에도 이미 특수한 2차방정식이 다루어져 있다. 예를 들어, 그는

> "두 수의 합은 10이고, 그 제곱의 차는 40이다. 두 수는 각각 얼마인가?"

와 같은 문제를 다루었다. 그는 또 여러 가지 기교를 써서 2차방정식을 푸는 것을 시도했으나, 음수 개념이 없었고, 또 일관된 방법을 쓰지도 못했다.

양수, 0, 음수 개념을 확립하고, 따라서 2차방정식에 두 근이 있음을 명확히 인식한 것은 인도 사람들이다. 아랴바타 Aryabhatta (476?-550?)는 오늘날의 위에서 보는 바와 같은 일반적인 2차방정식의 근을 얻었다. 아랴바타와 브라마굽타 Brahmagupta (598-660)는 때로는 양근, 때로는 음근을 채용하고 있다.

이에 대하여, 2차방정식을 오늘날과 같은 방법으로 풀고, 그것이 두 근을 가짐을 명백히 인정한 것은 바스카라 Bhaskara (1114-85)이었다. 그는 다음과 같이 기록하고 있다.

> 양수의 제곱도 음수의 제곱도 양수이다. 따라서 양수의 제곱근은 두 개 있고, 그 하나는 양수, 다른 하나는 음수이다. 그러나 음수의 제곱근은 존재하지 않는다. 왜냐하면, 음수는 절대로 어떤 수의 제곱이 될 수는 없기 때문이다.

위의 2차방정식의 근의 공식을 보면 근의 존재하는 범위는 실수 전체의 집합만으로는 불충분하고 복소수 전체의 집합으로까지 확대하여야 한다는 것을 알 수 있고, 또 이때의 근의 방정식의 계수로부터 사칙 연산과 실수의 거듭제곱근을 취하는 과정(이들을 합하

여 대수적 해법이라 부른다) 만으로 얻어졌다는 것을 알 수 있다.

인도의 대수학은 규칙만을 모은 것으로, 유클리드의 《원론》에서 보는 바와 같은 논증성은 없다. 미지수를 기호로 나타내는 것은 앞서 디오판토스에게서도 보이지만, 근의 공식을 뒤와 같이 일반공식으로 표현할 수는 없다. 기호를 계통적으로 사용한 것이 근세 수학과 그리스의 수학의 차이이며, 이와 같은 논리성과 기호 사용에 의한 일반성이 현대 수학의 특징을 낳게 하는 것이다.

3 차방정식의 풀이

아랍 숫자가 유럽에 들어온 것은 14 세기이며, 그와 함께 2 차방정식의 해법이 전해져 왔다. 그러나 3 차방정식은 특수한 경우를 제외하고는 풀 수 없었으므로, 당시의 수학자들은 일반적인 방법 또는 근의 공식을 얻으려는 노력을 시도하였다.

16 세기 전반의 이탈리아에서는 수학 시합이라는 것이 유행하였다. 즉, 두 사람의 수학자가 각각 상대방에게 같은 개수의 문제를 제시한 뒤에, 정해진 기간 안에 보다 많은 문제를 해결한 쪽이 이기는 일종의 도전 시합이었다. 따라서 당시에는, 수학자가 어떤 사실을 발견하였어도 그것을 즉시 공표하지 않는 일이 많았다.

이러한 수학 시합에 있어, 가장 흔히 출제되는 것은 파치올리의 책에 영향을 받아 "3 차방정식을 풀어라"는 문제이었다. 3 차방정식은 항상

$$x^3 + mx = n$$

꼴로 변형할 수 있는데, 이것은 페로 Ferro (1465?-1526?) 가 1505 년

에 풀었다고 하나, 그 해법은 비밀에 붙여졌던 듯하다.

오늘날 전해져 오는 3차방정식의 풀이는 **폰타나** Fontana(1506-57), 통칭 **타르탈리아** Tartaglia(말더듬이라는 뜻)가 1541년에 발견한 것이다. 이것을 현대적으로 표현해 보자.

3차방정식

$$ax^3+bx^2+cx+d=0 \qquad (a \neq 0)$$

은 $y=x+\dfrac{b}{3a}$ 라 둠으로써

$$y^3+3py+q=0$$

으로 고쳐 쓸 수 있는데, 이것은 비에트가 발견한 것이다. 여기에서,

$$p=\frac{3ac-b^2}{9a^2}, \quad q=\frac{2b^3-9abc+27a^2d}{27a^3}$$

이다. 이제 1의 한 세제곱근을 $\omega(\neq 1)$ 라 하면, y의 값은

$$\sqrt[3]{\alpha}+\sqrt[3]{\beta},\ \omega\sqrt[3]{\alpha}+\omega^2\sqrt[3]{\beta},\ \omega^2\sqrt[3]{\alpha}+\omega\sqrt[3]{\beta}$$

가 된다. 여기에서

$$\alpha,\ \beta=\frac{-q\pm\sqrt{q^2+4p^3}}{2}$$

이다. y의 세 값에서 $b/3a$를 뺀 것이 구하려는 근이다.

p와 q가 실수인 경우, $q^2+4p^3<0$일 때는 공식으로부터 한 실근과 두 복소근이 얻어진다. 한편, $q^2+4p^3>0$일 때는 세 근 모두 실수가 된다.

당시의 풍습에 따라, 타르탈리아는 그가 발견한 이 해법을 공표하지 않았으나, 밀라노사람 **카르다노** G. Cardano(1501-76)의 간청에

못이겨, 절대로 다른 사람에게 알리지 않는다는 약속으로, 이를 가르쳐 주었다. 그러나 카르다노는 이 약속을 어기고, 그가 1545 년에 발표한 저서 《위대한 기술》(*Ars Magna*) 속에 이 해법을 실었다고 하여 타르탈리아의 격분을 샀다는 설이 있다. 여하간 이 책은 서유럽인이 최초로 아라비아의 영향에서 벗어난 독자적인 업적으로 평가된다. 카르다노의 책은 라틴어로 씌어 있는데, 1968 년 MIT 출판부에서 영역본이 출간되었다.

4 차방정식의 풀이

카르다노의 책에는 4 차방정식의 해법도 실려 있는데, 그것은 그의 제자 페라리 Ferrari (1522-65) 가 1544 년에 발견한 것이다.

4 차방정식의 해법을 현대적으로 나타내 보자.

$$ax^4+bx^3+cx^2+dx+e=0 \qquad (a\neq 0)$$

에서 $y=x+\dfrac{b}{4a}$ 라 두면

$$y^4+py^2+qy+r=0$$

꼴이 되는 것은 역시 비에트가 발견한 것이다. 여기에서

$$y^3-py^2-4ry+(4pr-q^2)=0$$

의 한 근을 y_0 라 하면, y 는 두 2 차방정식

$$y^2\pm\sqrt{y_0-p}\left(y-\frac{q}{2(y_0-p)}\right)+\frac{y_0}{2}=0$$

의 근을 구함으로써 얻어진다.

카르다노는 미친 천재로 알려졌으며 학자, 교수, 의사, 도박사 등의 직업을 전전했고, 감옥살이도 한 일이 있다고 한다. 카르다노의 책을 보면 이러한 3차, 4차방정식의 계수가 구체적인 수값일 때에 풀었고, 일반적인 문자에 관한 공식을 만든 것은 아니었다. 이것이 오늘날 위와 같은 형태로 표현된 것은 16세기 말에 비에트에 의한 대수의 기호법이 정비된 이후의 얘기이다.

3차방정식의 해법을 발견한 타르탈리아는 1살 때 프랑스 병정에게 상처를 입어 말더듬이가 되었다고 하며, 가난한 가운데 독학으로 훌륭한 학자가 될 정도로 재능이 있었다. 젊어서부터 여러 대학에서 수학을 가르쳤으며, 《일반수량론》이라는 큰 책을 쓰다가 마치지 못하고 죽었다. 1556년에 간행된 앞의 두 부분은 상업산술을 다룬 것으로 탁월하고 독창적인 것이었다.

4차방정식의 해법을 발견한 페라리는 15살에 카르다노의 하인이 되었다가, 하도 재능이 있는 탓에 주인의 강의에 참석하여 가장 훌륭한 제자가 되었다. 18살에 카르다노의 도움으로 밀라노에서 학원을 열어 수학을 가르쳤으며, 뒤에 볼로냐대학 교수가 되었으나, 1년 후에 죽었다. 누나에게 독살당했다는 설이 있다.

그 뒤, 5차 이상의 방정식을 풀려는 노력이 3세기 가까이 계속되다가, 그것이 대수적으로 풀 수 없다는 사실이 19세기에 들어와서 밝혀졌다. 이에 관하여는 다음 절에서 다루기로 한다 (⇨ *p*.62).

3. 대수학의 발전

초기의 대수학

수의 기원은 먼 옛날이며, 그 역사는 여러 단계에 걸쳐 최근에까지 이른다(⇨ *p*.68). 기호를 사용하는 대수학은 앞서 본 바와 같이 알렉산드리아에서 번창한 그리스 수학 말기의 디오판토스에게서 그 싹을 볼 수 있다.

그 후 유럽이 중세의 암흑시대에 들어 있을 때 대수학은 인도에서 크게 발전했다. 브라마굽타를 중심으로 하는 인도의 수학은 기수법에서는 0의 발견, 수의 자릿수와 대수학에서의 기호의 사용 등 큰 유산을 남겼다. 또, 인도의 수학에서는 사칙 기호, 제곱근 기호 등이 쓰여졌으며, 곱을 나타내는 단어의 첫 세 글자를 써서 곱의 약기법도 사용되었다. 그리스와 인도의 수학은 아랍인의 손을 거쳐 14세기 경의 중세 유럽에 들어왔고, 이때 아랍 숫자와 2차방정식의 해법이 전해졌다.

이제 그 뒤의 대수학의 역사를 살펴보자.

16세기의 대수학

대수학에 있어서의 두 개의 이정표는 16세기 초엽의 이탈리아에서 세워졌다. 그중 하나는 3차, 4차방정식의 해법이고 다른 하나는 복소수의 발견이었다. 당시의 이탈리아의 대수학은 전형적인 르네상스의 대표 작품이었지만, 그 특징 중에는 아랍과 동방의 영향이 보인다.

가령, 음수에 대하여는 이를 "빚"으로, 또는 "과거의" 날짜로 생각함으로써 이해하였다. 고대의 인도사람들은 음수를 이와 같이 해석하는 데 성공하여, 음수와 양수를 차별하지 않고 함께 사용하였다. 그러나 음수 존재의 엄밀한 증명은 19 세기까지 기다려야 했다. 데카르트조차도 음수를 "거짓근"이라 부르고 있었을 정도였다.

그런데 모든 실수의 제곱은 양 또는 0 이었으므로 처음에는 $x^2+3=0$ 의 근에 대하여 간단히 "불가능이다"라 하였다. 그러나 타르탈리아와 카르다노에 의하여 3 차방정식이 풀리고, 페라리가 4 차방정식을 풀게 됨에 따라 $\sqrt{-3}$ 과 같은 수를 다루지 않을 수 없게 되었다.

가령, 볼로냐의 수학자 **봄벨리** Bombelli (1526?-73)는 카르다노의 공식을 $x^3-15x=4$ 에 적응하여 $x=4$ 외에

$$x=\sqrt[3]{2+\sqrt{-121}}+\sqrt[3]{2-\sqrt{-121}}$$

도 근이 됨을 알았다. 그는 이런 수를 "궤변적인 수"라 부르고, 이에 대하여 실수와 마찬가지 계산을 함으로써

$$\sqrt[3]{2+\sqrt{-121}}=2+\sqrt{-1},\quad \sqrt[3]{2-\sqrt{-121}}=2-\sqrt{-1}$$

을 얻었다. 그는 이 같은 수를, 양수를 계수로 가지는 $+1$, -1, $+\sqrt{-1}$, $-\sqrt{-1}$ 등의 1 차결합으로 생각한 결과, 오늘날 우리들이 사용하고 있는 복소수의 계산 규칙과 같은 것을 얻었다. 복소수라는 말은 **가우스** Gauss 가 처음으로 사용한 말의 역어이다.

여하간 봄벨리의 업적은, 실수에 관한 사칙의 규칙이 복소수에 관해

서도 적용되리라고 소박하게 생각하여 계산한 점이다. 이는 실제로 적중하여 우연히 성공한 셈이다. 실제로 바이어슈트라스 Weierstrass (1815-97)는 사칙의 공리(⇨ *p*.99)를 만족하는 가장 일반적인 수(실수 이외에 i와 같은 새로운 양의 실계수에 의한 1차결합)는 복소수임을 증명하였다.

16세기 말의 프랑스에서는 문자기호의 창시자의 영예를 지닌 비에트 Viète(1540-1603)가 나타났다. 그의 업적은 이탈리아의 대수학과 대조되는 성격을 가지고 있었다. 전형적인 르네상스 시기인 16세기 말의 비에트의 시대에는 후기 그리스의 디오판토스의 정수론에 관한 연구(⇨ *p*.34)가 재발견되어 크게 평가를 받고 이에 관한 연구가 재개되었다. 디오판토스의 《산술》은 오늘날의 용어로는 부정방정식을 쓰는 정수의 이론이라 할 수 있다. 또, 그리스 수학의 근본을 이루어 왔던 것으로, 비례론에 입각한 "유독소스의 공리"를 만족하는 일반적인 양의 이론이 있다. 비에트는 이 같은 일반량을 기초로 하여 이것에 가감승제의 사칙 연산을 하는 일종의 "기호계산"(Logistica speciosa)을 창출한 것이다. 그가 시작한 문자 기호는 데카르트가 더욱 완전한 꼴로 추진하였는데, 이는 우리가 오늘날 사용하고 있는 것과 비슷하다.

17, 18세기의 대수학

17세기 초에 클라비우스 Clavius(1537-1612)의 《대수학》책이 나와서 우수한 교과서로서 큰 영향을 주었다. 그는 독일인으로서 예수회 신부였으며, 대부분의 생애를 이탈리아에서 보냈고, 로마에서 가르쳤다.

그 뒤, 데카르트 Descartes(1596-1650)와 페르마 Fermat(1601-65)는 해석기하학을 거의 동시에 발견하였으며, 한편으로는 카발리에리, 페르마, 갈릴레이, 파스칼, 바로우 같은 선구자의 영향 밑에 뉴턴과 라이프니츠가 미적분학을 발견하였다.

앞에서 본 바와 같이, 1차방정식이나 2차방정식의 근의 공식은, 그 근이, 주어진 방정식의 계수들에 가감승제와 거듭제곱근을 구하는 연산만을 시행한 것으로 표현됨을 보여 준다. 마찬가지로, 3차방정식이나 4차방정식의 풀이에서도, 그 근이, 방정식의 계수들에 가감승제나 거듭제곱근의 연산을 시행한 것으로 표현할 수 있음을 말해주고 있다. 그렇다면, 다시 일반적인 5차방정식

$$ax^5+bx^4+cx^3+dx^2+ex+f=0 \qquad (a\neq 0)$$

에 대하여도, 그 근을 계수들에 가감승제와 거듭제곱근을 유한 번 결합한 식으로 나타내는 공식이 존재할 것인가?

이 문제는 방정식론의 오랜 숙제였다. 이 문제의 해결에 앞서 방정식이 반드시 근을 가질 것인가 하는 문제가 일어나는데, **가우스** Gauss는 1799년의 박사 학위 논문에서 **대수학의 기본정리**를 발표하여 이를 해결하였다. 즉,

> "계수가 복소수인 n차대수방정식
>
> $$a_0x_n+a_1x^{n-1}+\cdots+a_{n-1}x+a_n=0 \quad (a_0\neq 0,\ n\geqq 1)$$
>
> 은 복소수의 범위 안에서 반드시 근을 가진다."

이 정리와 인수정리를 쓰면

> "n차대수방정식은 n개의 복소수근을 가진다"

는 것을 안다. 이것은 오늘날에는

"복소수체는 대수적으로 닫혀 있다"

라고 표현된다. 여기에서 **체**라 함은 가감승제의 사칙 연산에 관하여 닫혀 있는 수의 집합을 뜻하는 것이다 (⇨ *p*.99).

가우스

방정식론에서 위대한 업적을 남긴 **가우스** C.F. Gauss (1777-1855)는 독일의 브라운쉬바이히 공국에서 벽돌공의 아들로 태어났다. 어려서부터 영주 페르디난도 공에게서 천재로 인정받아, 그의 도움으로 대학 교육을 받았고, 30세에 이르기까지 영주의 비호 밑에 평온한 연구 생활에 몰두할 수 있었다. 1807년 모교인 괴팅겐대학의 교수 겸 천문대장으로 취임한 뒤, 79세로 죽을 때까지 그 자리에 있었다. 그는 대수학의 기본정리를 비롯하여 정수론, 천문학, 전자기학, 해석학, 최소자승법, 미분기하학 등에서 큰 업적을 남겼다. 그는, "수학은 과학의 여왕이고, 정수론은 수학의 여왕이다"라고 했으나, 그가 죽은 뒤에 영주는 그를 위한 기념비에 "수학자의 군주" (Mathematicorum princeps)라는 칭호를 넣어 그의 업적을 칭송하였다.

그는 일찍이 젊은 시절에 영주의 도움으로 평온한 학구생활을 즐겼던 것을 회고하면서, "수학을 연구하는 데는 무엇보다도 방해받지 않고 완전히 몰두할 수 있는 시간이 필요하다"고 했다. 그러면, 교수가 된 뒤에는 행복한 생활을 보냈을까? 설비도 없는 천문대에서 관측과 계산을 혼자 하여야 했고, 거기에 또 강의가 있어서 순수한 연구에만 몰두할 수는 없었다. 월급은 박봉이어서 생활고에 허덕였고, 당시 나폴레옹 휘하의 프랑스 점령군에게는 과중한 세금을 징수당하였으며, 더구나 그들의 요구에 따라 대규모 측량사업에 20년 이상 동원되어, 연구 이외의 일에 너무나 많은 시간을 뺏겼다. "이러한 삶보다는 죽는 편이 낫겠다"라는 글이 그의 공책 중 타원함수의 복잡한 계산 중간에 문득 나타나 있다고 한다.

19세기의 대수학

5차 이상의 방정식의 대수적 해법의 가능성에 관한 17, 18세기의 수학자들의 노력은 결실을 보지 못하였고, 18세기 말에는 도리어 그 가능성에 대한 의혹이 짙어졌다. 라그랑즈 Lagrange(1736-1813)는 4차까지의 방정식이 풀린 이유에 대하여 반성하는 연구 중에서, 근들의 순서에 어떤 치환을 시행했을 때의 불변식을 연구하는 데서 치환군의 개념을 얻었다.

이것이 단서가 되어서, 아벨 Abel(1802-29)은 1824년에 5차의 경우, 1826년에 5차 이상의 경우에 대하여

> "일반적인 5차 이상의 대수방정식을 대수적으로 푸는 것, 즉 그 근을 계수들에 가감승제와 거듭제곱근이라는 대수적 연산만을 유한 번 시행함으로써 얻는 것은 불가능하다"

는 것을 증명하였다. 이것은 "근이 없다"는 뜻은 아니며, 근이 있으되, 근의 공식을 5차 이상의 방정식에 대하여는 위와 같은 방법으로 나타낼 수는 없다는 것이다. 물론, 특수한 고차방정식, 예를 들

어, 드 므와브르 de Moivre (1667-1754)의 정리에서 보는 바와 같이, $x^n=1$에 관하여는 근의 공식이 존재한다.

아벨의 업적에 이어, 다시 방정식론에 근본적인 개혁을 일으킨 것은 갈르와 Galois (1811-32)이다. 그는 21살의 젊은 나이에 결투로 죽기 전날, 그의 생각을 친구에게 써서 남겼는데, 이 편지는 나중에 조르단 Jordan (1838-1922) 등에 의하여 연구되어, 소위 갈르와 이론의 전모가 그가 죽은 지 40년 후에야 밝혀졌다.

갈르와 이론은, 5차 이상의 대수방정식이 대수적으로 풀리기 위한 필요충분조건을 제시한 것으로서, 그 요점은 "부분군과 확대체의 대응에 관한 기본정리"로 알려져 있다. 이리하여 방정식론과 체론(體論)의 문제를 군론(群論)의 문제로 전환할 수 있다는 것이다.

그 개략을 설명하기 위하여, 먼저 독자들은 군(群), 가환군(可換群), 체(體)라는 용어를 알아두기 바란다(⇨ pp.94-100).

여러분은 집합 $\{a+b\sqrt{2} \mid a, b\text{는 유리수}\}$가 사칙 연산에 관하여 닫혀 있음을 안다. 수의 집합이 사칙에 관하여 닫혀 있을 때, 이것을 한 체(體)라 부른다. 이제 유리수를 계수로 가지는 n차 대수방정식

$$a_0x^n+a_1x^{n-1}+\cdots+a_{n-1}x+a_n=0, \qquad a_0\neq 0 \qquad ①$$

이 기약방정식일 때(즉 좌변이 유리수의 범위에서 인수분해되지 않을 때), 그 한 근을 ω라 하면, 집합

$$\boldsymbol{Q}(\omega)=\{b_0\omega^{n-1}+b_1\omega^{n-2}+\cdots+b_{n-2}\omega+b_{n-1} \mid b_i\text{는 유리수}\}$$

는 한 체이다.

이제 방정식 ①의 근들을 모두 포함하는 체 중에서 갈르와체라 불

리는 특별한 성질을 가진 것이 있다. 이제 ①의 n개의 근을 θ_1, θ_2, …, θ_n이라 할 때

$$\boldsymbol{Q}(\theta_1) = \boldsymbol{Q}(\theta_2) = \cdots = \boldsymbol{Q}(\theta_n)$$

이 된다면, 그 체를 Ω라 할 때, 대응(함수) $\alpha_k: \Omega \to \Omega$를

$$b_0\theta_1^{n-1} + b_1\theta_1^{n-2} + \cdots + b_{n-1} \mapsto b_0\theta_k^{n-1} + b_1\theta_k^{n-2} + \cdots + b_{n-1}$$

인 것이라 정하면,

$$\alpha_1,\ \alpha_2,\ \cdots,\ \alpha_n$$

은 이 체 Ω에서의 변환들의 한 군(근들 사이의 치환군)이 된다. 이 군을 이 체의 **갈르와군**이라 부른다.

이와 같이 하여, 방정식의 근에 군이 관련되는데, 이 군이 어떤 성질을 가지고 있는가가 문제가 된다. $n \leqq 4$일 때는 가환군이 되며, $n \geqq 5$일 때는 그 같은 성질이 일반적으로 없기 때문에 근의 공식을 만들 수 없다는 것이다.

이 같은 갈르와 이론에 의하면, 임의의 각의 삼등분문제와 입방배적문제 (⇨ p.122) 가 자와 컴퍼스만으로 작도되지 않는 이유라든가, 또 가우스가 발견한 "정 n 각형이 자와 컴퍼스로 작도되기 위한 필요충분조건" (⇨ p.114) 같은 것이 모두 명쾌하게 설명된다.

아벨이나 갈르와가 모두 체에 대한 개념을 가지고 있었고 갈르와는 실제로 군의 개념을 활용하였다. 1854년에 군은 비로소 **케일리** A. Cayley (1821-95)에 의하여 수학적 구조로서 명백히 정의되었다. 군은 수학에 있어서의 중요한 연구 대상일 뿐 아니라 여러 가지

응용 면을 가지는데, 예를 들면 양자역학이나 소립자 이론에서도 쓰여진다. 케일리는 또 행렬의 이론도 세웠다.

19세기 후반의 어느 날, 독일의 **클라인** C.F. Klein(1849-1925), 프랑스의 **다르부** Darboux(1842-1917), 노르웨이의 **리** Lie(1842-99)가 만나서 "이제부터는 군(群)이 크게 이용되는 시대이다. 우리들도 이 방향의 연구를 착실히 해 나가자"라고 한 뒤 헤어졌다고 한다. 세 사람은 그 뒤 수학사에 큰 이름을 남긴 수학자들이 되었는데, 각각 군의 응용으로 유명한 연구를 남겼다. 클라인의 업적 중 에를랑겐 프로그람은 참으로 역사적인 것이다(⇨ *p*.163).

군과 체의 개념이 확립된 후 **칸토르** Cantor(1845-1918)의 집합론, **데데킨트** Dedekind(1831-1916)의 정수론에 관한 추상적 고찰, **힐버트** Hilbert(1862-1943)의 기하학기초론을 배경으로 하여, **슈타이니츠** Steinitz(1871-1928)의 《체의 연구》(1910)가 발표된 것을 계기로 해서, 대수학을 사칙을 기초로 하여 순전히 추상적인 공리적 체계로 건설하려는 노력이 계속되었다. 그리하여 데데킨트, 힐버트, **뇌터** Noether(1882-1935), **알틴** Artin(1898-1962), **판 데르 배르덴** van der Waerden(1905-96) 등이 오늘날의 추상대수학의 체계를 세웠다.

아벨

노르웨이의 가난한 목사의 아들로 태어난 **아벨** N.H. Abel(1802-29)은 장학금으로 중고교와 대학을 마쳤으며, 가난과 결핵으로 시달린 짧은 생애를 유례 없는 수학상 대발견에

바쳤다. 얼마나 가난했던지, 대학 기숙사의 특별 허가를 얻어 아우를 데려다가 같은 침대에서 자기까지 하였다 한다. 그는 이미 중고교 시절에 5차방정식의 해법을 발견하였다고 생각하였으나 실패였고, 1824년 "5차의 일반적인 방정식을 푸는 것의 불가능의 증명"을 자비로 출판했으나, 가난한 그는 인쇄 비용의 절약을 위해 설명을 줄일 수밖에 없어, 가우스의 인정을 받지 못하였다.

그 이듬해에 정부 파견으로 베를린, 비엔나, 이탈리아, 스위스, 파리 등지의 외국 수학자들과 사귀었다. 베를린에서는 5차방정식의 대수적 해법의 불가능의 증명을 발표하였으나, 파리에서는 학술원에 제출한 타원함수에 관한 논문이 당대의 일인자 꼬오쉬 Cauchy의 서랍에 묻혀 햇빛을 보지 못하였다. 1827년 귀국했으나 변변한 교수 자리 하나를 구하지 못하고 결핵으로 신음하다가, 사랑하는 여인에게 안긴 채 27세의 나이로 아깝게 세상을 떠났다.

그의 업적은 대수방정식에 관한 것 이외에도 2항급수론, 타원함수론, 아벨 함수의 도입 등이 저명하다. 아벨의 이러한 공적을 기리기 위하여 노르웨이에서는 국왕을 비롯한 많은 이들이 노력한 결과로 2002년에 국가적인 상으로 아벨상 (Abel Prize)을 제정하고, 2003년부터 매년 노르웨이 학술원이 이 상을 수여하기로 하였다 (⇨ p.352).

갈르와

현대대수학의 또 하나의 선구자인 갈르와 E. Galois(1811-32)는 파리 근처의 유복한 가정에서 태어났다. 17세 때 중고교 재학 중 이미 방정식론에서 중요한 발견을 하여 학술원

에 제출했으나, 꼬오쉬가 분실해 버렸다. 당시 최고의 명성을 지니고 있던 에꼴 폴리테크니크 (École Polytechnique)의 입시에 두 번 실패하였고, 이맘때 방정식의 일반해에 관한 논문을 학술원에 제출했으나, 심사를 맡아 본 푸리에 Fourier가 갑자기 죽는 바람에 회답을 들을 수 없었다. 1829년에 고등사범학교 (École Normale Supérieure)에 들어갔으나, 1830년의 혁명에 참가하고, 교장 배척 운동을 하는 등으로 그 이듬해 퇴학당했다. 그 후 정치 운동에 몰두하다가 죽던 해 몇 달 동안 투옥되었는데, 가석방 기간 중 결투로 죽었다. 비밀 경찰의 음모라고도 하고 사랑 때문이라고도 한다.

1832년 5월 30일 이른 새벽, 갈르와는 25발짝 건너의 권총 탄환에 맞아 쓰러졌다. 아무도 돌보아 주는 이 없이 버려진 채였는데, 9시경에야 지나가던 농부가 병원으로 데려갔다. 단 한 사람 그의 아우만이 죽음의 자리를 지켰으며, 울부짖는 동생을 달래기 위하여 마지막으로 한 말이 바로 "아우여! 울지 말라. 스무 살의 나이에 죽기에는 내 모든 용기가 필요하다"였다. 그 이튿날 새벽에 그는 죽었고, 남부 공동묘지에 개처럼 묻혔는데, 그 뒤 그 묘를 찾을 수가 없었다고 한다.

죽기 전날 갈르와가 친구에게 남긴 유서가 그의 수학 사상을 담은 전부였다. 그것은 주로 대수방정식과 치환군과의 관계를 논하여, 방정식이 대수적으로 풀리기 위한 조건을 구한 것으로서, 이것이 40년 후에 60페이지의 소책자로 간행되었다. 비로소 반항적 공화주의자 갈르와가 19세기의 지도적 수학자의 한 사람으로 역사에 남게 되는 것이다. 말하자면 그는 너무 일찍 태어났던 것이다.

후세의 사가들은 말한다. "아벨은 가난이 죽였고, 갈르와는 온 세상의 바보들이 학살하였다"고.

정수론의 발전

앞에서는 주로 대수방정식의 역사에 대하여 알아보았으나, 정수의 이론에 관하여 몇 가지 이야기를 첨부한다. 고대 그리스의 **피타고라스** 학파의 삼각수, 사각수, 소수의 고찰 등은 **유클리드**의 《원론》으로 정리되어 있다. 가령 소수는 무수히 많다든가, 정수의 소인수분해의 일의성, 유한회의 절차로 두 수의 최대공약수를 구하는 유클리드의 호제법과 같은 것은 이때에 얻어진 결과이다. 또, 에라토스테네스의 체를 써서 소수를 구하는 것도 잘 알려져 있었다. 또, **디오판토스**의 《산술》은 후세에 큰 영향을 주었다.

수학의 오랜 역사 중에는 해결되어 있지 않은 문제가 많다. 정수론의 실질적인 창시자는 **페르마** Fermat (1601-65)인데, 그는 $x^3 + y^3 = z^3$, $x^4 + y^4 = z^4$ 등이 자연수해를 가지지 않음을 보고, 더 일반적인 소위 그의 **대정리** 또는 **마지막 정리**를 주장하였는데 (⇨ p.150), 360여 년이 지난 1995년에 **와일즈** Wiles가 이를 증명하였다 (⇨ p.345).

소수의 연구에서, 모든 소수를 어떤 일반적인 식을 써서 나타낼 수는 없을까 하는 생각이 떠오른다. 가령, **오일러** Euler (1707-83)는 $2^{2^n}+1$ (n 은 자연수) 꼴의 정수가 모두 소수인 줄로 알았다. 그런데 $n=5$ 일 때 위의 수는 641의 배수가 되어, 틀린 생각임이 밝혀졌다. 다른 예로, $f(x)=x^2-x+41$ 은 x 가 0에서 40까지의 정수이면 소수를 나타낸다. 그러나 $f(x)=41^2$ 이 된다.

1743년에 **골드바하** Goldbach (1690-1764)는 정수 계수를 가진 다항식

$$f(x) = a_0 + a_1 x + a_2 x^2 + \cdots + a_n x^n$$

이 소수만을 나타낼 수 없다는 것, 즉 $f(0)$, $f(1)$, $f(2)$, …가 모두 소수는 아님을 알았다. 실제로 $f(0)=p$ 이면, 임의의 자연수 k에 대하여 $f(kp)$는 분명히 p의 배수가 된다. 그러나 $k\to\infty$ 일 때 $|f(kp)|\to\infty$가 되고, 따라서 어떤 k의 값에 대하여 $f(kp)$는 p의 배수가 되므로 소수일 수 없다.

1970년에는 **마티야세비츠** Matiyasevič가 정수 계수를 가진 다변수 다항식 $f(x, y, z, \cdots)$로서, x, y, z, …에 자연수 값을 주었을 때 모두 소수를 얻게 해 주면서, 또 소수들만을 그 다항식의 양수 값으로 가지는 것을 발견함으로써 사람들을 놀라게 하였다.

그 다음 문제는 소수가 어떻게 분포되어 있는가 하는 문제이다. x가 자연수일 때, x 이하인 소수의 개수 $\pi(x)$는 x의 함수이다. 물론 $x\to\infty$ 이면 $\pi(x)\to\infty$가 된다. 그런데 이에 관하여

$$\lim_{x\to\infty}\pi(x)\frac{\log x}{x}=1$$

이라는 **소수정리**가 얻어졌다. 이것은 가우스와 르장드르 Legendre가 예상했던 것으로, 1896년에 프랑스의 **아다마르** Hadmard(1865-1963)와 벨기에의 **푸쌩** de la Vallée Poussin(1866-1962)이 독립적으로 증명하였다. 이 같은 정리의 증명에는 해석학의 방법이 쓰여져서 **해석적 정수론**을 낳게 하였다. 이 이론에서는 **디리클레** Dirichlet(1805-59)가 저명하다.

계수가 정수인 몇 개의 방정식을 성립시키는 정수들을 찾는 문제를 **부정방정식** 또는 이를 처음으로 연구한 사람의 이름을 따서 **디오판토스 방정식**이라 부른다. 가령, $x^2+y^2=z^2$은 무수히 많은 해를 가지고 있고(⇨ p.15), **펠** Pell의 방정식이라 불리는 $x^2+cy^2=\pm4$는

유한 개의 해만을 가지고 있는데, 이들은 모두 2원 2차 부정방정식

$$ax^2+bxy+cy^2+dx+ey=k$$

의 예들이며, 일반적인 경우에 해결되어 있다.

부정방정식을 푸는 과정에서 a, b가 정수일 때 $a+b\sqrt{-1}$, $a+b\sqrt{2}$ 꼴의 수의 성질이 중요한 역할을 한다. 이와 같은 것을 넓은 의미에서의 정수(**대수적 정수**)라고 생각하고 이에 대한 연구를 시작한 것은 **가우스**였다. 이런 넓은 의미에서의 정수의 범위에서는 소인수분해는 반드시 일의적(一意的)은 아니다. 이를테면 $\{a+b\sqrt{-5} \mid a, b$는 정수$\}$와 같은 수의 집합에서는 6의 소인수분해가 $6=2\cdot3$, $6=(1+\sqrt{-5})\cdot(1-\sqrt{-5})$의 두 가지이다. 이와 같은 것을 다루는데 이데알 ideal의 개념을 도입한 것이 **데데킨트**이다. 이와 같은 **대수적 정수론**은 **힐버트**의 손을 거쳐 대성되었다.

골드바하는 2보다 큰 임의의 짝수는 $4=2+2$, $6=3+3$, $8=3+5$, …와 같이 두 소수의 합으로 나타난다는 예상(conjecture)을 제시하였는데 아직까지 증명되지도 반례를 얻지도 못했다. 그러나 1937년에 러시아의 **비노그라돕** Vinogradov(1891-1983)은, 가령 $10^{10^{10}}$(또는 어떤 큰 한계) 이상의 모든 홀수는 세 소수의 합으로 나타남을 보였다. 근래에 중국의 **첸 징룬** Chen Jing-Run(1933-)은 충분히 큰(가령 $>10^{10^{10}}$) 임의의 짝수는 $p+q$ 꼴로 나타남을 보였는데, 여기에서 p는 소수이고, q는 소수 또는 두 소수의 곱이다. 그는 1960년대의 문화혁명 기간 중 이런 연구가 산업에 도움이 되지 않는다고 하여 인정을 받지 못했으나, 4인방의 몰락 후에는 '혁명영웅'으로 추대되었다.

암호론에의 응용

소수의 이론에서의 최근의 화제는 암호제작법이다. 그 아이디어를 간단히 설명하면, 암호용 키 (cipher key)는 두 큰 소수 (흔히 50 에서 80 자리의 수)의 곱 $n = pq$ 이다. 정보를 부호로 고쳐 쓰는 데 n 이면 충분하다는 것을 알지만, 그것을 푸는 데는 n 의 소인수분해를 알아야 한다. 정수 n 은 공개되어 있으므로 누구나 정보를 부호로 고쳐 쓰는 데 그 암호를 쓸 수 있다. 보안이 유지되어야 하기 때문에, 정보를 받아야 할 사람만이 그 키(열쇠) 즉, 그것을 푸는 데 필요한 소인수분해 pq 를 알아야 한다. 이런 절차의 기반은, 큰 소수들의 곱으로 나타내는 데 시간이 너무 오래 걸려서 적이 그것에 성공했을 때에는 이미 전쟁은 끝나 버린다는 것이다. 이 같은 생각을 좀 더 정밀화하여 비밀 메시지를 보내려는 사람들이 효과적이고 안전한 방식으로 사용할 수 있게 하는 연구가 진행되고 있다. 위와 같은 아이디어로 암호를 푸는 데 컴퓨터를 써서 아주 큰 수의 소인수를 찾아내려는 연구가 진행되고 있다.

> 우리는 우리의 판단력보다는 도리어 대수적 계산에 신뢰를 두어야 한다. —오일러

4. 수의 체계

실수의 체계

여기에서는 수학에서 다루는 대상 중 가장 중요한 수의 개념의 확장에 대하여 생각해 보기로 하자. 원시 시대부터 우리 인류가 자연수의 개념을 가지고 있었음은 분명하다. 이제 이들 수들이 나타난 때를 차례로 들어 보자.

자연수	(원시 시대부터)
음수, 0	(5,500년 전)
분수	(4,000년 전)
무리수	(2,500년 전, 그리스 시대)
소수	(16 C)
허수	(16 C)

가 된다.

이들 수의 탄생을 방정식의 해라는 관점에서 보면, 다음과 같이 방정식과 대비하여 파악할 수 있겠다.

(1) $5+x=7$

(2) $5+x=5$ 　 0의 발견

(3) $5+x=2$ 　 음수

(4) $5\times x=3$ 　 분수

(5) $x^2=2$ 무리수

(6) $x^3=2$ 허수

또, 이들 수의 탄생을 연산에 관하여 닫혀 있어야 한다는 관점에서 생각해 보기로 하면 다음 도식을 얻는다.

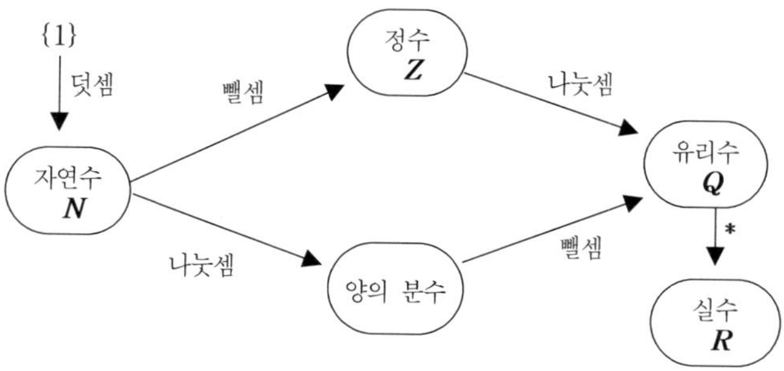

여기에서 뺄셈, 나눗셈은 각각 덧셈, 곱셈의 역산이라 생각된다. 특히 중요한 것은 단계 (*)인데, 이는 직관적으로

"한 직선 위에 수들을 빈틈없이 크기 차례로 늘어놓을 수 있다"

는 것으로서, 데데킨트 Dedekind (1831-1916)가 "연속화" 또는 칸토르 Cantor (1845-1918)가 "완비화"라고 불렀던 단계이다. 이 같은 이론이 이 두 사람에 의하여 19세기 말에야 완성되었다는 것은 놀랄 만하다.

이와 같이 하여 얻어진 실수의 집합 $\boldsymbol{R}$은

(Ⅰ) 연산의 공리(체의 공리) — 대수적 구조

(Ⅱ) 대소관계의 공리 — 순서구조

(Ⅲ) 연속성 또는 완비성의 공리 — 위상적 구조

라는 세 가지 기본 성질을 가지고 있다.

앞의 (Ⅰ)은 실수 전체가 **체**(體)를 이룬다는 것인데, 이는 사칙에 관하여 닫혀 있고 그에 관한 연산 법칙을 만족한다는 뜻이다(자세한 것은 ⇨ *pp*.91-102).

위의 (Ⅱ)는 실수 전체가 대소관계에 대하여 다음과 같은 기본 성질을 가지고 있다는 뜻이다.

a, b, c가 임의의 실수일 때

(1) $a \leqq a$ (반사율)

(2) $a \leqq b$, $b \leqq a$ 이면 $a = b$ (반대칭률)

(3) $a \leqq b$, $b \leqq c$ 이면 $a \leqq c$ (추이율)

(4) 임의의 두 수 a, b에 대하여 $a \geqq b$ 이든가 $a \leqq b$ 이다.

(5) $a \leqq b$ 이면 임의의 수 c에 대하여 $a+c \leqq b+c$

(6) $a \leqq b$, $c \geqq 0$ 이면 $ac \leqq bc$

위의 기본 성질에서, 다음과 같은 흔히 쓰이는 성질이 얻어진다.

(7) $a < b$ 이면 $-b < -a$

(8) $0 < a < b$ 이면 $0 < \frac{1}{b} < \frac{1}{a}$

(9) $a < b$ 이면 임의의 c에 대하여 $a-c < b-c$

(10) $a < b$, $c > 0$ 이면 $ac < bc$

위의 (Ⅲ)에 대하여는 곧 설명하기로 한다.

단계 (*)는 바로 유리수의 집합 $\boldsymbol{Q}$에서 실수의 집합 $\boldsymbol{R}$을 정의하되 (Ⅰ), (Ⅱ), (Ⅲ)을 만족하도록 할 수 있다는 것이다. 보통 대학 교재에서는 (Ⅰ), (Ⅱ), (Ⅲ)을 공리로 가정하고 시작하는 경우가 많으나, 이는 집합론의 테두리 안에서 유리수로부터 실수를 정의함으로써 증명되는 사실인 것이다.

수에서의 대소관계가 아니더라도, 어떤 집합 A의 원소들 사이에 어떤 관계(⇨ p.216)가 정의되어 있어 위의 (1), (2), (3)이 만족되면, A를 **반순서집합**이라 부른다. 또 위의 (4)까지 만족되면, A를 **전순서집합**이라 부른다(⇨ p.259).

이제 단계 (*)를 조금 자세히 다루어 보자.

유리수에서 실수로의 확장 — 데데킨트의 방법

정수 전체의 집합 $\boldsymbol{Z}$와 유리수 전체의 집합 $\boldsymbol{Q}$를 대소관계에 따라 수직선 위에 나열해 보자. 그러면,

"두 유리수 사이에는 반드시 다른 유리수가 있다."

왜냐하면, r, $r' \in \boldsymbol{Q}$, $r < r'$ 일 때 $r < \frac{r+r'}{2} < r'$이 되기 때문이다. 이 성질을 유리수 전체의 집합의 **조밀성**이라 부르고, 이에 대하여 $\boldsymbol{Z}$처럼 이웃하는 수가 띄엄띄엄 있는 것을 **이산성**이라 부른다.

$\boldsymbol{Z}$(또는 $\boldsymbol{Q}$)를 대소 두 조로 가르는 것을 **절단**(cut)이라 부르자. 예를 들면,

$(\{\cdots, -3, -2\}, \{-1, 0, 1, 2, 3, \cdots\})$와
$(\{2$ 이하의 유리수$\}, \{2$보다 큰 유리수$\})$

는 각각 $\boldsymbol{Z}$와 $\boldsymbol{Q}$의 절단들을 보여 준다.

$\boldsymbol{Z}$는 이산적이므로, 어떤 절단을 생각해도, 작은 조에 최대수, 큰 조에 최소수가 있다. 그러나 $\boldsymbol{Q}$는 조밀하므로, $\boldsymbol{Q}$의 절단에는 이러한 일이 일어나지 않는다.

우리는 수직선 위의 점집합이 실수 전체의 집합 $\boldsymbol{R}$과 1 대 1 대응이

됨을 여러 가지 방법으로 알고 있다. 이것을 논리적으로 좀 더 엄밀하게 하려는 것이, 단계 (*)에 대한 데데킨트의 방법이다.

데데킨트

$\boldsymbol{R}$이나 $\boldsymbol{Q}$나 $\boldsymbol{Z}$를 대소 두 조로 가를 때 다음과 같은 네 가지 가능성이 있다.

절단의 종류	작은 조의 최대수	큰 조의 최소수
제 1 종	있다	없다
제 2 종	없다	있다
제 3 종	없다	없다
제 4 종	있다	있다

그러면,

$\boldsymbol{Z}$의 절단은 항상 제 4 종이다.……이산성

$\boldsymbol{Q}$의 절단은 제 4 종은 아니다.……조밀성

데데킨트는 $\boldsymbol{Q}$의 제 3 종의 한 절단을 한 무리수와 동일시함으로써 실수를 구성하되

(i) $\boldsymbol{R}$의 절단은 제 1 종과 제 2 종뿐이다.
……연속성

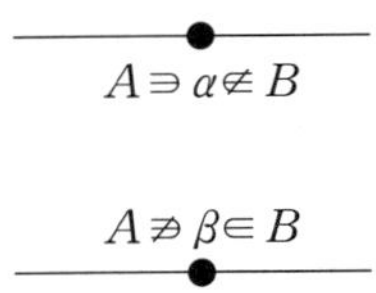

$\boldsymbol{R}$의 절단

가 성립하게 하였다.

가령, $\sqrt{2}$는 $\boldsymbol{Q}$의 제 3 종의 절단

({제곱이 2 보다 작은 양의 유리수와 0 과 음의 유리수},
{제곱이 2 보다 큰 양의 유리수})

으로 나타난다. 이렇게 하면, 유리수들 사이의 빈 틈(무리수)을 메

울 수 있으므로, 제3, 4종의 절단은 있을 수 없게 된다.

이같이 절단으로서 실수를 정의한 뒤에, 이들 사이의 사칙연산, 대소관계 등 산술 계산의 기초를 모두 정함으로써 (Ⅰ), (Ⅱ), (Ⅲ)이 만족되도록 하였다.

데데킨트의 위의 연속성의 공리 (i)은

(ii) "위로 유계인 실수들의 한 집합은 최소상계를 가진다"

는 최소상계의 공리와 동치이다.

유리수에서 실수로의 확장 — 칸토르의 방법

한 실수열 $\{a_n\}$이 극한 $a \in \boldsymbol{R}$로 수렴한다면

$$|a_n - a_m| \leqq |a_n - a| + |a_m - a|$$

이므로,

$$n, m \to \infty \text{ 이면 } |a_n - a_m| \to 0 \qquad \text{(C)}$$

이 성립한다. 이제 (C)를 만족하는 수열 $\{a_n\}$을 **기본열**(또는 꼬오쉬 Cauchy 열)이라 부르기로 하자. 즉, 수렴수열은 기본열이 된다.

칸토르는 역으로

(iii) "실수의 기본열은 실수의 집합 안에서 항상 수렴한다"

는 완비성의 공리가 성립하도록, 본질적으로 실수를 유리수의 기본열의 극한으로 정의함으로써, 단계 (＊)를 완성하였다. 그리하여, 이 경우에도 사칙연산, 대소관계 등 실수의 산술 계산이 확립되고, 실수

는 (Ⅰ), (Ⅱ), (Ⅲ)을 만족하게 된다.

연속성, 최소상계, 완비성의 공리들은 서로 동치이며, 또 이들은

(iv) "유계인 단조(증가 또는 감소) 실수열은 반드시 수렴한다."

(v) "길이가 0 으로 가까워 가는 폐구간열 $[a_1, b_1] \supset [a_2, b_2] \supset [a_3, b_3] \supset \cdots$ 가 있으면, 이들 모든 폐구간에 공통으로 들어 있는 점이 단 하나 존재한다." (구간축소법의 공리)

와도 동치이다. 이것들이 앞에서 말한 $\boldsymbol{R}$ 의 위상적 구조의 특성인 것이다.

현대수학에서의 실수의 집합

실수의 집합 $\boldsymbol{R}$ 의 완비성과 동치인 위의 명제들은 응용상 편리하도록 변형시켜 놓은 것들로서, 해석학의 여러 가지 증명을 하는 데 꼭 있어야 하는 것들이다.

역사적으로 보아, 19 세기 전반까지 존재하였던 극한의 이론은 지극히 불완전하였고, 그보다 앞서 무리수의 이론이 확립되어야 했다. 즉, 무리수의 이론은 더 한층 완벽한 극한의 이론을 세우는 데 쓰여져야 하는데, 그 무리수론을 세움에 있어 흔히 극한의 이론이 쓰여지고 있었던 것이다. 이 결함이 있는 순환 논증을 피하고, 또 극한론을 가정하지 않는 새로운 무리수의 이론을 세운 것이 데데킨트와 칸토르이다.

이 두 사람 외에도, 메레 Méray 는 칸토르와 마찬가지로 기본열을 써서, 바이어슈트라스 Weierstrass 는 단조열을 써서, 바크만 Bachmann 은 구간축소법을 써서, 무리수의 이론을 엄밀하게 또 구상적인 개념

을 벗어나 건설하였다.

실수의 집합의 위와 같은 위상적 성질을 추상하여 발전시킨 것이 일반위상수학이라 볼 수 있다. $\boldsymbol{R}$을 확장한 개념들은

실직선 $\boldsymbol{R}$
⇩
n차원유클리드공간 $\boldsymbol{R}^n$ ⇨ 노름공간 ⇨ 위상벡터공간 ⇨ 벡터공간
⇩ 노름공간 → 거리공간, 위상벡터공간 → 위상공간, 벡터공간 → 집합
거리공간 ⇨ 위상공간 ⇨ 집합

과 같이 나타난다.

여기서 실수 n개의 순서조 $x=(x_1,\ x_2,\ \cdots,\ x_n)$ 전체를 n**차원 유클리드공간**이라 부르고 $\boldsymbol{R}^n$이라 나타낸다. 즉,

$$\boldsymbol{R}^n=\{(x_1,\ x_2,\ \cdots,\ x_n)\mid x_i\in\boldsymbol{R}\}$$

이다. $\boldsymbol{R}^n$은 $n=1$일 때는 실직선 $\boldsymbol{R}$, $n=2$일 때는 좌표평면, $n=3$일 때는 좌표공간을 나타내고 있다.

또, $\boldsymbol{R}$은 보통의 $+$와 $\times$에 관하여 체를 이루는데, $\boldsymbol{R}$의 부분집합 중에는 군, 환, 정역, 체와 같은 대수계 (⇨ p.91) 를 이루는 것이 많이 있다. 또, $\boldsymbol{R}$이 벡터공간이라는 것도 벡터공간을 추상화하는 단서가 된 것이다. 이러한 관점에서, $\boldsymbol{R}$은 위상수학이나 추상대수학의 좋은 모델이 되어 왔다.

$\boldsymbol{R}$은 실변수함수론의 주된 무대가 되며, 또 순서집합과 같은 집합론의 여러 개념을 구성하는 데도 모체가 된다. 이처럼, $\boldsymbol{R}$의 여러 성질을 잘 파악해 두는 것이 현대수학을 공부하는 데 요긴하다.

복소수의 체계

이제, $x^2+1=0$ 과 같은 방정식을 풀 수 있도록, 수체계의 최종적 확장을 들어 보자. x 의 변역이 실수의 집합일 때는, 위의 방정식의 해집합은 공집합이다. 이러한 꼴의 방정식이 근을 가질 수 있도록 $i=\sqrt{-1}$ 을 써서 허수의 집합을 도입한다.

임의의 복소수(複素數)는 $a+bi$ 꼴로 나타낼 수 있다. 단, a, b 는 실수이고 $i^2=-1$ 이다. 다시 다음과 같이 정의한다.

상등: $a=c,\ b=d \ \Leftrightarrow\ a+bi=c+di$
합: $(a+bi)+(c+di)=(a+c)+(b+d)i$
곱: $(a+bi)(c+di)=(ac-bd)+(ad+bc)i$

복소수에 대해서는 순서(대소)관계는 정의하지 않는다.

다음은 복소수의 체계를 보인 것이다.

- 복소수 $a+bi$
  - 허수 $b\neq 0$
  - 실수 $b=0$
    - 무리수
    - 유리수
      - 분수
      - 정수

앞서 말한 바와 같이, 봄벨리는 실수의 사칙에 대한 규칙이 허수에 대하여도 그대로 적용된다고 생각하고, 복소수의 계산을 시도하여 위와 같은 정의를 얻은 셈이다. 그 뒤 라이프니츠 Leibniz (1646-1716)와 오일러 Euler(1707-83)도 허수를 연구하였고, 특히 오일러는 i라는 기호를 처음 썼다. 수학에서 중요한 역할을 하는 수들로 0, 1, π, e, i 사이의 관계는 오일러가 발견한

$e^{i\pi}+1=0$이라는 아름다운 공식으로 나타난다.

가우스는 처음으로 복소수라는 말을 도입하였고 $a+bi$를 순서쌍 $(a,\ b)$로 생각하여 복소수평면을 생각해 냈다. 이와 거의 동시에 베쎌 Wessel(1745-1818)과 아르강 Argand(1786-1822)도 마찬가지 평면을 발견하였다. 바이어슈트라스 Weierstrass(1815-97)는 체의 공리를 만족하는 가장 일반적인 수는 복소수임을 발견하였다.

복소수 중에서 어떤 정수계수 대수방정식(한 미지수 x에 관한 다항방정식)의 근이 되는 수를 대수적 수라 부르고, 그렇지 않은 수를 초월수라 부른다. 유리수는 대수적 수이다. 또 어떤 정수의 거듭제곱근도 대수적 수이다.

복소수의 발견 이후, 대수학에서는 대수학의 기본정리 등 중요한 발견이 나타나고, 해석학에서는 미적분학을 복소함수로 확장한 복소해석학(複素解析學)이 나타났다(⇨ p.234).

자연수에서 시작하여 복소수까지 수를 확장하는 단계는 중·고교 교과서에서 간단히 다루고 있으나, 실제로는 $\boldsymbol{Q}$에서 $\boldsymbol{R}$를 얻는 단계가 소홀히 되어 있다. 이 책에서도 그 과정을 간단히 요약한 정도에 불과하므로, 독자들은 집합론 교과서를 읽어 주기 바란다.

또, 자연수의 집합을 공리적으로 다루어 수의 이론의 첫 발자국으로 삼으려는 시도는 1895년에 페아노 Peano(1858-1932)가 완성하였다(⇨ p.298). 그러나 그보다 좀 뒤에 체르멜로-프랭켈의 공리적 집합론(⇨ p.265)이 나타남에 따라 폰 노이만 von Neumann(1903-57)이 자연수들을 집합으로 표현하였고, 따라서 수의 이론은 집합론 안에서 다루어지게 되었다.

5. 벡터와 행렬

복소수, 벡터, 선형대수학

16세기 이래로 수학자들은 벡터(vector)의 개념을 사용하여 왔다. 흔히 유향선분(有向線分)으로 표시되는 벡터는 크기와 방향을 가진다. 이 같은 벡터는 운동에 있어서의 힘, 속도, 가속도와 같은 것을 나타내는 데 쓰였다.

16세기에 $a+bi$ 꼴의 복소수가 도입되었을 때, 수학자들 스스로도 이를 신비스럽게 생각하였으나, 1800년경에 복소수평면을 생각해 냄으로써 복소수를 평면에서의 유향선분으로 표현할 수 있음을 인식했다. 이리하여, 복소수의 대수적 연산은 평면벡터의 기하학적 의미로 해석되었는데, 예를 들면 복소수의 합을 벡터의 평행사변형의 법칙으로 파악할 수 있는 것과 같은 것은 1830년까지는 잘 알려지게 되었다.

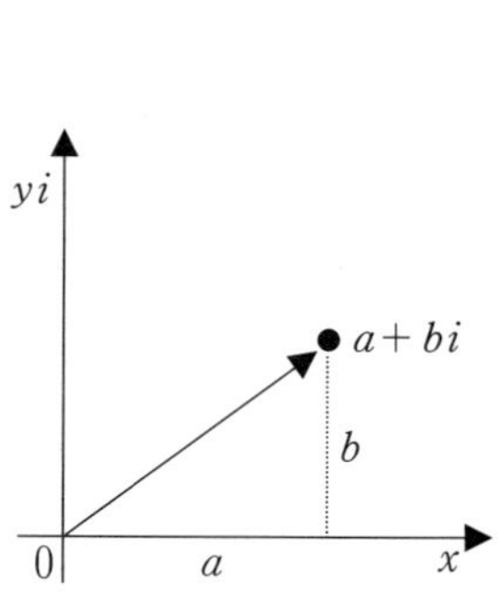

한편으로는, 예를 들어, 한 물체에 여러 힘을 가하는 경우에 이 힘들은 일반적으로는 한 평면 위에 있지는 않다. 따라서 실수를 1차원의 수, 복소수를 2차원의 수라 부를 때, 사칙이 가능한 1, 2차원의 수와 같은 성질을 가지는 3차원 이상의 수를 만들 수 없을까 생각하게 된 것이다. 그렇게 해서 얻어진 것이 4원수와 선형대수학의 발견이다.

일차방정식의 해법에서 비롯되는 방정식의 이론은, 한 미지수에 관한 고차방정식의 이론과 여러 미지수에 관한 연립 일차방정식의 이론으로 발전되었다. 앞의 것에 관하여는 이미 설명한 바 있으며, 뒤의 것이 선형대수학의 출발점이 되었다.

17세기가 되어 옛부터의 기하학과 대수학을 결합시킨 해석기하학이 나타나면서, 직선이나 평면을 일차방정식으로 표현한 것이 "선형"성을 인식한 시초이다. 18세기가 되면서 행렬식이 도입되어 19세기 전반까지 선형대수학의 주된 연구 대상이 되었다. 19세기 후반이 되면서 벡터, 벡터공간, 행렬 등의 개념이 확립되어 비로소 선형대수학의 기초가 다져졌다.

벡터

물리학에서의 벡터는 시점 A에서 종점 P로 가는 유향선분 AP 또는 $\overrightarrow{AP}$로 표시된다. 이 같은 벡터가 1, 2, 3차원 공간에 있을 때, 그것은 원점 O에서 시작되고 길이와 방향이 각각 같은 벡터로 간주된다. 그러므로 이 같은 공간에서 원점 O를 시점으로 가지는 벡터만을 생각하기로 한다.

그런데 벡터 OP는 종점 P로 나타낼 수 있고, 반대로 어떤 점

P가 주어지면 한 벡터 $\overrightarrow{OP}$가 존재한다. 그러므로 벡터 $\overrightarrow{OP}$를 나타내는 데 P의 좌표 (x), (x, y), (x, y, z)를 쓸 수 있다. 즉, 1차원, 2차원, 3차원의 벡터는 각각 (x), (x, y), (x, y, z) 꼴로 나타난다. 이와 같이 생각하여, n차원 유클리드공간의 한 점

$$(x_1, x_2, \cdots, x_n),\ x_i \text{는 실수,}$$

을 n차원 벡터라 부르기로 한다.

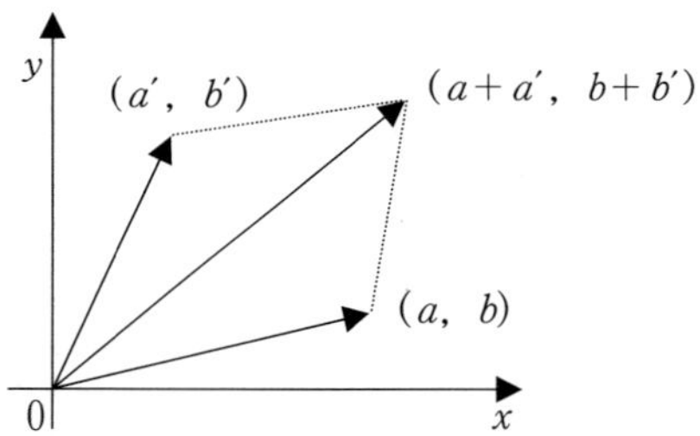

벡터의 합을 정의하는 데 위의 그림에서와 같은 평행사변형의 법칙을 일반화하여 사용한다. 즉,

$$(x_1, x_2, \cdots, x_n)+(x_1{}', x_2{}', \cdots, x_n{}')$$
$$=(x_1+x_1{}', x_2+x_2{}', \cdots, x_n+x_n{}')$$

이라 정한다. 덧셈에 관하여 교환법칙과 결합법칙이 성립한다.

또, 원점$(0, 0, \cdots, 0)$을 영 벡터라 부르며, 한 벡터와 영 벡터의 합은 그 벡터 자신이 된다.

물리학에서는 시간, 질량, 온도, 에너르기 등의 양을 스칼라 scalar 라 부르는데, 이들은 실수로 나타난다. 그래서 실수를 스칼라라고도 부

른다.

실수 a와 벡터의 곱은

$$a(x_1, x_2, \cdots, x_n) = (ax_1, ax_2, \cdots, ax_n)$$

으로 정한다. a가 -1일 때

$$-(x_1, x_2, \cdots, x_n) = (-x_1, -x_2, \cdots, -x_n)$$

이라 정함으로써, 벡터와 벡터 사이의 뺄셈도 생각할 수 있다.

해밀튼의 4원수

뉴턴과 라이프니츠의 숙명적이었던 미적분학의 선두 다툼 뒤, 영국에서는 오랜 침체 후에 해밀튼 Hamilton(1805-65)이 복소수를 연구하기 시작했다. 그는 현대적으로 복소수를 실수의 순서쌍 (a, b)로 파악하고, 이 같은 사고 방식을 $n(>2)$개의 실수의 순열로 표시되는 "수"로까지 확장하려 시도했다. 그가 벡터의 개념을 도입한 것은 이 같은 연구의 결과이다. 그리하여, 복소수와 같은 2차원의 수를 다차원으로 확장하는데, 가령 $n=3$일 때 이 새로운 "수"의 곱과, 고정점 O를 지나는 축 둘레의 회전 사이의 대응 관계를 확립하려면 곱셈의 교환법칙을 포기하지 않으면 안 되었다. 오랜 시일과 대담한 노력 끝에 해밀튼은 **4원수** (quaternion)를 만들어 냈다.

4원수 q는 네 기호 u, i, j, k에 관한 실수계수 1차동차식으로 나타난다. 두 사원수

$$q = su + ai + bj + ck, \qquad q' = s'u + a'i + b'j + c'k$$

는 $s=s'$, $a=a'$, $b=b'$, $c=c'$일 때에, 또 그때에만 같다고 정의하고 $q=q'$으로 나타낸다.

두 사원수 q와 q'의 덧셈과 곱셈은 u, i, j, k를 다음과 같은 곱셈표를 가진 독립변수라 생각하여 계산한다.

첫인수 \ 둘째인수	u	i	j	k
u	u	i	j	k
i	i	$-u$	k	$-j$
j	j	$-k$	$-u$	i
k	k	j	$-i$	$-u$

여기에서 기호 u는 실수의 단위 1과 동일시되고, i는 복소수의 단위와 동일시되므로 두 사원수

$$su+0i+0j+0k, \quad su+ai+0j+0k$$

는 각각 실수 s, 복소수 $s+ai$와 동일시된다.

이렇게 하면, 4원수 전체는 곱셈에 관한 교환법칙을 제외한 체의 공리를 모두 만족한다. 즉 비가환체이다.

이 같은 방법으로 확장된 일반적인 수는 곱셈이 가환이면 복소수가, 비가환이면 4원수가 유일한 것임이 알려져 있다.

이 4원수의 발견에 자극을 받아 몇 년 뒤, **실베스터** Sylevester (1814-97)가 행렬을 발견하고, **케일리** Cayley (1821-95)가 그 계산법을 발전시켰다.

행렬

한편, 케일리는 8원수 (한 실수부와 7개의 허수부를 가진 것)

을 생각해 냈는데, 이 수들 사이에서는 곱셈의 결합 법칙이 성립하지 않는다.

또, '두 수의 곱이 0이면, 적어도 한 인수는 0'이라는 산술의 법칙은 사원수나 8원수에서는 성립하는데, 일반적인 다원수에서는 성립하지 않으며, 따라서 나눗셈은 일의적이 아니다. 이 같은 것은 20세기 중반에 대수적 위상수학의 연구로 밝혀졌다.

2차원 공간에서 점 P(x, y)와 P$'(x', y')$ 사이에

$$\begin{cases} x' = ax + by \\ y' = cx + dy \quad (a, b, c, d\text{는 상수}) \end{cases} \qquad (*)$$

인 관계가 있을 때, 우리는 일차변환 $(*)$에 의하여 점 P를 P$'$으로 변환한다고 말한다. 이때

$$\begin{pmatrix} a & b \\ c & d \end{pmatrix}$$

를 변환 $(*)$의 **행렬**이라 부른다. 점 P를 자기 자신으로 변환한다면, $x=1\cdot x+0\cdot y$, $y=0\cdot x+1\cdot y$라 보아

$$\begin{pmatrix} 1 & 0 \\ 0 & 1 \end{pmatrix}$$

이 그 변환의 행렬이 되는데, 이를 **단위행렬**이라 부른다. 또

$$\begin{pmatrix} 0 & 0 \\ 0 & 0 \end{pmatrix}$$

를 **영행렬**이라 부른다.

마찬가지로, 3차원 공간에서 점 P(x, y, z)를 점 P$'(x', y', z')$으로 옮기는 변환

$$\begin{cases} x' = a_{11}x + a_{12}y + a_{13}z \\ y' = a_{21}x + a_{22}y + a_{23}z \\ z' = a_{31}x + a_{32}y + a_{33}z \end{cases}$$

은 3차행렬

$$\begin{pmatrix} a_{11} & a_{12} & a_{13} \\ a_{21} & a_{22} & a_{23} \\ a_{31} & a_{32} & a_{33} \end{pmatrix}$$

로 표현된다.

일반적으로,

$$\begin{pmatrix} a_{11} & a_{12} & \cdots & a_{1n} \\ a_{21} & a_{22} & \cdots & a_{2n} \\ \cdots & \cdots & \cdots & \cdots \\ a_{m1} & a_{m2} & \cdots & a_{mn} \end{pmatrix}$$

과 같이 실수들을 배열한 것을 ($\boldsymbol{m}$, $\boldsymbol{n}$) **행렬**이라 부르고, 간단히 (a_{ij}) 라 나타내며, 이때의 $(m,\ n)$을 그 크기라 부른다. $m = n$ 일 때는 $\boldsymbol{n}$차 **행렬**이라 부른다. 이때의 실수 a_{ij}를 행렬의 **원소**라 부르고, 가로줄 $a_{i1},\ a_{i2},\ \cdots,\ a_{in}$을 **제 $\boldsymbol{i}$ 행**, 세로줄 $a_{1j},\ a_{2j},\ \cdots,\ a_{mj}$를 **제 $\boldsymbol{j}$열**이라 부른다.

n차원 벡터는

$$\text{행벡터 } (a_1,\ a_2,\ \cdots,\ a_n) \text{ 또는 열벡터 } \begin{pmatrix} a_1 \\ a_2 \\ \vdots \\ a_n \end{pmatrix}$$

과 같이 $(1,\ n)$ 행렬 또는 $(n,\ 1)$ 행렬이라 볼 수 있다.

크기가 같은 두 행렬의 합은, 예를 들어

$$\begin{pmatrix} a_{11} & a_{12} & a_{13} \\ a_{21} & a_{22} & a_{23} \end{pmatrix} + \begin{pmatrix} b_{11} & b_{12} & b_{13} \\ b_{21} & b_{22} & b_{23} \end{pmatrix} = \begin{pmatrix} a_{11}+b_{11} & a_{12}+b_{12} & a_{13}+b_{13} \\ a_{21}+b_{21} & a_{22}+b_{22} & a_{23}+b_{23} \end{pmatrix}$$

와 같이 정한다. 합에 관한 교환법칙과 결합법칙이 성립한다. 원소가 모두 0인 행렬을 **영행렬**이라 부르고, O로 나타낸다. 임의의 행렬 A에 대하여

$$A+O=O+A=A$$

가 성립한다. 실수 a에 대하여 A의 모든 원소를 a배 해 준 행렬을 aA라 나타낸다.

그 밖에도 (l, m) 행렬과, (m, n) 행렬의 곱을 정의할 수 있다. 즉 $A=(a_{ij})$가 (l, m) 행렬, $B=(b_{jk})$가 (m, n) 행렬일 때, 곱 $AB=(c_{ik})$를 (l, n) 행렬로 정의하였는데, 이때 AB의 제 i행 제 j열의 원소 c_{ij}는 A의 제 i행을 왼쪽부터, B의 제 j열을 위에서부터 세어, 대응되는 원소들의 곱 m개를 더한 것이다. 즉 $c_{ik}=\Sigma_{j=1}^{m} a_{ij} b_{jk}$이다. 이것은 A의 열수와 B의 행수가 모두 m이기 때문에 가능하다. 이제 한 예를 들어 보자.

$$\begin{pmatrix} a & b & c \\ & & \\ d & e & f \end{pmatrix} \begin{pmatrix} p & q \\ r & s \\ t & u \end{pmatrix} = \begin{pmatrix} ap+br+ct & aq+bs+cu \\ & \\ dp+er+ft & dq+es+fu \end{pmatrix}$$

주의할 것은 두 n차 행렬 A와 B를 곱했을 때, 일반적으로 교환법칙이 성립하지 않는다는 것이다. 예를 들면,

$$\begin{pmatrix} 1 & 0 \\ 0 & 0 \end{pmatrix}\begin{pmatrix} 0 & 1 \\ 0 & 0 \end{pmatrix} = \begin{pmatrix} 0 & 1 \\ 0 & 0 \end{pmatrix}, \quad \begin{pmatrix} 0 & 1 \\ 0 & 0 \end{pmatrix}\begin{pmatrix} 1 & 0 \\ 0 & 0 \end{pmatrix} = \begin{pmatrix} 0 & 0 \\ 0 & 0 \end{pmatrix}.$$

위의 오른쪽 예에서 영행렬 아닌 두 행렬의 곱이 영행렬이 됨을

보았다. 이 같은 것들이 뒤에서 설명하는 (⇨ *p*.96) 환에서의 영인자의 예가 된다.

1858 년에 케일리가 행렬의 대수를 도입했을 때, 아무데도 쓰일 일이 없는 수학의 한 형식이라 말했으나, 오늘날에는 이론물리학자, 공학자가 많은 문제를 계산하는 데 계산자처럼 사용하며, 경제학과 게임이론에서도 없어서는 안 되는 도구가 되었다. 여기에서 강조해 둘 것은, 실수의 개념을 여러 차원의 벡터로 확장할 수 있다는 것과, 특히 2 차원 벡터 전체가 복소수들로, 4 차원 벡터 전체는 4 원수들로 간주된다는 것이다. 또 n 차원 벡터의 개념은 행렬로 일반화되는데, 행렬은 다음과 같이 대수계 중에서 중요한 것이다.

> 음악은 감각의 수학이며, 수학은 이성의 음악이다.
>
> —실베스터

6. 대수계

연산을 가진 집합

19세기에 아벨과 갈르와가 5차 이상의 대수방정식의 대수적 해법이 불가능함을 밝혀낸 뒤에, 군이나 체와 같은 대상이 대수학에서 중요한 연구대상이 되었음은 앞서 본 바와 같다. 20세기에 들어와 이들을 다루는 대수학이 발달하였는데, 그것은 연산에 관한 학문이라 볼 수 있겠다.

먼저 연산이 무엇인가 생각해 보기로 하자. 한 집합 A의 한 **1항연산**이라 함은 한 함수 $f: A \to A$를 가리킨다. 예를 들면, 정수 a에 대하여 $-a$를 대응시키는 함수 $\boldsymbol{Z} \to \boldsymbol{Z}$는 $\boldsymbol{Z}$의 한 1항연산이다.

집합 A의 한 **2항연산**이라 함은 한 함수 $*: A \times A \to A$를 가리킨다. 이때 $(a, b) \in A \times A$에 대하여 함수값 $*(a, b)$를 $a * b$로 나타내는 것이 관례이다. 흔히 수들 사이의 사칙을 연산이라 부름은 이들이 적당한 집합에서의 2항연산이기 때문이다.

한 집합 M에 몇 개의 연산(1항 또는 2항)이 정의되어 있고, 이들 연산이 몇 가지 규칙(공리)을 만족할 때, M은 한 **대수계**를 이룬다고 말한다. 앞에서 든 군과 체는 대수계의 예들이다. 그 밖에 중요한 대수계로 환과 정역 같은 것이 있는데, 이들을 알기 쉽게 표현해 보면 대체로 다음과 같다.

군 — 덧셈, 뺄셈 (또는 곱셈, 나눗셈) 에 관하여 닫혀 있는 집합,
환 — 덧셈, 뺄셈, 곱셈에 관하여 닫혀 있는 집합,
정역— 환으로서, 임의의 세 원 a, b, c에 대하여 $a \cdot b = b \cdot a$이고, "$a \cdot b = a \cdot c$이면 $a = 0$ 또는 $b = c$"를 만족하는 것,
체 — 사칙에 관하여 닫혀 있는 집합

이라 생각할 수 있다. 앞에서 말한 **비가환체**라는 것은, 체의 공리 중 곱셈의 교환법칙을 뺀 나머지는 모두 만족하는 것을 말한다 (⇨ $p.99$).

처음에는 이 같은 대상이 앞서 다루던 고전적인 대수학보다 추상적이라 하여 **추상대수학**이라 불렀고, 또 내용이 현대적이라 하여 **현대대수학**이라고도 불렀다. 그러나 학문이 추상화되고 널리 보급됨에 따라, 오늘날에는 추상대수학이 추상적인 것도 아니며 현대대수학이 현대적인 것도 아니라는 것이 중론이다.

이제 이 같은 대수학의 내용을 약간만 알아보기로 하자.

식의 집합

가령, 수의 집합과 식의 집합 사이에는 대수적인 연산에 관하여 유사한 점이 많다. 이것을 어떻게 해석할 것인가? 첫째는, 원래 식에 들어 있는 문자는 수를 대표하는 것이므로, 식도 수를 대표한 것이라 하여 수와 마찬가지로 연산을 할 수 있다고도 생각된다. 둘째로는, 이와 달리, 식의 문자가 수가 아닌 것이라 생각하고 형식적인 연산을 정의해 주었다고 생각해도 아무 지장이 없는 것이다.

유리수의 집합 $\boldsymbol{Q}$는 정수의 집합 $\boldsymbol{Z}$와 분수의 집합의 합집합이다. 한 문자 x에 관한 유리수계수 유리식 전체의 집합 $\boldsymbol{Q}(x)$는 다항식 전체의 집합 $\boldsymbol{Q}[x]$와 분수식 전체의 집합의 합집합이다. 이때, $\boldsymbol{Q}$와

$\boldsymbol{Q}(x)$ 는 사칙에 관하여 닫혀 있으므로 체가 되고, $\boldsymbol{Z}$와 $\boldsymbol{Q}[x]$ 는 덧셈, 뺄셈, 곱셈에 관하여 닫혀 있으며 정역이 된다. 또, 한 문자 x에 관한 정수계수 다항식 전체의 집합 $\boldsymbol{Z}[x]$ 도 마찬가지로 덧셈, 뺄셈, 곱셈에 관하여 닫혀 있는 정역이 된다. 정식과 다항식은 같은 말이다.

정역을 그것을 포함하는 체로 확장할 수 있는데, $\boldsymbol{Z}$를 $\boldsymbol{Q}$로 확장하는 것, 또 $\boldsymbol{Z}[x]$ 나 $\boldsymbol{Q}[x]$ 를 $\boldsymbol{Q}(x)$ 로 확장하는 것과 같다. 이때의 체는 소위 분수체이다.

일반적으로, A가 한 정역일 때, $A[x]$ 도 정역이 되고, A의 분수체를 B라 하면, $B(x)$ 는 $A[x]$ 의 분수체가 된다.

여기에서, 정수의 집합과 다항식의 집합의 유사성을 살펴보자. 위에서 본 바와 같이 $\boldsymbol{Z}$, $\boldsymbol{Z}[x]$, $\boldsymbol{Q}[x]$ 등은 모두 어떤 공통성을 가지고 있다. 이제 몇 가지를 더 들어 보자.

(1) 모두 덧셈, 뺄셈, 곱셈에 관하여 닫혀 있다.

(2) 정식에서는 정수에서와 같은 대소 관계는 생각할 수 없으나, 차수의 높고 낮음을 생각할 수 있다.

(3) A를 B로 나누었을 때 몫을 Q, 나머지를 R이라 하면 $A=B\cdot Q+R$이 성립한다.
정식의 경우, R의 차수는 B보다 낮다.
정수의 경우, $B>0$ 일 때 $0\leqq R<B$ 이다.

(4) 약수, 배수, G.C.M., L.C.M.을 생각할 수 있다.

(5) 정수의 소인수분해에 대하여, 정식에서는 기약정식의 곱으로 분해된다.

(6) 유클리드의 호제법이 성립한다.

위에서, (1)은 이들 집합이 환이 된다고 말하는 것이고, (3) 은 이들이 **유클리드환**이라 불리는 것임을 가리키고 있다. (4), (5), (6)의 성질들은 분수 또는 분수식 계산의 기초가 되는 것이다.

이와 같이, 공통성이 있는 집합들에 대하여 그들의 공통성에서 얻어지는 논리적 결론은 이 집합들에게 공통으로 성립하게 된다. 이처럼 공통적인 이론을 세울 수 있다면, 각각의 집합에서 이론을 세우는 것보다 훨씬 유용한 일반적인 이론이 얻어지게 된다. 이것이 현대수학의 기본 정신이며, 그 결과로 현대수학은 추상성과 일반성을 가지게 되었다. 이 같은 사실을 프랑스의 지도적인 수학자 그룹의 가명인 **부르바끼** Bourbaki가 한 말을 조금 고치면 다음과 같이 표현된다.

> "고전적인 수학이 일가(一價)이론인 데 비하여 현대수학은 다가(多價)이론이다. 즉 현대수학의 특징의 하나는 분명히 그 이론이 다가(多價)라는 점이다."

이제 차례로 주요한 몇 가지 대수계에 대하여 알아보자.

군(群)

한 집합 G의 임의의 원 a, b에 대하여 G의 어떤 원 $a \cdot b$가 대응되어(즉 ·은 한 2항연산이 된다), 다음 공리 (i)~(iii)을 만족할 때, 집합 G를 한 군이라 부른다.

(i) (결합법칙) G의 임의의 세 원 a, b, c에 대하여

$$(a \cdot b) \cdot c = a \cdot (b \cdot c)$$

가 성립한다.

(ii) (단위원의 존재) G의 임의의 원 a에 대하여

$$e \cdot a = a \cdot e = a$$

가 되는 G의 원 e가 존재한다.

(iii) (역원의 존재) G의 임의의 원 a에 대하여

$$a \cdot a^{-1} = a^{-1} \cdot a = e$$

가 되는 G의 원 a^{-1}가 존재한다.

여기에서, e를 G의 단위원, a^{-1}를 a의 역원이라 부른다. 위의 (i)~(iii)으로부터, G에는 단 하나의 단위원 e가, 또 a에 대하여 단 하나의 역원 a^{-1}가 존재함을 안다.

특히, 다음 공리 (iv)를 만족하는 군을 **아벨 Abel 군** 또는 **가환군**이라 부른다.

(iv) (교환법칙) G의 임의의 두 원 a, b에 대하여

$$a \cdot b = b \cdot a$$

가 성립한다.

예를 들면, $\mathbf{Z}$, $2\mathbf{Z}$(짝수 전체), $n\mathbf{Z}$(자연수 n의 배수 전체), $\mathbf{Q}$, $\mathbf{R}$, $\mathbf{C}$, $\mathbf{H}$ (4원수 전체)와 이들을 각각 계수로 가지는 다항식 전체는 보통 덧셈에 관하여 가환군을 이룬다. 이때의 단위원은 0이며, a의 역원은 $a^{-1} = -a$ 이다.

또, $\mathbf{Q}-\{0\}$ (0 아닌 유리수 전체), $\mathbf{R}-\{0\}$, $\mathbf{C}-\{0\}$은 곱셈에 관하여 가환군을 이루나, $\mathbf{H}-\{0\}$은 비가환군을 이룬다. 이때의 단위원은 1이며, a의 역원은 역수 a^{-1}이다.

수의 집합이나 식의 집합 이외에 벡터나 변환 등 군을 이루는 것이 얼마든지 있다. 크기가 같은 행렬 전체는 덧셈에 관하여 가환군이 된다.

군 $\boldsymbol{G}$의 부분집합 H가 G에서와 같은 연산에 의하여 군이 될 때, H를 $\boldsymbol{G}$의 한 **부분군**(部分群)이라 부른다.

군 $\boldsymbol{G}$의 부분집합인 G 자신과 $\{e\}$는 분명히 $\boldsymbol{G}$의 부분군이 된다. 위의 예에서, 덧셈군 $n\boldsymbol{Z}$는 $\boldsymbol{Z}$의 부분군이며, 마찬가지로, 덧셈군 $\boldsymbol{Q}$, $\boldsymbol{R}$, $\boldsymbol{C}$는 $\boldsymbol{H}$의 부분군이다. 곱셈의 경우에도 비슷하게 $\boldsymbol{Q}-\{0\}$는 $\boldsymbol{R}-\{0\}$의 부분군이 된다.

위에서 역원이 있다는 말은 사칙에서의 역연산이 가능하다는 뜻이 되겠다.

위의 군의 공리 중 (i) 만을 만족하는 2항연산을 가진 집합을 **반군**(半群), (i), (ii) 만을 만족하는 것을 **준군**(準群)이라 부르기도 한다.

군의 구조는 그 부분군과의 관계 등을 비롯하여 자세히 연구되어 있고, 그 응용면은 수학 이외에도 결정의 이론이나 양자역학을 비롯한 물리학의 여러 분야에서 쓰이고 있다.

환(環)

집합 R이 한 **환**이라 함은, R의 임의의 두 원 a, b에 대하여 두 가지 연산 $+$와 $\cdot$가 정의되어 있어 (즉, $a+b\in R$, $a\cdot b\in R$), 다음 공리 (i)~(iii) 을 만족하는 것을 가리킨다.

(i) R은 $+$에 관하여 가환군이다. 단위원을 0으로 나타내고 영원(零元)이라 부른다. 이때, $a\in R$의 역원을 $-a$라 나타낸다.

(ii) R은 $\cdot$에 관하여 결합법칙을 만족한다. 즉

$$(a\cdot b)\cdot c=a\cdot(b\cdot c).$$

(iii) (배분법칙) R의 임의의 세 원 a, b, c에 대하여

$$a \cdot (b+c) = a \cdot b + a \cdot c$$
$$(a+b) \cdot c = a \cdot c + b \cdot c$$

가 성립한다.

한 환 R이 $\cdot$에 관하여 교환법칙을 만족하면, R을 **가환환**이라 부른다.

한 환 R은 $\cdot$에 관한 단위원을 가지는 것과 가지지 않는 것이 있다. 따라서 **단위원(單位元)을 가진 환**을 정의할 수 있다.

단위원을 가진 가환환 R이 다음 조건을 만족할 때 한 **정역**이라 불린다.

(iv) R의 임의의 세 원 a, b, c에 대하여

$a \cdot b = a \cdot c$이면 $a = 0$ 또는 $b = c$이다.

한 환에서 0 아닌 두 원 a, b가 있어 $a \cdot b = 0$이 될 때, a와 b를 **영인자**라 부른다. (iv)는 다음과 같은 뜻이다.

(iv)′ R에는 영인자가 없다.

앞에서 여러분은 여러 가지 수의 집합들과 다항식들의 집합이 정역이 됨을 보았을 것이다. 정역이 아닌 환의 예를 생각해 보자. 먼저 환에서의 $+$와 $\cdot$가 공리들만 만족하면 되지, 보통 덧셈이나 곱셈일 필요는 없다는 것을 주의해 둔다.

이제 n이 1보다 큰 자연수일 때, $\boldsymbol{Z}_n = \{0, 1, 2, \cdots, n-1\}$이라 두고, 원소들 사이의 $+$와 $\cdot$을, 보통 덧셈이나 곱셈을 한 결과를 각각 n으로 나누었을 때의 나머지로 정하면, $\boldsymbol{Z}_n$은 단위원을 가진 한 가환환이 된다. $n = 6$의 경우에 $+$와 $\cdot$는 각각 다음 표와 같이 나타난다.

+	0	1	2	3	4	5
0	0	1	2	3	4	5
1	1	2	3	4	5	0
2	2	3	4	5	0	1
3	3	4	5	0	1	2
4	4	5	0	1	2	3
5	5	0	1	2	3	4

·	0	1	2	3	4	5
0	0	0	0	0	0	0
1	0	1	2	3	4	5
2	0	2	4	0	2	4
3	0	3	0	3	0	3
4	0	4	2	0	2	2
5	0	5	4	3	2	1

오른쪽 표를 보면 2와 3, 3과 4는 서로 영인자임을 아는데, 그 이유는 6이 바로 합성수라는 데 있다.

또, n차 행렬 전체는 환이 된다.

환은 정수의 집합 $\boldsymbol{Z}$를 추상화한 것이어서, 정수론을 추상적으로 다루는 데에서도 중요하다.

어떤 환 R의 부분집합 A가 다음 두 성질을 가지고 있을 때, A를 R의 한 **이데알** ideal이라 부른다.

(1) A는 $+$에 관하여 R의 한 부분군이 된다.

(2) $a \in R,\ x \in A$이면 $ax \in A$이다.

이 말은 데데킨트가 처음 썼으며, 그는 정수론과 대수학에 공헌한 바가 크다. 페르마의 대정리를 증명하려는 노력으로 많은 연구가 이루어졌는데, 19세기 중엽에 **쿰머** Kummer (1810-93)가 "이상수"의 이론이라는 것을 도입하여 이 문제를 다루는 새로운 방법을 제시하였다. 그것을 데데킨트가 이데알이라 부르게 된 것이지 이상과는 관계가 없다. 이데알은 환을 연구하는 데 아주 요긴한 것이다.

이제 이데알의 예를 들어 보자.

R 자신과 $\{0\}$은 물론 R의 이데알이다.

x가 R의 한 원일 때 $Rx=\{ax \mid a \in R\}$는 x를 포함하는 최소의

이데알인데, 이를 x로 생성된 **단항**(單項) **이데알**이라 부른다.

마찬가지로, 한 환 R의 유한 개의 원 $x_1, x_2, \cdots, x_m$에 대하여 $\{a_1x_1+\cdots+a_mx_m \mid a_i \in R\}$는 $x_1, \cdots, x_m$으로 생성된 이데알이다.

R_1, R_2가 두 환일 때 한 함수 $f: R_1 \to R_2$가 한 **준동형**(準同型)이라 함은 임의의 $x, y \in R_1$에 대하여

$$f(x+y)=f(x)+f(y), \quad f(x \cdot y)=f(x) \cdot f(y)$$

를 만족시키는 것이다. 이때 $f^{-1}(0)=\{x \in R_1 \mid f(x)=0\}$은 R_1의 한 이데알이 되는데, 이 $f^{-1}(0)$을 f의 **핵**(核)이라 부른다.

체(體)

단위원을 가진 가환환 K의 영원 이외의 원이 모두 $\cdot$에 관한 역원을 가질 때, K를 한 **체**라 부른다. 곱셈에 관한 교환법칙을 제외한 체의 조건을 모두 만족하는 환을 **비가환체**라 부르기도 한다.

여기에서 체의 정의를 다시 한 번 정리해 보기로 하자. 한 체 K는 한 집합으로서 두 개의 2항연산

$$+, \cdot : K \times K \to K$$

에 관하여 닫혀 있으며, 다음 공리(**체의 공리** 또는 **사칙의 공리**)를 만족하는 것이다.

(i) 덧셈에 관한 결합법칙과 교환법칙
(ii) 덧셈의 단위원 0의 존재
(iii) 임의의 원 $a \in K$의 덧셈에 관한 역원 $-a \in K$의 존재
(iv) 곱셈에 관한 결합법칙과 교환법칙

(v) 곱셈의 단위원 1의 존재, $1 \neq 0$.
(vi) 임의의 원 $a \in K$, $a \neq 0$의 곱셈에 관한 역원 $a^{-1} \in K$의 존재
(vii) +와 ·에 관한 배분법칙

앞서 본 바와 같이 $\boldsymbol{Q}, \boldsymbol{R}, \boldsymbol{C}$는 모두 체가 되는데, 이들을 각각 유리수체, 실수체, 복소수체라 부른다. $\boldsymbol{H}$는 비가환체이다.

n이 소수일 때 $\boldsymbol{Z}_n$은 체가 된다. 예를 들어, n이 2일 때, 보통 수의 집합이 아닌 예로서 가장 단순하고 작은 체를 얻게 된다. 이것을 흔히 2원체라 부르는데, 그 연산은 다음과 같이 나타난다.

+	0	1
0	0	1
1	1	0

·	0	1
0	0	0
1	0	1

p가 한 주어진 소수이고, a, b가 임의의 유리수일 때 $a+b\sqrt{p}$ 꼴의 수들 전체 $\boldsymbol{Q}(\sqrt{p})$는 보통의 덧셈과 곱셈에 관하여 체가 된다.

a, b가 실수일 때 $a+b\sqrt{-1}$ 꼴의 수들 전체 $\boldsymbol{R}(\sqrt{-1})$도 체가 되는데, 이것이 바로 복소수체 $\boldsymbol{C}$가 되는 것이다.

한 체 K의 부분집합 M이 K의 연산에 관하여 체를 이룰 때, M을 K의 **부분체**, K를 M의 **확대체**라 부른다. 위의 예들에서는 $\boldsymbol{Q} \subset \boldsymbol{Q}(\sqrt{p}) \subset \boldsymbol{R} \subset \boldsymbol{C}$가 됨을 보았다.

$\boldsymbol{Q}(\sqrt{p})$는 $\boldsymbol{Q}$와 $\sqrt{p}$를 포함하는 체 가운데에서 포함관계로 보아 최소의 것인데, 이를 $\boldsymbol{Q}$에 $\sqrt{p}$를 첨가한 체라 부른다. 또 $\boldsymbol{Q}(\sqrt{p})$는 $\boldsymbol{Q}$와 $\boldsymbol{R}$의 수많은 중간체 중 하나이다. $\boldsymbol{R}$와 $\boldsymbol{C}$ 사이에는 $\boldsymbol{R}$나 $\boldsymbol{C}$가 아닌 중간체는 없다.

체의 이론 중 중요한 것은 체의 확대에 관련된 것으로, 아벨과 갈루아의 연구는 실은 확대체의 구조에 관한 연구이었다.

벡터공간

이제 어떤 집합 V에 덧셈 $+$이라는 2항연산이 정의되어 있고, 또 임의의 실수 a와 임의의 $v \in V$에 대하여 $av \in V$이면서, 다음 공리들을 만족할 때, V를 한 **벡터공간**이라 부르고, V의 원소를 벡터라 부른다.

(i) V는 $+$에 관하여 한 가환군이다.

(ii) a, b가 실수이고, v, w가 벡터일 때

$$\begin{aligned} 1v &= v \\ a(v+w) &= av+aw \\ (a+b)v &= av+bv \\ (ab)v &= a(bv) \end{aligned}$$

가 성립한다.

실수의 집합 $\boldsymbol{R}$, 복소수의 집합 $\boldsymbol{C}$, 일반적으로 앞에서 말한 n차원 유클리드공간 $\boldsymbol{R}^n$은 한 벡터공간이 된다. 더 일반적으로 크기가 같은 행렬 전체는 한 벡터공간이 된다. 또, 몇 개의 미지수에 관한 다항식 전체, 유리식 전체의 집합도 벡터공간이 된다.

한 벡터공간 V의 모든 벡터 $v \in V$에 대하여 다음 공리들을 만족하는 한 실수 $\|v\|$가 존재할 때, V를 한 **노름공간**이라 부르고, $\|v\|$를 v의 노름 (norm) 이라고 부른다.

(i) $\|v\| \geqq 0$, $\|v\| = 0 \Leftrightarrow v = O$ (영 벡터)

(ii) $\|cv\| = |c|\, \|v\|$ (c는 임의의 실수)

(iii) 임의의 두 벡터 v, w에 대하여 $\|v+w\| \leqq \|v\| + \|w\|$ (삼각부등식)

앞에서 본 n차원 벡터 $v=(x_1, x_2, \cdots, x_n) \in \boldsymbol{R}^n$에 대하여

$$\| v \| = \sqrt{x_1^2 + x_2^2 + \cdots + x_n^2}$$

이라 정의하면, n차원 유클리드공간 $\boldsymbol{R}^n$은 한 노름공간이 된다. 이 예에서 보는 바와 같이, 노름은 1차원, 2차원의 경우의 실수, 복소수의 절대값의 개념을 확장한 것이다.

벡터공간의 이론을 **선형대수학**이라 부르는데, 행렬이나 연립일차방정식의 문제뿐 아니라 여러 가지로 응용 면이 넓으며, 대학 2학년 수준에서 널리 강의되고 있다.

속(束)

한 집합 S의 부분집합 전체의 집합(**멱집합**)을 $P(S)$라 나타내자. A, B가 $P(S)$의 원소, 즉 $A \subset S$, $B \subset S$이면 합집합 $A \cup B$, 교집합 $A \cap B$도 $P(S)$의 원소가 되므로, 집합 $P(S)$에는 두 가지 2항연산 $\cup$, $\cap$이 정의된다. 이 두 연산은

(i) 교환법칙 $A \cup B = B \cup A$, $A \cap B = B \cap A$

(ii) 결합법칙 $A \cup (B \cup C) = (A \cup B) \cup C$,

$A \cap (B \cap C) = (A \cap B) \cap C$

(iii) 흡수법칙 $A \cap (A \cup B) = A$, $A \cup (A \cap B) = A$

같은 것이 만족된다.

일반으로, 어떤 집합에 두 2항연산 $\cup$, $\cap$이 정의되어 있어, 위와 같은 성질을 만족하면, 이 집합은 한 **속**을 이룬다고 말한다.

$P(S)$에서는 또

(iv) 배분법칙 $A \cup (B \cap C) = (A \cup B) \cap (A \cup C)$

$$A \cap (B \cup C) = (A \cap B) \cup (A \cap C)$$

가 성립하고, A에 S에 관한 여집합 A^c를 생각하면

(v) $A \cup A^c = S,\ A \cap A^c = \varnothing$ (공집합)

이 된다. 또, $P(S)$의 임의의 원소 A에 대하여도

(vi) $\varnothing \subset A \subset S$

이다.

어떤 속에 대하여, 마치 이와 같은 (iv)~(vi)에 해당하는 것이 성립할 때, 그 속을 **부울 대수**라 부른다.

이것은 **부울** Boole (1815-64)이 기호논리에 관하여 도입한 것인데, 오늘날 컴퓨터의 전자회로 등에 응용되고 있다.

대수적 동형

대수계에는 위에서 설명한 것들 이외에도 여러 가지가 있다. 대수학의 분야도 수많은 분야로 갈라져 있고, 너무나 넓게 높게 발전하고 있어 이 정도로 소개를 마치겠으나, 여기서는 같은 종류의 대수계 사이의 동형에 관한 이야기를 덧붙인다.

같은 종류의 두 대수계 사이의 연산을 보존하는 1 대 1 대응(전단사함수)을 생각하여 보자.

두 군 G, G'에 대하여 1 대 1 대응 $f: G \to G'$이 있어, 연산을 보존할 때, 즉

$$a, b \in G\text{에 대하여 } f(a \cdot b) = f(a) \cdot f(b)$$

일 때, G와 G'은 **동형**(同型)이라고 말하고, 이를 $G \simeq G'$이라 나타낸다. 이때 f를 G와 G' 사이의 한 **동형사상**(寫像)이라 부른다.

따라서 두 군이 동형이라 함은 집합 G, G'과 그들의 2항연산들이 현실적으로나 개념적으로나 다른 것이라 할지라도 군의 구조는 마찬가지인 것이라 볼 수 있다는 것이다. 예를 들면, G가 양수 전체의 곱셈에 관한 군이고, G'은 실수 전체 $\boldsymbol{R}$의 덧셈에 관한 군이라 하자. 임의의 $a \in G$에 대하여 $f(a) = \log a$라 두면, $f : G \to G'$은 1 대 1이고,

$$f(a \times b) = \log(a \times b) = \log a + \log b = f(a) + f(b)$$

가 되므로, 동형 f에 의하여 $(G, \times) \simeq (G', +)$가 된다.

한 동형 f에 의하여 G의 단위원은 G'의 단위원으로, $a \in G$의 역원 a^{-1}는 $f(a) \in G'$의 역원 $(f(a))^{-1}$로 보내진다. 즉, $f(a^{-1}) = (f(a))^{-1}$이다.

동형관계 $\simeq$에 대하여는 다음 세 가지의 **동치관계**가 성립한다.

$$G \simeq G \qquad \text{(반사율)}$$
$$G \simeq G'\text{이면 } G' \simeq G \qquad \text{(대칭률)}$$
$$G \simeq G',\ G' \simeq G''\text{이면 } G \simeq G'' \qquad \text{(추이율)}$$

두 개 이상의 연산이나 스칼라배(실수배)가 정의되어 있는 대수계들에 대하여도 동형을 정의할 수 있다. 몇 가지 예를 들어 보자.

$\boldsymbol{Q}$와 유리절단($\boldsymbol{Q}$의 1, 2종의 절단 ⇨ *p*.76) 전체는 대수계로서 동형이다. 즉, 유리수 a에, a에 의한 유리절단을 대응시키면, 대수계로서 이 두 가지는 동일한 것이라 보아도 된다. 또, 데데킨트와 칸토르에 의한 두 실수계도 서로 동형이므로, 이를 군이 구별하지 않아

도 된다.

a가 실수일 때의 2차행렬 $\begin{pmatrix} a & 0 \\ 0 & a \end{pmatrix}$ 전체도 덧셈, 곱셈, 실수배에 관하여 $\boldsymbol{R}$와 동형이다.

a, b가 실수일 때의 2차행렬 $\begin{pmatrix} a & b \\ -b & a \end{pmatrix}$ 전체는 $\boldsymbol{C}$와 동형이 되는데, 이때의 동형 f를

$$f\begin{pmatrix} a & b \\ -b & a \end{pmatrix} = a + bi$$

라 잡으면 된다. 이것은 복소수를 2차행렬로 표현한 것이라 생각할 수 있다.

위에서는 f가 1 대 1 대응이라 했으나, f가 그냥 함수이면서, 연산을 보존하는 경우에는 **준동형**(**사상**)이라 부른다. G, G'이 군이고, $f: G \to G'$가 준동형일 때, 단위원은 역시 단위원으로 보내진다.

가령 군 G가 $(\boldsymbol{Z}, +)$이고, 군 G'이 곱셈군 $\{1, -1, i, -i\}$일 때, $f: G \to G'$을 $f(n) = i^n$이라 정하면,

$$f(m+n) = i^{m+n} = i^m i^n = f(m)f(n)$$

이 되므로, f는 G와 G' 사이의 한 준동형이 된다.

$f: G \to G'$가 군들 사이의 한 준동형일 때, G'의 단위원 e'으로 대응되는 G의 원소 전체

$$f^{-1}(e') = \{x \in G \mid f(x) = e'\}$$

는 G의 한 부분군이 된다. 이것을 준동형 f의 **핵**(核)이라 부른다. 준동형이 동형이 되기 위한 필요충분조건은 그것이 전사이면서 그 핵이 G의 단위원만으로 되어 있어야 한다는 것이다.

위의 예에서의 핵은 4의 배수 전체이다.

일반적인 대수계에 대하여도 준동형을 정의할 수 있다.

유리수체와 실수체 사이에는 1 대 1 대응이 없으므로(⇨ p.255) 이들은 서로 동형이 아니다.

체의 이론은 동형이 아닌(즉 실질적으로 서로 다른) 여러 가지 체들을 공통적으로 다룬다는 편리한 점이 있다.

> 수학은 과학의 여왕이다.
>
> —가우스

III. 도형과 기하학

옛부터 도형은 사람들의 주된 관심사의 하나이었다. 도형이 미술을 낳았고 기하학을 낳았다. 그리스에서 체계화된 유클리드 기하학은 수와 도형을 함께 다룬 것이었고, 몇 세기 전까지만 해도 기하학이라 함은 수학 전체를 가리키는 것으로 되어 있었다.

이 장에서는 먼저 기하학의 역사를 간단히 알아본 뒤에, 그리스 시대의 작도 불능 문제가 그 뒤의 수학에 어떤 영향을 주었는가, 또 그 해결 과정을 살펴본다. 그 뒤, 그리스 시대부터 지금까지 여러 가지로 쓸모가 많은 원뿔곡선을 다루기로 한다. 원뿔곡선의 연구의 일부는 현행 고등학교 교육과정에서 다루어질 정도로 중요한 것이다.

한편, 유클리드의 평행선 공리에 관한 2천 년 동안의 연구는 비유클리드 기하학의 탄생을 보게 한다. 여기에서 비유클리드 기하학 발견의 역사와 그 내용을 알아본다. 그 뒤에 유클리드의 논증기하학에 뒤이어 16세기 이후에 나타난 중요한 기하학의 유형인 해석기하학과 사영기하학에 대하여 그 내용과 역사를 간단히 알아본 뒤에, 다시 여러 가지 비유클리드 기하학들이 모두 사영기하학으로 종합됨을 보일 것이다.

끝으로 이 장에서는 20세기에 들어와 활발히 연구된 위상수학의 내용, 특히 위상변환과 위상적 성질의 개념을 다룬 뒤에 그 역사를 간단히 알아보기로 한다.

1. 기하학과 작도

기하학의 역사

고대 여러 나라에서 얻어진 기하학의 지식은 플라톤의 시대에 들어와 학문의 형태를 취하였는데, 이는 유클리드, 아르키메데스, 아폴로니우스의 저서로 알 수 있다. 유클리드의 《원론》은 이 같은 내용을 종합한 것으로, 평면과 입체의 기하학 이외에도 정수론과 무리수마저 다루고 있어, 그 시대의 모든 수학을 거의 망라한 것이다. 그 정연한 논증법은 오랫동안 다른 학문의 모범이 되었다.

르네상스 이후의 유럽에서는 아랍의 영향을 받은 대수학이 발달하였고, 17세기 이후에 미적분학이 생겨남에 따라, 기하학은 대수학, 해석학과 함께 수학의 삼대 분야를 이루게 되었다.

그리하여, 수와 도형과의 사이의 관계가 밝혀지면서, 좌표법을 써서 기하학의 문제를 대수적으로 해결할 수 있게 되고, 17세기에는 페르마와 데카르트가 이 같은 방법을 쓰는 **해석기하학**을 창시하게 되었다. 그 결과로 17세기 이후의 미적분학을 비롯한 해석학의 발전의 초석이 다져졌다. 18세기에는 오일러가 해석기하학을 더욱 발전시켰고, 아폴로니우스 이래 2천 년간 연구되던 원뿔곡선의 이론이 2차식으로 나타나는 2차곡선과 2차곡면의 이론으로 정리되었다.

해석기하학에 대하여 좌표를 쓰지 않고 직접 도형을 다루는 방법을 **종합기하학**이라고도 부른다. 이 방면에서는 파스칼 Pascal(1623-62)

이 원뿔곡선의 기본적인 성질을 발견한 것에서 비롯되어, 일반으로 한 평면 위의 도형을 다른 평면으로 한 점에서 사영하였을 때 변하지 않는 도형의 성질을 연구하는 **사영기하학**이 활발히 연구되었다. 데자르구 Desargues (1591-1662) 의 정리와 파푸스 Pappus (320?) 의 정리는 사영기하학의 기본이 된다.

유클리드의 평행선공리는 오랫동안 공리인가 증명되는 것인가 논란이 있어 왔는데, 19 세기 전반에는 이 문제가 해결되었다. 즉 "직선 밖의 한 점을 지나 그 직선에 2 개 이상의 평행선을 그을 수 있다"는 것을 공리로 하여도 모순이 없는 기하학을 만들 수 있음을 가우스 Gauss (1777-1855), 로바쳅스키 Lobachevski (1793-1856), 보요이 Bolyai (1802-60) 가 발견하였다. 이것을 **쌍곡선형 비유클리드 기하학**이라 부른다. 한편 가우스의 제자 리이만 Riemann (1826-66) 은 마찬가지 가정 밑에서 평행선을 그을 수 없다는 것을 공리로 하는 기하학을 발견하였는데, 이것을 **타원형 비유클리드 기하학**이라 부른다.

평행선공리와 피타고라스의 정리가 성립함을 기초로 하여 《원론》의 기하학 부분을 발전시키고, 또 그것을 임의의 n 차원공간으로까지 확장하여 해석기하학의 방법으로 연구하는 것을 오늘날에는 **유클리드 기하학**이라 부른다. 또, 사영기하학이나 비유클리드 기하학에 대하여도 n 차원의 것을 생각할 수 있다.

이와 같이 19 세기 중반까지 기하학이 여러 가지로 나타남에 따르는 견해 차이가 있었는데, 이는 클라인 Klein (1849-1925) 의 **에를랑겐 프로그램**으로 해결되었다. 그는 공간의 변환군에 의하여 불변인 성질을 연구하는 것이 기하학이라 하여, 군이 달라지면 기하학이 달라진다는 견해로써, 기하학을 통일하려는 것이었다. 오늘날에는 약간

수정되었으나 그 정신은 남아 있다.

17세기 이후 미적분학이 계속하여 크게 발전됨에 따라, 그것을 써서 19세기에는 가우스가 곡면의 굽은 정도를 나타내는 곡률이나, 곡면 위의 두 점 사이의 최단곡선인 측지선을 직선 대신에 도입하여 "곡면 위에서의 기하학"을 창안하였다. 이것을 더욱 확장시킨 리이만의 연구는 **리이만 기하학**이라 불리운다. 이것은 그 뒤에 아인슈타인 Einstein(1879-1955)의 일반상대성이론에 적용되었다. 이처럼 미적분학과 그 확장을 써서 연구되는 기하학을 **미분기하학**이라 부른다. 이 분야는 크게 널리 발전되어, 일반적인 미분가능다양체의 기하학으로 바뀌었다.

한편 유클리드 기하학의 공리에 대한 반성은 공리가 과연 무엇이냐 하는 문제로 나타났고, 또 유클리드 기하학의 바른 공리계는 어떤 형태이어야 하는가가 많이 연구되었다. 이 방면에서는 힐버트 Hilbert (1862-1943)가 크게 공헌하였다. 이 같은 연구는 뒤에 **수학기초론**을 낳게 하였다.

한편 간단한 도형들이 모여서 복잡한 도형을 이룰 때, 그 성질을 **대수적**으로 연구하는 **위상수학**이 프왕카레 Poincaré(1854-1912)에 의하여 시작되었고, 또 칸토르 Cantor (1845-1918)의 집합론의 연구에 뒤이은 점집합의 성질의 연구가 연속성의 성질을 다루는 학문으로서의 **집합론적 위상수학**으로 나타나, 지금도 활발히 연구되고 있다.

대수학이 크게 발전함에 따라, n차식으로 나타나는 대수곡선과 대수곡면을 연구하는 기하학이 태어났는데, 이것을 **대수기하학**이라 부른다. 대수기하학은 해석학, 위상수학, 정수론 등 수학의 광범위한 지식을 동원하여 연구되는 수준 높은 것으로, 현재도 활발히 연구되고 있다.

이제 이들 기하학의 세계에서 몇 가지 토픽을 다루어 보기로 하자.

작도

고대 이집트에서의 측량의 필요에서 비롯된 기하학은 그리스 시대가 되자, 종이 위의 측량으로서의 기하학적 작도에 관심을 끌게 하였다. 작도의 도구로서는 자와 컴퍼스만이 신의 도구라 하여 우아한 것으로 받아들여졌고, 그 밖의 수단은 철학자의 생각에 어울리지 않는 것이라 하여 배격되었는데, 이는 그리스 철학이 플라톤 이후 귀족주의를 취한 것과 발맞춘 것이다. 그에 따라 여러 가지 기구를 사용하는 기술자의 방법은 비속하고 진부한 것으로 생각되었다.

그리하여, 유클리드의 《원론》에서 보는 바와 같이, 자와 컴퍼스만을 써서, 선분의 수직이등분선, 각의 이등분선, 각의 이동, 삼각형의 작도, 평행선의 작도, 선분의 내분, 외분점, 90°의 3등분과 같은 작도를 하게 되었다. 그러나 그리스 시대에 이미 소피스트들이 작도에 있어서의 3대문제를 연구한 바 있는데(⇨ *p*.19), 이 문제들이 자와 컴퍼스만으로 작도가 불가능하다는 것이 밝혀진 것은 2,000여 년 후의 일이다. 이 불가능의 증명이 방정식론이나 초월수의 이론과 깊은 관련이 있는 것임은 19세기에 이르러서야 그 진상이 드러나게 된다.

작도가능인 수

실수는 수직선 위에 나타낼 수 있고, 복소수를 좌표평면 위에 그려 넣을 때의 두 성분은 실수이다. 이제 적당한 단위길이를 주었을 때 실수 중 자와 컴퍼스를 써서 작도가능한 수에 대하여 알아보자.

작도가능인 두 수 x와 y의 합 $x+y$와 차 $x-y$는 역시 작도가능이다.

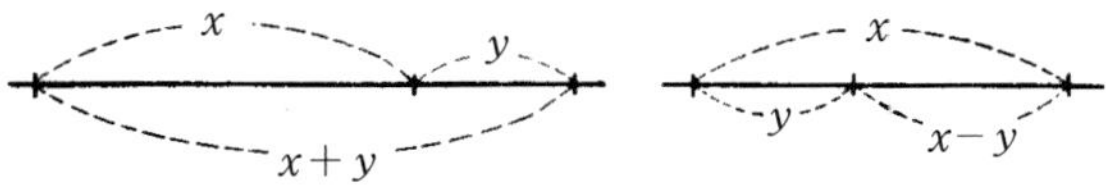

따라서 x의 임의의 배수도 작도가능이다. 이것은 임의의 정수가 작도가능임을 말해 준다.

작도가능인 두 수 x와 $y(\neq 0)$의 곱 xy와 몫 $\frac{x}{y}$도 역시 작도가능이다. 즉, 아래 그림과 같이 한 점 O를 지나는 서로 다른 두 직선 위에 $\mathrm{OA}=x$, $\mathrm{OB}=y$가 되도록 두 점 A, B를 정하고, 곱의 경우 직선 OA의 A 방향으로 $\mathrm{OD}=1$이 되는 점 D를 정한다. A를 지나 직선 BD와 평행인 직선을 그어 직선 OB와의 교점 C를 구하면, $\mathrm{OC}=xy$가 된다. 몫의 경우에는 오른쪽 그림과 같이 한다.

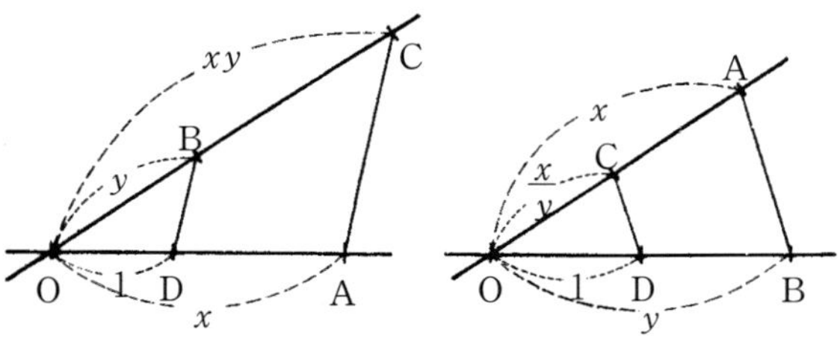

위의 사실로부터, 임의의 유리수는 작도가능임을 안다. 따라서 주어진 선분 a의 유리수배는 작도가능이다.

무리수 중에도 작도가능인 것이 있다. 예를 들어, 한 직선 위에 차례로 세 점 O, A, B를 $\mathrm{OA}=1$, $\mathrm{AB}=2$가 되도록 정하고, OB를 지름으로 하는 반원을 그린 뒤, A에서 세운 수선과 원과의 교점을 D라 하면 AD$=\sqrt{2}$ 가 된다. 따라서 $\sqrt{2}$는 작도가능이다.

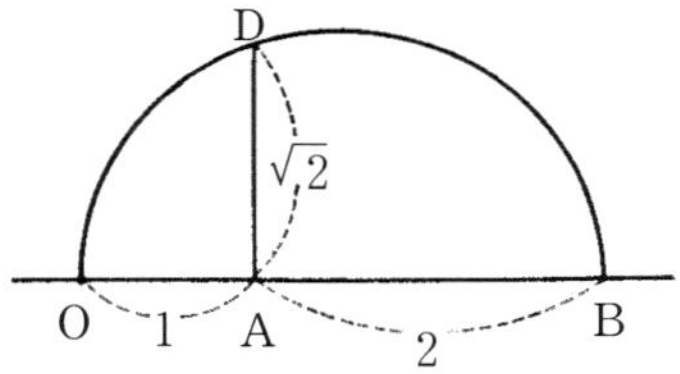

그러나 $\sqrt[3]{2}$와 같은 무리수는 작도가능이 아니다(⇨ p.121).

그러면 이제 정다각형 중 작도가능인 것은 어떤 것인가 알아보자.

정다각형의 작도

우리들은 이미 원에 내접하는 정 3, 4, 5, 6 각형이 자와 컴퍼스만을 써서 작도됨을 안다. 또, 각의 2 등분이 가능하다는 데서

정 8, 10, 12 각형

이 작도됨을 알고, 다시 각의 2 등분을 써서

정 16, 20, 24 각형

이 작도됨을 안다.

가우스는 일반적으로 다음을 증명하였다.

"정 n 각형 중에서 자와 컴퍼스만으로 작도되기 위한 필요충분조건은

$n = 2^k p = 2^k p_1 \cdots p_t$ (여기에서, p_i는 2^m+1 꼴의 소수)

이다.”

예를 들면, $p=3, 5, 17, 257, \cdots$ 등이 된다.

따라서 정 7 각형, 정 9 각형, 정 11 각형 등의 작도는 불가능하다. 정 9 각형의 경우에는 각 변에 대한 중심각이 40°이고, 120°의 3 등분이 불가능하기 때문이다. 또, 정 17 각형이 작도가능임은 일찍이 가우스가 19 살 때 발견한 바 있다.

그리스 시대의 3 대문제

기원전 5세기경에 이미 소피스트들은 세 가지 어려운 작도문제임을 발견하고 이에 대하여 연구하였다.

(1) 임의의 각을 3 등분하는 것

임의의 각을 2 등분하는 것을 자와 컴퍼스로 쉽게 작도할 수 있었으므로, 임의의 각을 3 등분하는 것을 마찬가지로 시도했으나 쉽게 풀려지지 않았다. 그래서 당시의 사람들은 여러 가지 아이디어를 내게 된다.

예를 들어, 히피아스 Hippias (460? B.C.) 의 방법을 설명해 보자. 먼저, 한 정사각형 ABCD 의 한 변 AB 는 점 A 의 둘레를 등속도로 회전하여 일정시간 후에 AD 와 겹쳐지고, 또 변 CB 는 자기 자신에 평행이면서 등속도로 왼쪽으로 평형이동하여 같은 일정시간 후에 DA 와 겹쳐진다고 하자. AB 의 어떤 일반적인 위치 AQ 와 CB 의 일반적인 위치 RS 의 교점 P 를 생각하면, P 는 B 에서 출발하여 DA 의 한 점 H 에서 정지하는 한 곡선을 그리게 된다. 이것을 히피아스곡선

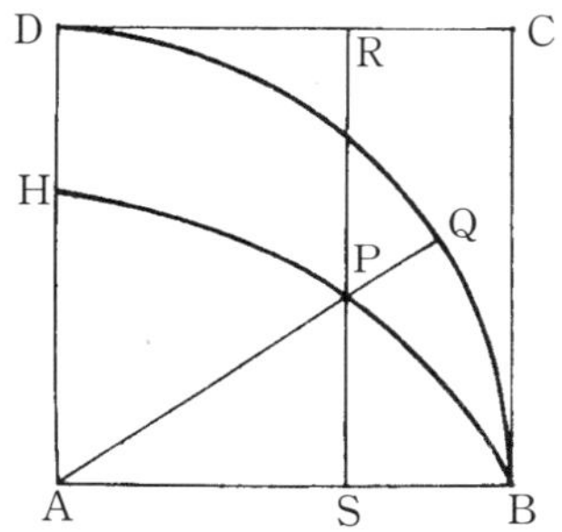

이라 부르자.

이제, 3등분하려는 각을 아래 그림의 EAB의 위치에 두고, EA와 히피아스곡선과의 교점을 L이라 한다. L에서 CB에 평행인 직선을 그어 DC와의 교점을 U라 하고, 선분 UC의 3등분점을 V, W라 한다. V, W를 지나 CB에 평행인 직선들이 히피아스곡선과 만나는 점을 각각 M, N이라 하면 AM, AN은 주어진 각을 3등분한다.

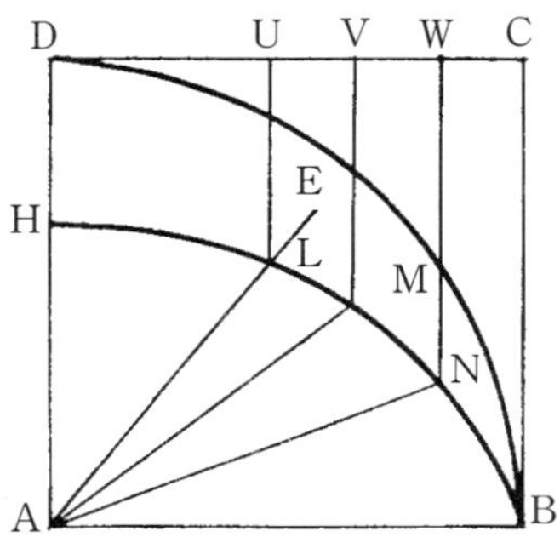

그 밖에도, 다음 그림과 같은 기계를 생각해 낸 사람도 있었다. 그림에서, 점 B, C는 AD의 3등분점이고, 거기에 점 C를 중심, BC

를 반지름으로 가지는 반원이 붙어 있다. 또 BE는 AD에 수직이다. 이것을 3등분하려는 각 xOy 위에 그림과 같이 놓으면, OB와 OC는 각 xOy를 3등분하게 된다.

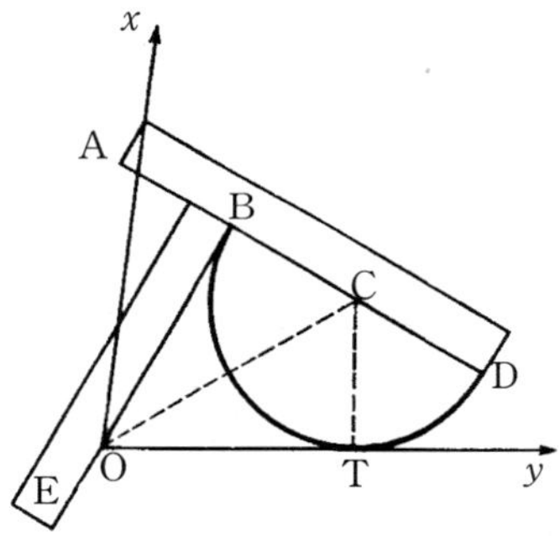

그리스 사람들은 이와 같이 원 이외의 곡선이나 기계를 쓰는 작도를 기계적 작도라 하여 싫어하고, 또 자와 컴퍼스만을 쓰는 작도만이 기하학적 작도라 하여, 각삼등분문제를 해결하려 하였으나 성공하지 못하였다. 여기에서, 자는 임의로 주어진 두 점을 잇는 직선을 긋는 데에만 사용되어야 하고, 또 작도는 반드시 유한 번의 단계에서 끝내야만 하는 것을 전제로 하고 있다.

자를 위와 같은 용도 이외에도 사용할 수 있다면, 각의 3등분도 가능해지는 것이다. 그 같은 예로 아르키메데스의 방법이 알려져 있다.

임의의 각 x가 주어져 있을 때, 그 밑변을 연장하고 꼭지점 O를 중심으로 하는 임의의 반지름 r인 반원을 그려서 각 x의 다른 한 변과의 교점을 C라 한다. 자에 거리가 r이 되는 두 점 A, B를 찍고, 이 자를 움직여서 점 C를 지나는 직선으로서, 점 A가 각 x의 밑변의 연장선 위에 놓이면서 점 B가 원주 위에 놓이도록 되는 것을

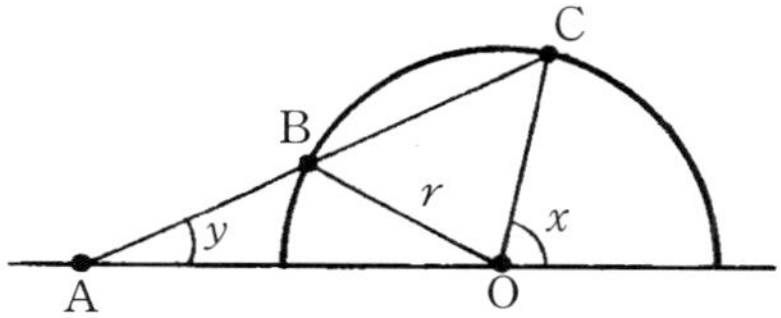

찾는다. 이때 이 같은 B는 반드시 얻을 수 있고, $\angle BAO = y$는 x의 1/3이 된다.

(2) 주어진 정육면체의 2배의 체적을 가진 정육면체를 작도하는 것

주어진 정사각형의 2배의 면적을 가진 정사각형을 작도하는 것은, 그 한 대각선을 한 변으로 가지는 정사각형을 만들면 되므로, 자와 컴퍼스로 작도를 할 수 있다. 정육면체의 2배의 체적을 가진 정육면체를 작도하는 것은 그렇게 쉽지는 않았다.

이 문제는 **델로스의 문제**라고도 불린다. 전설에 의하면, 옛날에 델로스 Delos 섬에 유행병이 돌았는데, 이것을 신의 노여움이라 생각한 사람들이 아폴로신전에 가서 많은 공물을 바치고 기도를 올리며 병마를 쫓아 줄 것을 빌었더니, 승려를 통하여 신의 말씀이 전갈되었는데, "현재의 정육면체의 제단을 2배의 체적이 되도록 만들라"는 것이었다. 모서리의 길이를 원래의 것의 $\sqrt[3]{2}$ 배로 하여야 새 정육면면체의 체적이 원래의 것의 2배가 된다. 그러나 자와 컴퍼스만으로는 $\sqrt[3]{2}$ 를 작도할 수 없었다.

이 이야기는 당시의 대 수학자이며 시인이었던 에라토스테네스가 남긴 이야기라고 한다.

한편 **히포크라테스** Hippocrates (430? B.C.)는, 이 문제가 $a : x = x : y = y : 2a$ 를 만족하는 x, y를 구하는 것으로 귀착된다는 사실

을 발견했으나, 이 문제 역시 자와 컴퍼스만으로 풀 수는 없었다.

(3) 주어진 원과 면적이 같은 정사각형을 작도하는 것

주어진 다각형과 면적이 같은 정사각형을 작도하는 것은 별로 어렵지 않다. 그러나 원의 경우에는 그렇지가 않다. 이 문제는 결국 $\sqrt{\pi}$를 작도하는 것으로 귀착되는데, 역시 자와 컴퍼스만으로는 풀 수 없었다.

안티폰 Antiphon (430? B.C.)은 원에 내접하는 정다각형과 면적이 같은 정사각형은 작도할 수 있으므로, 원에 내접하는 정다각형의 변의 수를 한없이 늘여 가서, 그와 같은 면적을 가진 정사각형을 작도하는 것을 한없이 계속하여 가면, 마침내는 원과 면적이 같은 정사각형을 얻을 수 있을 것이라 했는데, 작도에서는 무한히 해 나간다는 것이 허용되지 않았다.

한편, 이 문제는 이미 그리스 시대에 원뿔곡선을 써서 작도할 수 있었음을 알고 있었다.

이와 같이, 3대문제를 다루는 방법은 ① 자와 컴퍼스만으로 유한 번에 작도하는 것, ② 원뿔곡선의 사용까지 허용하는 것, ③ 그 밖의 작도기계까지 허용하는 것으로 구분된다. 이에 따르면, 각삼등분문제나 원적문제는 기계적 작도로 완전히 해결된 것이며, 입방배적문제는 원뿔곡선을 써서 해결된 것이다. 이 세 문제의 해결 과정은 그리스 기하학의 발전의 계기가 되어, 아르키메데스에서 아폴로니우스에 이르는 그리스 최고의 지성인들이 동원되었고, 결과적으로 원뿔곡선과 고차곡선을 발견하는 계기가 된 것이다.

이 세 문제가 자와 컴퍼스만을 유한 번 사용해서는 작도할 수 없음을 그리스인들은 경험상으로 알 수 있었다. 그것이 실제로 "불가능임이 증명"된 것은 19세기에 이르러서이다.

그 뒤의 작도문제

그리스 시대가 지나간 뒤에도 사람들의 작도에 대한 관심은 그칠 줄 몰랐다. 먼저 이들 작도 중 자와 컴퍼스에 더욱 제한을 가한 것에 관한 몇 가지 에피소드를 적어 보자.

10세기에 페르시아의 아불 웨파 Abul Wefa(940-88)는 자와 고정된 컴퍼스를 써서 작도하는 것을 생각해 냈다. 이 같은 고정된 컴퍼스는 흔히 "녹슨 컴퍼스"라고 불리었다. 그는 이와 같은 방법으로 선분의 수직이등분선, 각의 이등분선, 한 변이 주어졌을 때 정오각형을 작도할 수 있음을 보였는데, 그 방법은 하도 독창적이고 교묘하여 개선의 여지가 없었다.

르네상스 시대가 되면서 레오나르도 Leonardo da Vinci(1452-1519)를 비롯한 수학자들이 이 같은 문제를 계속하여 연구하였다. 1673년에 이들 작도에 관한 책이 저자미상으로 네덜란드에서 발견되었는데, 이 책은 1677년 목슨 Moxon에 의하여 영어로 번역되었다.

19세기에 들어와서 퐁슬레 Poncelet와 슈타이너 Steiner는 자와 컴퍼스로 작도 가능인 도형은 자와 녹슨 컴퍼스로도 작도 가능임을 보였다.

그 밖에도, 자만으로의 작도, 자 위에 두 점이 찍힌 것만으로의 작도, 나란한 두 모서리를 가진 자만으로의 작도, 컴퍼스만으로의 작도 등에 관한 여러 가지 연구가 있었다.

한편 1797년에, 이탈리아의 마스케로니 Mascheroni(1750-1800)

는 자와 컴퍼스로 작도되는 문제는 컴퍼스 하나만으로도 작도됨을 보이는 등 여러 가지 흥미 있는 얘기가 많다.

3대문제가 불가능인 이유

17세기에 해석기하학이 나타나면서, 좌표평면에서의 직선의 방정식이 x, y 두 좌표에 관한 1차식으로 표현되고, 또 중심과 반지름이 주어진 원의 방정식이 2차식으로 표현됨을 알게 되었다. 따라서 좌표평면 위의 작도 문제로서 자만으로 풀리는 문제는 1차방정식의 해를 구하는 것과 동치가 되며, 자와 컴퍼스의 사용을 필요로 하는 문제는 2차방정식의 해를 구하는 것과 동치가 됨을 알게 되었다.

따라서 기하학적 작도는, 어떤 작도로 얻은 교점을 다음 작도의 출발점으로 쓴다는 식으로 작도를 계속하면, 결국 1차 또는 2차방정식을 차례로 풀어 나가는 것이 된다. 이때 앞의 방정식의 근에 의하여 다음 방정식의 계수가 결정된다.

앞서 본 바와 같이, 주어진 선분 a의 유리수배가 작도가능이므로, m, n이 양의 유리수일 때, 1차방정식 $mx-na=0$을 만족하는 미지선분 x는 작도가능이다. 다시 a, b가 주어진 선분일 때, 2차방정식 $x(x+a)=b^2$, $x(x-a)=b^2$, $x(a-x)=b^2$을 만족하는 미지선분도 작도가능이다. 이 사실들을 정리하면, 계수가 유리수인 1차방정식이나 2차방정식의 근은 작도할 수 있다. 이러한 사실은 이미 데카르트가 발견한 바 있다.

이와 같이, 작도불능의 증명은 모두 해석기하학의 도움으로 문제를 방정식으로 돌리고, 입방배적문제와 각삼등분문제는 3차방정식이 유리계수의 범위 안에서 항상 1차식과 2차식의 곱으로 분해되는 것은 아니라는 것, 즉 기약인 것이 있다는 사실을 이용한다.

입방배적문제의 경우,

$$x^3-2=0$$

은 유리수의 범위에서 좌변이 인수분해되지 않는다. 즉

$$x^3-2=(x-\sqrt[3]{2})(x^2+\sqrt[3]{2}x+(\sqrt[3]{2})^2)=0$$

이 되어, 한 무리수근 $\sqrt[3]{2}$와 허수근들을 가진다.

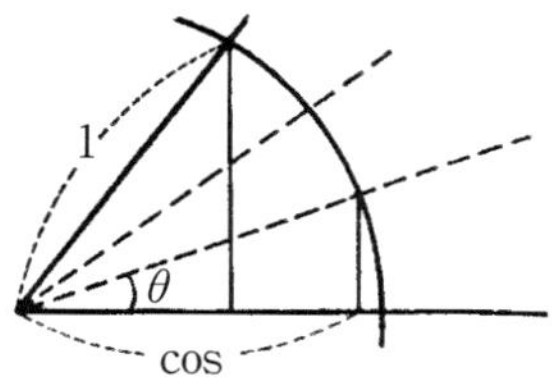

각삼등분문제의 경우, 3θ가 주어졌을 때 θ를 구하는 것이므로, 결국 $\cos 3\theta$가 주어졌을 때 $\cos\theta$를 구하는 것,

$$\cos 3\theta=4\cos^3\theta-3\cos\theta$$

즉,

$$4x^3-3x=\cos 3\theta$$

를 푸는 것이 되는데, 이것이 유리수의 범위에서 인수분해되는 것은 특별한 경우, 예를 들어 $3\theta=90°$ 같은 때뿐이다. 반례(反例)로 $3\theta=60°$일 때, $4x^3-3x-\dfrac{1}{2}$은 기약이다. 즉, 유리수근을 가지지 않는다.

이와 같이, 작도 문제는 방정식론의 문제로 바뀐다. 이에 대하여 완첼 Wantzel(1814-48)은 1837년에 갈르와이론을 써서 다음과 같은 정리들을 얻었다.

"유리수계수 3차방정식이 계수에서 출발하여 자와 컴퍼스만으로 작도가능한 해를 가지면, 이 3차방정식은 적어도 한 유리수근을 가진다."

"작도가능인 실수는 대수적수이다."

앞의 정리로부터, 기약인 유리수계수 3차방정식이 유리수근을 가질 수 없다는 데서 입방배적문제와 각삼등분문제가 불가능임을 곧 안다. 또, 뒤의 정리로부터 원적문제가 불가능임은 1882년에 린데만 Lindemann(1852-1939)이 π가 초월수임을 보임으로써 해결되었다. 이처럼 작도의 문제는 사실은 군과 체에 관한 이론에 의존하고 있다.

> 역사는 인간을 현명하게 하며, 시는 기지(機智)를 갖추게 하며, 수학은 정세(精細)하게 하며, 자연과학은 깊이 생각하게 하며, 윤리학은 신중하게 하며, 논리학과 수사학은 논쟁을 할 수 있게 한다. —베이컨

2. 원뿔곡선

원뿔곡선의 역사

기원전 4세기경부터 그리스에서는 원 이외에도 여러 가지 곡선에 관한 연구가 있었다. 특히 유클리드의 《원론》의 빠진 네 부분은 타원, 쌍곡선, 포물선 등을 다룬 것이라 전해져 온다.

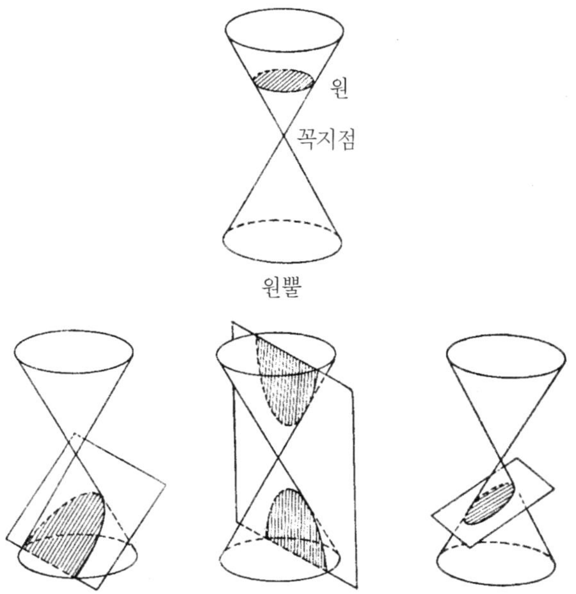

포물선　　쌍곡선　　타원

타원(원 포함), 포물선, 쌍곡선을 흔히 **원뿔곡선**(conic sections)이라 부르는 것은, 앞의 그림에서 보는 바와 같이 이들 곡선이 원뿔의 한 평면에 의한 단면으로 나타나기 때문이다.

플라톤의 친구였던 유독소스의 제자 **메나이크모스** Menaikhmos (375-325 B.C.)는 알렉산더 대왕의 스승으로 알려져 있는데, 처음으로 원뿔곡선의 엄밀한 정의를 하였다. 그는 직원뿔을 그 한 모선에 수직인 평면으로 잘랐을 때의 단면을 생각하여, 직원뿔의 꼭지각이 직각보다 작을 때의 단면에 나타나는 곡선이 타원, 꼭지각의 직각일 때 포물선, 꼭지각이 직각보다 클 때 쌍곡선이 됨을 알아내었다.

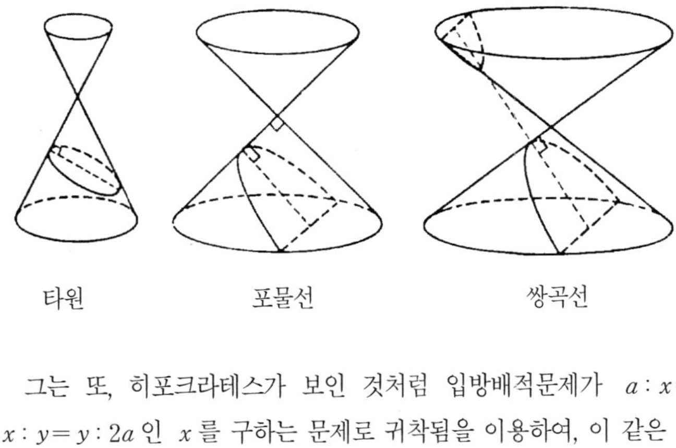

타원 포물선 쌍곡선

그는 또, 히포크라테스가 보인 것처럼 입방배적문제가 $a : x = x : y = y : 2a$ 인 x를 구하는 문제로 귀착됨을 이용하여, 이 같은 x가 두 포물선

$$x^2 = ay, \quad y^2 = 2ax$$

의 교점의 x좌표로 나타난다는 사실을 생각해 내어, 입방배적문제를 풀었다고 전해진다.

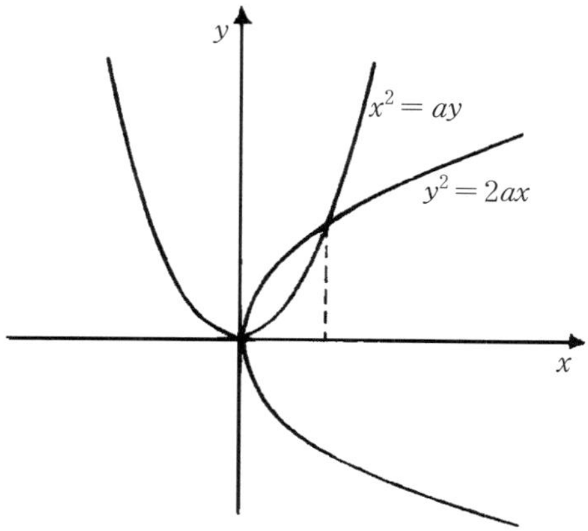

또 아르키메데스 Archimedes (287?-212 B.C.) 는 포물면경의 성질을 이용하여, 태양 광선을 쓴 용광로를 만들고, 또 적의 군함을 태울 수 있는 장치를 만들었다고도 한다. 한편, 아르키메데스는 구적법을 연구하는 가운데, 포물선 위의 두 점을 맺는 선분과 이 포물선으로 둘러싸이는 도형의 면적은, 이 두 점에서 포물선에 그은 접선과 두 점을 맺는 선분으로 이루어진 삼각형의 면적의 2/3 임을 보였다.

그 뒤에, 유클리드의 공리론, 아르키메데스의 구적법과 함께 헬레니즘 시대의 3 대 고전적 업적으로 알려진 아폴로니우스 Apollonius (260?-200? B.C.) 의 《원뿔곡선론》이 나왔다. 이 책은 8 권으로 되어 있는데, 그 마지막 권은 전해지지 않는다. 그는 이 책에서 원뿔곡선의 정의와 축, 초점, 접선, 점근선 등에 대하여 논하고 있다.

그중 흥미 있는 얘기를 들어 보면, 포물선의 경우, 다음 그림의 직사각형의 면적과 정사각형의 면적이 "같다"는 뜻에서 parabola (포물선) 의 원어를 썼고, 타원의 경우 "부족하다"는 뜻의 ellipse, 쌍곡선의 경우 "초과한다"는 뜻의 hyperbola 를 썼다.

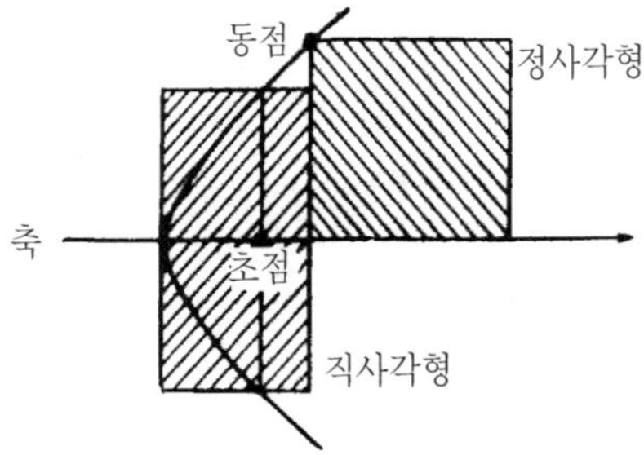

포물선의 경우

또, 타원의 정의를 주어진 두 점(초점)으로부터의 거리의 합이 일정한 점들의 자취로, 또 쌍곡선의 정의를 그 차가 일정한 점들의 자취로 준 것도 아폴로니우스이다. 일반적으로, 원뿔곡선을 원뿔을 지나는 평면이 연속적으로 변하는 각을 가지면서 자르는 단면의 변화로 파악한 것도 이 책에서이다.

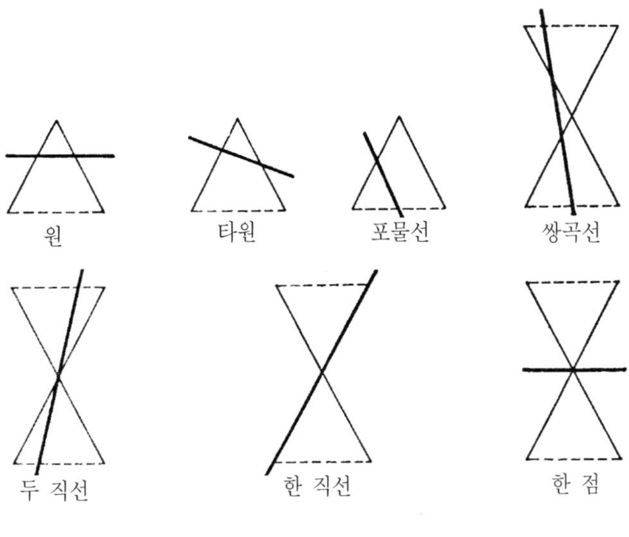

투시법으로 유명한 독일의 화가인 뒤러 Dürer(1471-1528)는 《용기화》에 관한 저서에서 원뿔곡선의 작도법을 발표하였다.

한편 **파스칼** Pascal(1623-62)은 16세 때에 《원뿔곡선시론》이라는 책에서 원뿔곡선의 본질적 성질을 규명하고, 또 다음과 같은 유명한 정리를 증명하였다.

파스칼

"원뿔곡선에 내접하는 육각형의 서로 마주보는 변의 (연장의) 교점들은 한 직선 위에 있다."

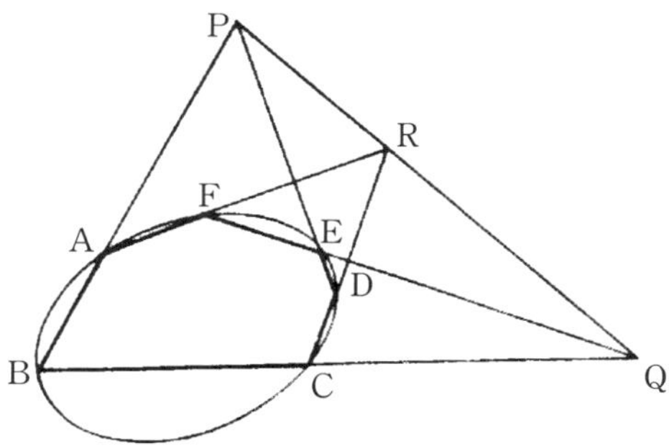

즉, 원뿔곡선에 내접하는 육각형을 ABCDEF라 하면, 직선 AB와 DE의 교점 P, BC와 EF의 교점 Q, CD와 FA의 교점 R은 일직선 위에 있다는 것이다. 파스칼은 이 정리를 먼저 원에 내접하는 육각형에 대하여 증명한 뒤에, 그것을 임의의 한 점에서 다른 평면 위로 사영하여, 그것이 임의의 원뿔곡선에 대하여도 성립함을 보였다.

이처럼, 사영을 쓰면 한 원(또는 타원)의 한 평면 위로의 사영을 원뿔곡선이라고 정의할 수도 있는 것이다.

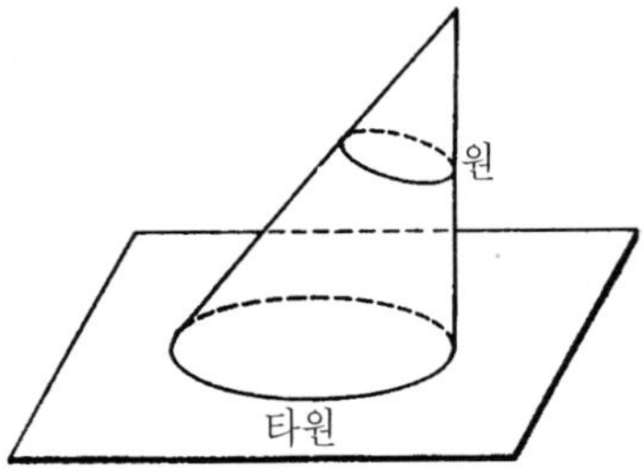

세 가지 원뿔곡선의 성질

17세기가 되어 해석기하학이 발전함에 따라 원뿔곡선에 관한 여러 가지 지식이 새로 밝혀졌다. 여기서는 그 몇 가지를 간단히 설명해 두기로 한다.

(1) 타원 위의 한 점 P에서 두 초점 F, F′까지의 거리의 합은 일정($2a$)하다. 이때 점 P에서 그은 접선에 관하여, 표시된 두 각은 같다. 이때 F에서 나오는 광선은 타원에서 반사되어 F′에 도달한다고 생각된다.

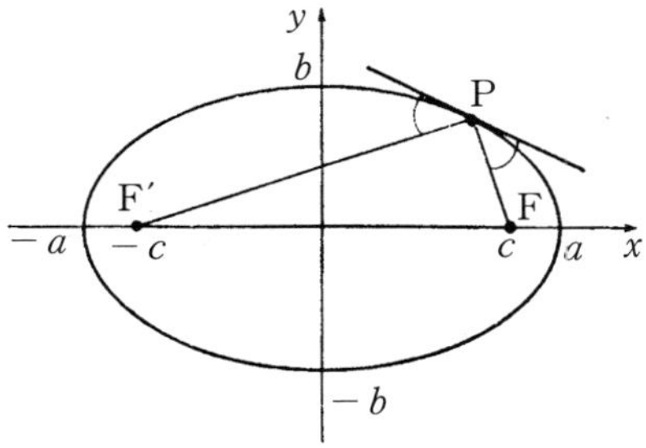

(2) 쌍곡선 위의 한 점 P로부터 두 초점 F, F′까지의 거리의 차는

일정 $(\pm 2a)$ 하다. 점 P 에서 그은 접선에 관하여 표시된 두 각은 같다. F에서 나오는 광선은 쌍곡선에서 반사되어, 마치 F′에서 나오는 것처럼 보인다.

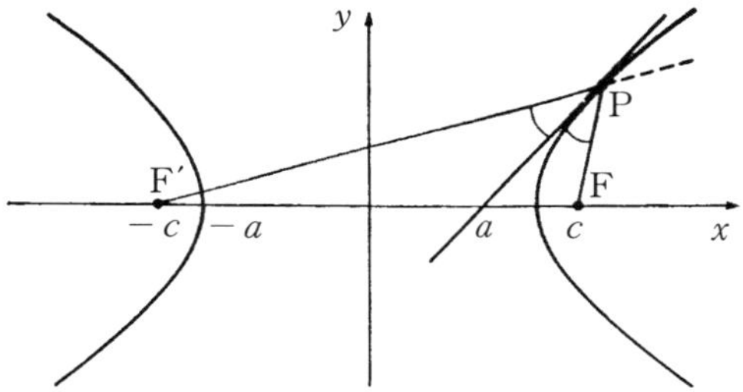

(3) 포물선의 한 점 P 에서 준선 ℓ 까지의 거리와 초점 F 까지의 거리는 같다. 점 P 에서의 접선에 관하여 표시된 두 각은 같다. 점 F 에서 나오는 광선은 포물선에서 반사되어 모두 평행하게 나타난다.

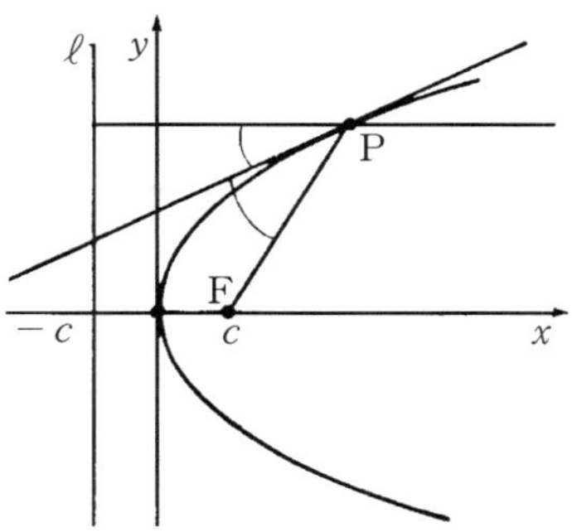

이제까지 원뿔곡선의 여러 가지 정의를 들었고, 또 원의 사영이란 관점에서 통일적인 정의를 앞에서 들었다.

또 다른 통일적 정의로는 **이심률** (eccentricity) 을 사용하는 것이 있다. 이는 **파푸스** Pappus (320?) 에 의한 것이다.

평면 위에서 한 주어진 점 (초점) 과 한 주어진 직선 (준선) 까지의 거리의 비 (이심률) e가 일정한 점 전체의 집합을 원뿔곡선이라 부르고,

$e<1$이면 타원,
$e=1$이면 포물선,
$e>1$이면 쌍곡선

이라 부른다. 원은 $e=0$인 경우로 정한다.

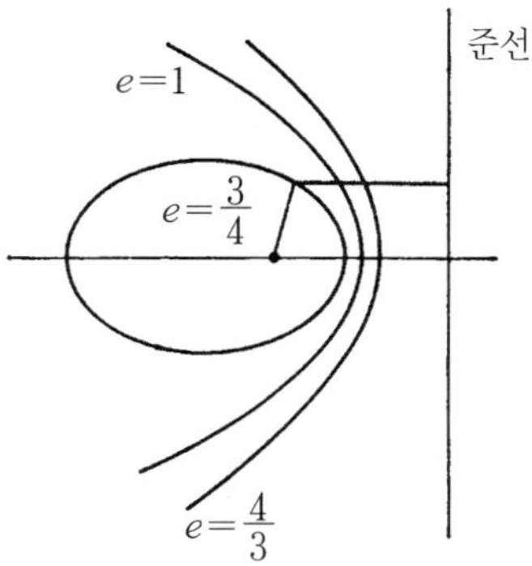

원뿔곡선의 응용

원뿔곡선을 주축을 회전축으로 하여 회전시켜서 원뿔곡면을 얻는다. 원뿔곡선이나 원뿔곡면은 일상생활에서 흔히 나타난다.

원뿔곡선의 초점 (focus) 이라는 말은 케플러 Kepler (1571-1630) 가 그 광학적 성질 때문에 붙인 이름이며, focus 라는 말은 지금도 카

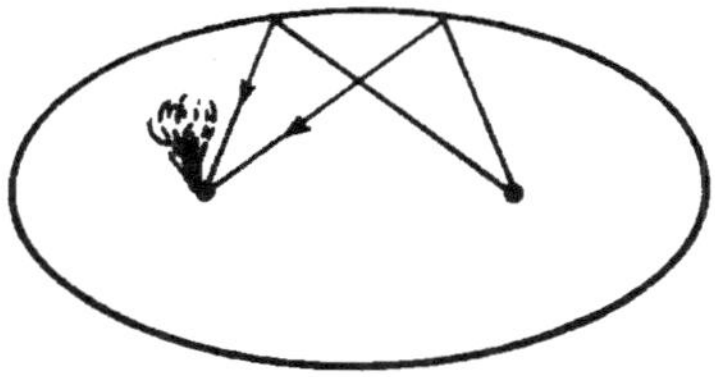

메라를 다룰 때 쓰이는 말이다. 동양에서 초점(焦點)이라 할 때의 초는 "볶을 초, 구울 초, 델 초, 불내날 초" 등의 뜻을 가지는데, 이는 렌즈로 태양 광선을 모아 불을 붙인다는 데서 나온 듯하다. 타원면의 경우 한 초점에서 불이 난다면 다른 초점에서도 불이 붙는다고 생각할 수도 있다.

타원꼴의 푸울(pool)이라면 한 초점에서 일으킨 수면의 물결은 다른 초점으로 모일 것이다. 서양 건축에는 천정이 타원면일 때, 한 초점 밑에서 소곤거리면 다른 초점 밑에서 소곤거림이 선명히 들리게 되어 있는 것이 있다. 지은이도 가 본 바 있는 미국 국회 의사당 건물의 스테이츄어리 홀 같은 것이 그 같은 예이다.

포물면을 이용한 것으로서는, 자동차의 헤들라잇, 포물면꼴 안테나, 반사망원경, 전파망원경 같은 것이 있다.

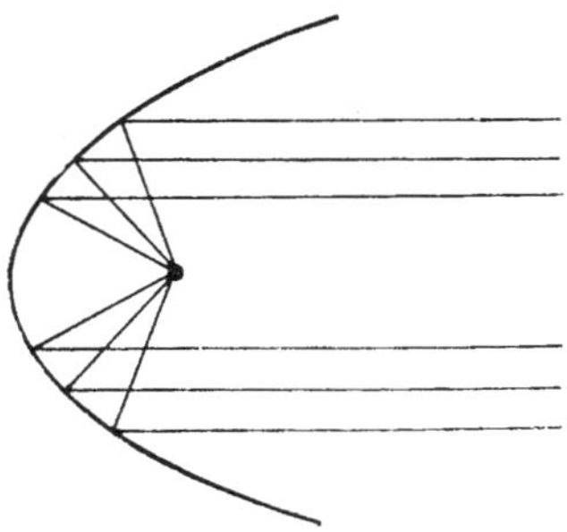

물리학에서의 원뿔곡선

수학자들의 이론적 추상적인 연구 중에는 실용면을 도외시한 것이 많은데, 이들이 몇 세기 후에 크게 활용되는 수가 있다. 실제로 원뿔곡선도 17 세기에 이르기까지 2,000 년 동안 큰 이론적 응용이 없었다.

그러나 1610 년경에 케플러 Kepler 는 행성들이 태양을 한 초점으로 가지는 타원 운동을 함을 발견하였고, 또 갈릴레이 Galilei 는 던져 올린 물체가 포물선 운동을 함을 보였다. 갈릴레이는 죽는 날까지도 케플러의 타원 운동의 법칙을 믿지 않았다고 전해진다.

뉴턴 Newton 은 1686 년에 그의 《프린키피아》에서, 케플러의 법칙이 만유인력의 법칙과 운동의 세 법칙들로부터 증명됨을 보였다.

원자물리학에서는 수소원자의 전자의 궤도가 타원임을 밝혀냈으며, 양자역학의 한 주요한 정리는, 원뿔곡선의 후예라 볼 수 있는 자기수반작용소(선형변환)에 관한 스펙트럼정리이다.

> 수학은 사고를 절약하는 과학이다.
>
> —프왕카레

3. 평행선공리

평행선공리

유클리드의 5개의 공리 중에서 평행선공리가 다른 것들보다 복잡하였으므로, 다른 4개에서 증명할 수 있는 성질의 것이 아닌가 생각한 사람이 많았다. 이리하여 평행선공리를 증명하려다가 실패한 수학자는 옛부터 많아서, 그중에는 석학으로 소문난 르장드르 Legendre (1752-1833) 마저 있다.

평행선공리는 "직선 밖의 한 점을 지나 이와 만나지 않는 직선을 단 하나 그을 수 있다"는 것과 같은데, 이를 부정하여 "직선 밖의 한 점을 지나 이와 만나지 않는 직선을 무수히 그을 수 있다"라 하여도 모순이 없는 기하학을 구성할 수 있음을 보이고, 따라서 이 공리는 증명하여야 할 성질의 것이 아님을 확인한 것은 가우스, 로바쳅스키, 보요이 등으로서, 그에 따라 평행선 공리를 가정한 《원론》의 위대성이 다시 확인되었다. 한편 리이만은 직선 밖의 한 점을 지나 이와 만나지 않는 직선은 없다라는 것을 써서 또 다른 기하학을 만들었다. 이들 기하학을 **비유클리드 기하학**이라 부르는 것이다.

이로써, 수학에 있어서의 공리란 절대적인 진리라는 의미를 가지지 않고, 다만 수학을 구성하는 데 기초가 되는 가정인 명제에 불과하다는 새로운 인식이 생겨, 수학에 큰 영향을 주었다.

유클리드는 평행선공리 (제 5 공리) 를 다음과 같이 기술하였다.

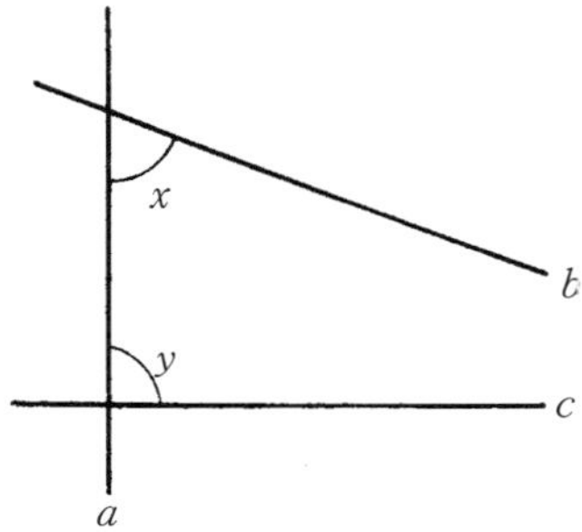

"한 평면 위의 한 직선이 그 평면 위의 두 직선과 만날 때 동측내각의 합이 2직각보다 작으면 이 두 직선은 그 쪽에서 만난다."

즉, 위의 그림에서 각 x와 y를 합하여 180° 보다 작으면 직선 b, c를 충분히 연장할 때 만나게 될 것이다. 유클리드가 이와 같이 기술한 대에는 그 나름의 이유가 있었던 것으로 보여진다. 위와 같이 하는 대신에, 두 각의 합이 180° 이면 두 직선은 결코 만나지 않는다, 즉, 평행하다고 기술할 수도 있었을 것이다. 그러나 유클리드는 결코 만나지 않는 두 무한직선이 있을 수 있다고 가정하는 것을 두려워했던 것 같다. 우리의 경험은 무한직선에 대하여 어떤 보장을 주지는 못하며, 그 반면에 공리는 물리적 세계에 대한 자명한 사실이라고 생각되었기 때문이다. 그리고 유클리드는 평행선공리와 다른 공리를 사용하여 평행선의 존재를 증명하였다.

여하간, 유클리드가 서술한 평행선공리는 다른 공리와 같은 단순성이 없고 매우 복잡하다고 생각되었다. 실제로, 유클리드 자신도 평행선공리에 대한 자신의 서술을 좋아한 것 같지 않다. 왜냐하면, 평행선공리 없이 다른 공리만으로 증명할 수 있는 정리에 대하여는 결코 평행선공리를 쓰지 않은 것 같다.

많은 사람들을 괴롭힌 이 문제는 결국은 물리적 세계에서 무한직선의 존재를 확신할 수 있는가 하는 문제라고 할 수 있다. 유클리드는 유한직선을 단지 필요한 만큼 멀리 연장할 수 있다고만 가정하는 신중성을 보여 주었고, 따라서 연장된 직선 역시 유한인 것이다. 그러나 직선이 유한하다면 어떤 경우에도 필요한 만큼 멀리 연장할 수는 없기 때문에 유클리드는 이 가정이 무한직선의 존재를 뜻하는 것으로 생각하게 하였다.

그리스 시대 이후 평행선공리가 제기한 문제를 해결하려는 여러 시도가 있었다. 그 시도는 두 가지로 나타나는데, 평행선공리를 좀더 자명한 문장으로 대치하려는 시도와, 그것을 유클리드의 다른 4개의 공리로부터 증명해보려는 시도이다. 뒤의 것이 성공한다면 평행선공리는 하나의 정리가 되므로, 더 이상의 문제는 있을 수 없게 된다. 이 같은 시도들의 역사는 너무나 길고 전문적이므로, 여기에서는 대표적인 몇 가지만 소개한다.

평행선공리는 1795년에 플레이페어 Playfair(1748-1819)가 다음과 같이 대치될 수 있음을 보였는데, 이것이 오늘날의 고등학교 교과서에 나타나는 것과 같다.

> "한 직선 l 위에 있지 않는 한 점 P를 지나 직선 l과 만나지 않는 직선은, 직선 l과 점 P로 이루어진 평면에서는 단 하나 존재한다."

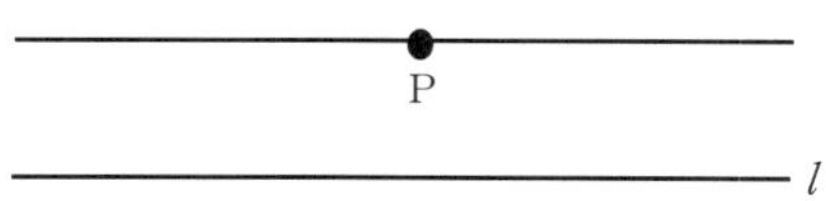

그러나 이것 역시 더 간단히 표현된 것이라 보기는 어려우며, 또

공간의 무한히 먼 곳에서 무슨 현상이 일어나는가 주장하고 있다. 그 반면에 무한성을 직접 포함하지 않는 대치 공리의 예로는 다음과 같은 것이 있다.

"서로 다른 두 개의 닮은 삼각형이 존재한다."

이것 역시 단순해 보이지만, 그 내용을 보면 유클리드의 것보다 더 나을 것이 없다.

다른 한편으로 평행선공리를 증명하려는 시도는 첫째 시도보다 더 많은 수학적 결과를 남기게 되는데, 그것이 곧 비유클리드 기하학의 발견이다. 이제 그 역사를 간단히 살펴보기로 하자.

사케리의 연구

유클리드의 평행선 공리에 관한 연구 중에서 비유클리드 기하학이 나타날 때까지 가장 중요한 것으로는 이탈리아의 파비아대학 교수이며 신부였던 **사케리** Saccheri (1667-1733) 이었다.

그는 유클리드기하학의 본질을 명백히 하고, 비유클리드 기하학의 가능성을 예견할 수 있는 단계 직전까지 온 것으로 보이는, 다음과 같은 결과를 남겼다.

먼저 한 선분 AB의 두 끝점 A, B에서 이 선분의 같은 쪽에 수선을 세워 각각 같은 길이를 잘라낸 뒤에, 그 두 끝점을 C, D라 둔다. 이때 $\angle C$ 와 $\angle D$ 가 같음은 평행선공리를 쓰지 않고도 증명되는데, 이 두 각이 직각임을 보이는 데는 아무래도 평행선공리가 필요해진다. 이때, 세 가지 가능성이 나타나는데, 그 각각의 경우에 대하여 일반적인 삼각형의 내각의 합은 2직각과 같거나, 작든가, 크다.

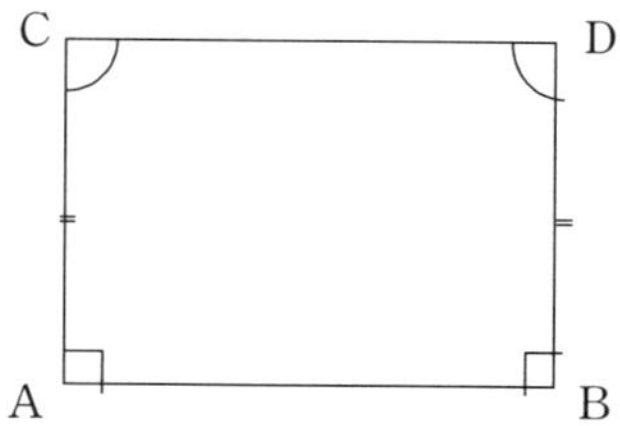

세 가지 가능한 가정: $\angle C$와 $\angle D$는	(1) 직각	(2) 예각	(3) 둔각
삼각형의 내각의 합	$=2\angle R$	$<2\angle R$	$>2\angle R$

그리하여 사케리는 가정 (2), (3) 이 옳지 않다는 것을 보임으로써, (1) 만이 옳다는 것을 증명하려 하였으나, 그 증명은 뒤에 틀렸음이 발견되었다.

이때까지는 유클리드 기하학만이 옳은 것인 줄 알고 있었기 때문에 (2) 나 (3) 의 경우가 또 다른 기하학의 가능성을 보여 주는 것임을 깨닫지 못했다.

로바쳅스키 – 보요이의 기하학

평행선공리의 증명에 실패한 뒤, 사람들은 이것을 부정하는 기하학을 세우게 된다. **가우스**는 이 같은 기하학의 가능성을 알고 있었으나 반박을 두려워하여 이를 발표하지 않았다. 19 세기 초에 **로바쳅스키** Lobachevski (1793-1856) 와 **보요이** Bolyai (1802-60) 는

> "한 직선 l 위에 있지 않는 한 점 P 에서 l 에 수선 PH 를 내리고, PH 와 같은 예각을 이루는 두 직선 PA, PB 를 긋는다. 이때

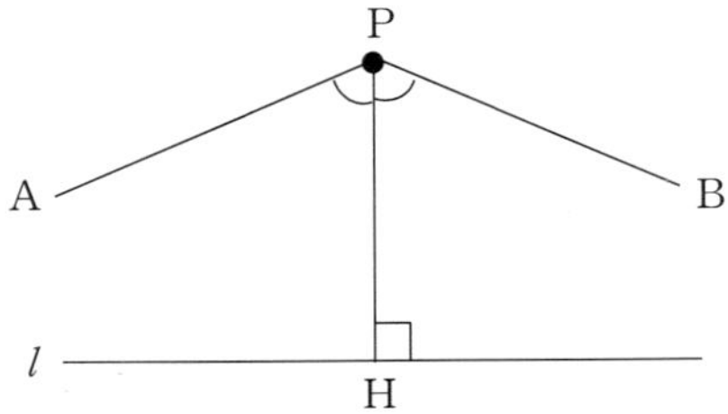

∠APB의 내부를 지나는 직선은 l과 만나고, 그렇지 않은 직선은 모두 l과 만나지 않는다"

는 것을 평행선공리 대신 취하고, 다른 공리는 그대로 둔 채로 기하학을 전개하였다.

이와 같이 하면, 사케리의 (2) 예각 가정의 경우에 대응하는 기하학이 얻어지는데, 이 기하학에서 성립하는 명제로서는 다음과 같은 것이 있다.

(i) 삼각형의 합동정리.
(ii) 삼각형의 내각의 합은 2직각보다 작다.
(iii) 삼각형의 면적은 $2\angle R$에서 내각의 합을 뺀 차에 비례한다.

이때의 비례상수를 k라 두면, 삼각형의 면적이 $2k\angle R$보다 작아지는 결과로, 평면 자신의 면적이 제한되는 결과를 가져온다.

유클리드의 평행선공리를 인정하는 기하학을 **유클리드 기하학**이라 부르는 데 비하여, 이 공리를 위와 같이 부정하여 새로 만든 기하학을 **로바쳅스키-보요이의 비유클리드 기하학**이라 부른다.

로바쳅스키는 폴란드계 러시아인으로 카잔대학교를 나온 뒤, 그 학교의 교수와 총장을 지냈으며, 그의 기하학을 여러 학회나 논문으로 발표하였으나, 사람들의 공감을 얻지 못한 채 세상을 떠났다.

야노쉬 János 보요이는 가우스의 친구였던 헝가리 수학자 파르카쉬 보요이 Farkas Bolyai(1775-1856)의 아들로, 청년 장교 시절에 아버지가 실패한 바 있는 평행선공리의 연구에 집념하여, 아버지 책의 부록에 《절대기하학》이라는 이름으로 자신의 업적을 발표하였다. 그의 결과도 생전에는 사람들의 이해를 받지 못했다.

로바첸스키

보요이

보요이는 군인으로서의 교육을 받았으나, 심원한 수학자로서, 바이올린의 명연주자로서, 펜싱의 명수로서 명성을 지니고 있었다. 한 번은 13명의 장교들과 펜싱 시합을 했는데, 시합이 한번 끝날 때마다 바이올린 한 곡을 연주한다는 조건이었고, 결과적으로 13명에게 모두 이겼다 한다.

로바첸스키와 보요이의 업적은 몇십 년 동안 잊혀져 있다가 1867년경에 비로소 수학자들의 주의를 끌게 되었다. 그리하여 1894년에는 오랫동안 잊혀져 있던 보요이의 묘 위에 기념비가 세워졌다. 1893-95년 사이에는 전 세계의 과학자들이 모금한 로바첸스키 기금이 성립하여, 그 일부는 기하학 연구를 위한 세계적인 상금으로 쓰이고, 일부로 카잔대학교 안에 로바첸스키의 반신상이 세워졌다.

그런데 서로 다른 가정에서 출발하는 두 기하학이 동시에 성립한다는 일이 있을 수 있을까? 만약에 유클리드 기하학이 옳다면, 비유클리드 기하학은 거짓이 되는 것이 아닌가? 또 만약에 비유클리드 기하학이 옳다면, 유클리드 기하학이 거짓이 되는 것이 아닌가?

이 문제는 **케일리** Cayley(1821-95), **벨트라미** Beltrami(1835-1900), **클라인** Klein(1849-1925), **프왕카레** Poincaré(1854-1912) 등에 의하여, 유클리드 기하학 안에서 비유클리드 기하학의 모형을 만든다는 꼴로 해결되었다.

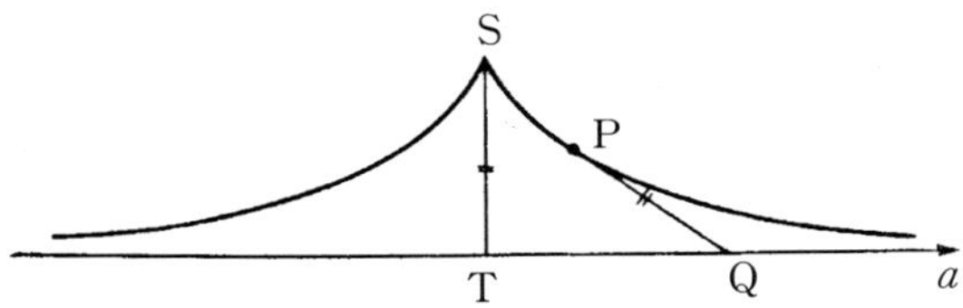

이제 벨트라미가 만든 모형을 들어 보자. 한 마리의 개의 목에 길이 l인 줄을 달고, 줄의 다른 끝을 쥐고 자전거로 달린다고 하자. 위의 그림에서 개가 S, 자전거가 T의 위치에서 출발하여, 직선 a 위를 화살표 방향으로 달린다고 하면, 개가 그리는 곡선은, 점 P에서의 접선과 직선 a와의 교점을 Q라 하면 PQ가 일정한 길이 l인 곡선으로서, 이것을 추적선(追跡線, tractrix)이라 부른다.

이 곡선을 직선 a 둘레로 회전시켜서 얻어지는 곡면을 **벨트라미 곡면** 또는 **의구**(擬球)라 부른다. 벨트라미는, 이 곡면 위에서 보통의 점을 "점", 두 점 사이의 최단거리를 주는 곡선 즉 측지선을 "직선", 두 점 사이의 측지선에 따라 잰 거리를 두 점 사이의 "거리"로 보고, 또, 이 곡면을 자기 자신에게 겹치는 변환을 "운동"이라 봄으로써, 이 곡면 위에서 로바쳅스키-보요이의 비유클리드 기하학이 성립함을 보였다.

이것은, 유클리드 기하학 속에서 비유클리드 기하학의 모형을 만

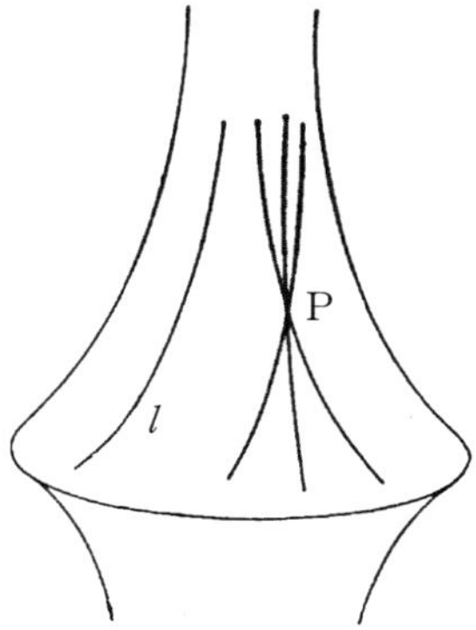

든 것이 된다. 따라서 만일에 유클리드 기하학이 옳다면, 비유클리드 기하학도 옳아야 한다. 이와 같이 하여, 비유클리드 기하학이라는 것이, 이 경우에는 실은 유클리드공간 속의 특수한 곡면 위에서 성립하는 기하학임을 알게 되었다.

한편, 프왕카레가 만든 로바쳅스키-보요이의 기하학의 모형은 미분방정식 등 다른 부분에도 활용되는 것인데, 그림에서 주어진 원 C의 내부를 D라 하고, "점"은 보통의 점을, "직선"은 C와 직교하는 원의 D 안의 부분(원호)을 가리키는 것으로 한다. 그러면 직선 l 밖의 한 점 P를 지나 l에 평행인 직선은 무수히 존재하게 된다.

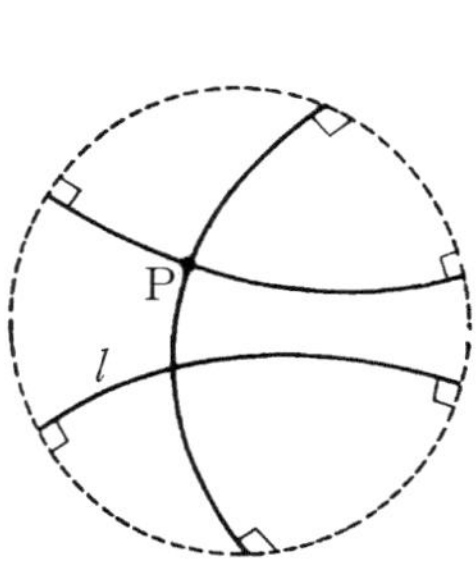

리이만의 기하학

리이만

위에서 본 비유클리드 기하학은, 사실은 유클리드공간 속의 특수한 곡면 위에서의 기하학처럼 보인다. 이에 대하여, 가우스는 일반적인 곡면 위에서의 기하학을 연구하였는데, 말하자면 굽은 2차원공간의 기하학이라 말할 수 있겠다. 이에 대하여 리이만 Riemann(1826-66)은 1854년의 대학 강사취임논문《기하학의 기초를 이루는 가정에 대하여》에서, 굽은 일반화된 n차원 공간(n차원다양체)의 기하학을 연구하기 시작하였다. 이 같은 공간은 오늘날 **리이만공간**, 그 기하학을 **리이만 기하학**이라 부른다.

이 연구에서, 리이만은 사케리의 (3) 둔각 가정의 경우에 대응하는 비유클리드 기하학을 시사하였는데, 그 모형은, 한 반구면을 "평면"으로 보고, 그 위의 대원을 "직선"으로 보고, 보통 점을 "점"이라 본 것이다. 그러면, ① 두 점이 지름의 두 끝이 아닐 때에는, 두 점을 지나는 직선은 단 하나뿐이고, 또, ② 서로 다른 두 직선은 반드시 두

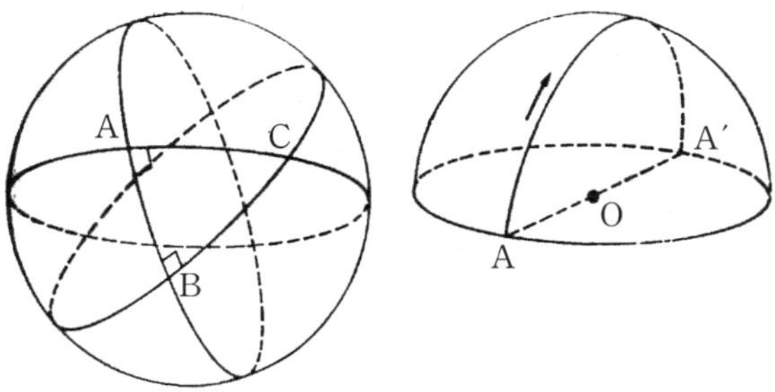

점에서 만나므로, 평행선은 존재하지 않게 된다. ① 때문에, 직선이 두 점으로 결정된다는 성질마저 성립하지 않으므로, 평면의 경계인 대원 위의 두 대칭점은 같은 점으로 본다.

이 기하학은 평행선공리뿐만 아니라 유클리드의 둘째 공리의 무한성마저 부정하여,

공리 2′. 직선의 길이는 유한이다(그러나 무종이다)

마저 가정한다. 이 기하학에서는 다음과 같은 결과를 얻게 된다.

(i) 서로 다른 두 점을 지나는 직선은 단 한 개뿐이다.
(ii) 서로 다른 두 직선은 반드시 두 점에서 만난다.
(iii) 삼각형의 내각의 합은 $2\angle R$보다 크다.

이리하여, 사케리가 생각한 세 가지 경우에 각각 옳은 기하학이 하나씩 태어남을 보았는데, 이들을 다음 표와 같이 비교 정리한 것은 **클라인** Klein(1849-1925)이다.

이 같은 기하학들의 존재가 알려진 것은 사실은 1855년에 가우스가 죽은 뒤이다. 그의 전집이 차례로 발표되면서, 비로소 비유클리드 기하학을 가우스, 로바쳅스키, 보요이가 발견하였음을 알게 된 것이

	타원기하학	포물선기하학	쌍곡선기하학
직선 밖의 한 점을 지나는 평행선	없다	하나	무수히 많다
삼각형의 내각의 합	$>2\angle R$	$=2\angle R$	$<2\angle R$
사케리의 가정	둔각	직각	예각
	리이만	유클리드	로바쳅스키 등

다. 또, 리이만의 취임강연은 1854년 가우스가 참석한 데에서 이루어졌는데, 거기에서 리이만이 새로운 비유클리드 기하학의 가능성을 시사하였음은 그가 죽은 뒤 1867년에야 밝혀졌다. 그 이후, 사람들은 이러한 기하학의 존재를 알게 되었으며, 그것이 수학적으로 실재하는 것임을 이해하게 된 것은 젊은 클라인의 탁월한 통합과 직관의 덕이다.

비유클리드 기하학의 세 가지 모형을 보면, 한 기하학의 공리계의 타당성으로부터 필연적으로 다른 기하학의 공리계의 타당성이 얻어진다. 따라서 이들 세 기하학은 서로 공존하는 한편, 서로 용납하지 않는 배타적인 관계에 있다. 그러므로 기하학을 현실적인 공간에 관한 과학으로 해석할 수는 없게 되었다. 그리하여, 리이만의 견해에 따라 기하학의 공리계는 어떤 집합체에 관한 가정의 모임으로서, 이것으로부터 연역적인 추론으로 얻어지는 명제의 체계가 기하학이라는 근대적인 공리주의의 입장이 나타났다. 어떤 기하학이 참이냐 하는 것은 문제가 되지 않는다. 우리들의 현실적인 물리적 공간이 어느 기하학의 체계에 따르는가 하는 문제가 생기겠으나, 이는 물리과학의 영역에 속하는 것이다.

한편, 앞에서 말한 일반적인 리이만 기하학은 그 뒤 리치 Ricci (1853-1925)와 레비 치비타 Levi-Civita(1873-1941) 등이 발명한 텐서 tensor 해석을 쓰는 미분기하학의 방법으로 더욱 깊이 연구되었다. 아인슈타인 Einstein(1879-1955)은, 1916년에 일반상대성이론을 세움에 있어, 즉, 관측자가 시간-공간 안에서의 자신의 좌표계를 가진다는 것을 설명하는 데 리이만 기하학과 리치 등의 연구 방법을 이용하였다. 그리하여, 작은 범위 안에서는 우리의 현실적 공간은 유클리드공간이라 하여도 지장이 없으나, 우주 전체를 생각하는 천문학적 크기에서는 리이만공간을 가정할 것이 요구된다.

이리하여 유클리드 기하학만이 실재와 맞는다는 생각은 버려야 하게 되었다. 1872년에 클라인은 모든 기하학에는 유클리드 기하학에서의 합동과 같은 전단사사상들의 군이 대응된다는 것을 보였고, 20세기에 들어와 **힐버트** Hilbert (1862-1943)는 기하학의 공리에 관한 논리적 분석을 통하여, "점, 직선, 평면"은 정하기 나름이며, 집합과 관계를 써서 논리적으로 기하학이 건설되어야 할 뿐, 그림은 논리의 예를 든 것에 불과한 것임을 밝혔다.

> 인간의 어떠한 탐구도 수학적인 증명을 거친 것이 아니면 참된 과학이라 부를 수 없다. —레오나르도 다 빈치

4. 해석기하학

해석기하학의 발견

16세기 후반까지도 수학의 대종은 기하학이었으며, 대수학은 기하학 또는 상업에서 나타나는 간단한 실제문제에서 얻어지는 한 개 두 개의 미지수를 가지는 방정식의 풀이 정도에 불과했다. 그러다가 대수학이 기하학에 큰 기여를 할 수 있음이 인식된 것은 17세기가 시작되면서부터였다.

이 거창한 진보는 해석기하학의 발견인데, 그 선구적인 지식은 역시 그리스로까지 거슬러 올라간다.

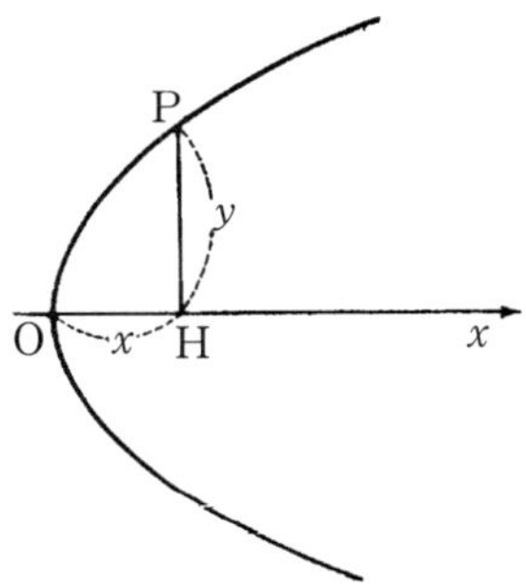

그리스인들은 포물선 위의 한 점 P에서, 그 축 Ox에 내린 수선의 발을 H라 하고,

$$\mathrm{OH} = x, \quad \mathrm{HP} = y$$

라 하면, l이 어떤 선분의 길이일 때

$$y^2 = lx$$

꼴의 식이 성립하는 것을 알고 있었다. 그들은 다시 타원이나 쌍곡선에 대하여도 비슷한 식이 성립하는 것을 알고 있었다.

여기에서 주의할 것은, 그리스인들은 이들 방정식에 있어서의 x, y, l과 같은 문자는 선분의 길이를 나타낸 것이므로, lx는 l과 x를 서로 이웃하는 두 변으로 가지는 직사각형의 면적을 나타내며, y^2은 y를 한 변으로 가지는 정사각형의 면적을 나타내는 것으로 생각했다는 점이다. 따라서 $y^2 = lx$라는 방정식은 y를 한 변으로 가지는 정사각형의 면적이, l과 x를 두 변으로 가지는 직사각형의 면적과 같다는 것을 나타내는 식이었다. 그러므로 그들에게는 $y^2 = x$와 같은 식은 무의미한 것이었다. 왜냐하면, 이 식의 좌변은 면적을 나타내고, 우변은 길이를 나타내므로, 면적과 길이는 같을 수 없다고 생각했기 때문이다.

한편, 해석기하학의 방법을 의도적으로 쓰기 시작한 사람은 페르마 Fermat(1601-65)와 데카르트 Descartes(1596-1650)이다. 데카르트는 17세기의 대표적인 철학자이다. 흔히 사람들은 "데카르트는 좌표법을 발명하여, 이것으로써 도형을 수로 귀착시켰다"고 말한다. 그러나 그의 저서들을 살펴보면 좌표축이나 좌표라는 용어가 나타나 있지 않으며, 실제로 좌표(coordinates)라는 용어는 한 시대 뒤에 라이프니츠가 창작한 말인 것이다. 더구나 좌표의 아이디어조차도 데카르트가 시작한 것이 아니라, 그보다 약간 앞선 페르마 편이 훨씬 치밀하

데카르트

고 조직적이다. 실제로 좌표의 아이디어는 멀리 그리스의 아폴로니우스까지 거슬러 올라간다. 입체해석기하학의 경우는 1657년 **판 스쿠텐** van Schooten(1615?-61)이 분명히 밝히고 있다. 한편 우리들이 익숙하게 쓰는 좌표법은 19세기 이후의 것이다. 또 데카르트나 페르마의 연구에서는 음수를 받아들이지 않았으므로 완전히 대수적이라 볼 수 없으며, 그 뒤의 사람들이 해석기하학에 음수를 도입함으로써 해석학과 기하학의 진보의 초석이 되었다.

페르마와 해석기하학

페르마는 아폴로니우스의 《원뿔곡선론》을 자세히 연구하여 점의 좌표라는 개념을 확립했고, 어떤 도형 위의 점의 좌표가 만족하여야 하는 방정식을 이 도형의 방정식이라 불렀으며, 어떤 방정식을 만족하는 좌표를 가진 점의 자취(궤적)를 이 방정식이 나타내는 도형이라 불러서, 오늘날의 해석기하학의 기초를 확립시켰다.

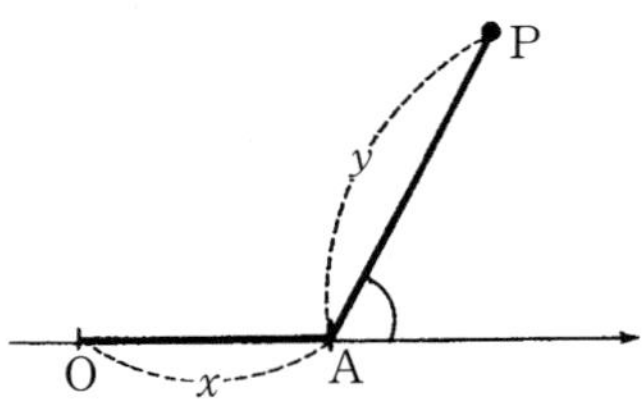

그는, 평면 위의 점의 좌표를 정하는 데, 먼저 이 평면 위에 한 직선을 긋고, 그 위에 한 정점 O를 정하고, 이 직선에 O에서 일정한 방향으로 향하는 향(向)을 붙인다. O를 **원점**, 이 직선을 **축**이라 불러 두자.

이와 같이 한 뒤에, 평면 위의 임의의 한 점 P가 주어졌을 경우에, P에서 어떤 일정한 방향으로(보통은 위에서 생각한 축에 수직으로) 직선을 그어, 이미 그어져 있는 축과의 교점을 A라 한다. 그리고

$$\mathrm{OA} = x \text{ 와 } \mathrm{AP} = y$$

를, 점 P의 **좌표**라 부르고, 이것을 $\mathrm{P}(x, y)$로 나타낸다.

역으로 (x, y)라는 길이의 쌍이 주어져 있을 경우, 점 O에서 축 위를 지정된 향으로 x만큼 나아가 점 A에 도달하고, A에서 다시 정해진 방향으로 y만큼 나아가 점 P에 도달했다면, P는 (x, y)를 좌표로 가지는 점이다.

페르마는, 이 같은 좌표를 써서 여러 가지 직선의 방정식을 구하였고, 또 원뿔곡선의 방정식도 구하였다.

그러나 여기에서 주의할 것은, 페르마는 그리스인들과 마찬가지로, 방정식의 동차성을 고집하였다는 점이다.

즉, 그가 다룬 방정식 중에 나타나는 문자 x, y, a, b 등은 모두 선분의 길이를 의미하는 것으로서, x^2은 한 변이 x인 정사각형의 면적을, ab는 a와 b를 두 변으로 가지는 직사각형의 면적을, abc는 a, b, c를 한 꼭지점에 모이는 세 모서리로 가지는 직육면체의 체적을 나타내는 것으로 생각했다. 따라서 $x+y=a$ 같은 것은 길이의 합이 길이와 같다는 것을 나타내는 것이며, $bx+ay=ab$는 면적의 합이 면적과 같음을 나타내는 의미를 가졌다고 생각했으나, $bx+ay=abc$와 같은 식은, 면적의 합이 체적과 같다는 것을 나타내므로, 의미가 없는 것이라 생각했다. 즉, 방정식은, 길이와 길이, 면적과 면적, 체적과 체적이 같다는 것을 나타내야 하므로, 소위 동차식이

되어야 한다고 생각했다. 따라서 이는 아직도 그리스의 전통에 따른 것이며, 모든 대수학적 연산에 기하학적 연산이 대응되어 있다고는 볼 수 없다.

페르마

페르마

페르마 Fermat (1601-65)는 프랑스 툴루즈 근처의 피혁점에서 태어나 법학을 공부한 뒤에 변호사가 되고, 1631년 이래 지방의회 의원이 되었다. 30이 지난 뒤 수학에 흥미를 가져 여가에 수학을 연구하고 주로 편지에만 결과를 남겼다. 그의 노트나 편지에 실린 수학이 1679년에 아들 (Samuel)의 손에 의하여 출판되었다.

디오판토스의 책에 자극되어 정수론을 연구한 결과는 근대의 정수론을 일으켰고, 아폴로니우스의 원뿔곡선론을 공부하여 해석기하학을 연구했고, 접선법, 극값법, 구적법을 논하여 미적분학의 선구자가 되었다. 광학에 있어서의 광선의 통로에 관한 법칙도 유명하다.

"n이 2보다 큰 자연수일 때

$$x^n + y^n = z^n$$

을 만족시키는 정수해 x, y, z ($xyz \neq 0$)는 없다"

는 명제를 페르마의 대정리 또는 마지막 정리라 부른다 (1637년경). $n=2$인 경우가 피타고라스의 정리에 해당되며, 가령 $x=3$, $y=4$, $z=5$가 그 같은 해가 된다. 페르마가 디오판토스의 책의 라틴어 번역판에 피타고라스의 정리에 관련하여 위의 결과를 써 넣고, 이어 이 증명을 적기에는 책의 여백이 너무나 좁다는 유명한 말을 남겨 놓았다.

페르마 자신이 이 정리의 증명을 과연 가지고 있었는가 알 수 없다. 그 뒤 수많은 학자들의 노력에도 불구하고 최근까지 특수한 몇 경우밖에 증명되지 못하다가 1995년 프린스턴대학교의 영국인 교수 와일즈 Andrew Wiles(1953-)가 완전히 증명하였다 (⇨ *p*.345).

데카르트와 해석기하학

위에서 본 바와 같이, 대수학에서 $a+bc$ 와 같은 식은 뚜렷한 뜻을 가지고 있었으나, 기하학에서는 길이와 면적을 더한다는 것은 의미를 가지지 않는다고 생각한다면, 대수학의 연산과 기하학의 연산 사이의 대응은 있을 수가 없게 된다. 오늘날과 같은 해석기하학을 세우기 위해서는 이 같은 장애를 제거할 필요가 있었는데, 이를 수행한 것이 데카르트이다.

데카르트의 연구 대상은 길이, 면적, 체적이 아닌 수 자체였다. 그는 길이, 면적, 체적을 구별하지 않았으며 이들을 수값으로 표현되어야 하는 것으로 생각했다. 따라서 그리스인이나 페르마가 문제삼았던 방정식의 동차성은, 그에게는 전혀 상관없는 것이었다.

그리스인이나 페르마에게는, 예컨대 a, b는 모두 선분의 길이를 나타내고 있었으므로, ab는 a와 b를 두 변으로 가지는 직사각형의 면적을 뜻하는 것이었다. 그러나 데카르트에게는, 1이라는 길이만 정해 두면 a, b는 그것을 단위로 하여 잰 수값을 나타내고, 따라서 ab는 두 수를 곱한 수값을 나타내는 데 불과하다. 즉, 데카르트에게는 ab는 단순히 비례식

$$1 : a = b : ab$$

에 있어서의 제4항을 뜻하는 것에 불과하다. 따라서 1을 나타내는 길이와 a, b를 나타내는 길이가 주어져 있으면, ab를 나타내는 길이는 아래 그림과 같은 작도로 용이하게 기하학적으로 얻어진다.

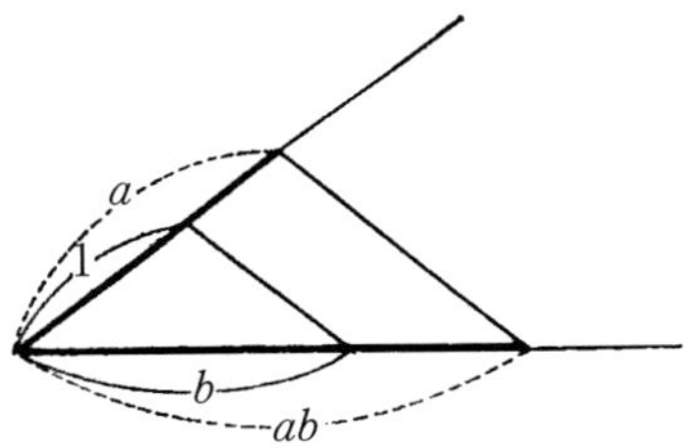

또, 데카르트 이전의 사람들에게는 a가 선분의 길이를 나타낸다고 생각하는 한, $\sqrt{a}$는 의미를 가질 수 없었으나, 데카르트는 1을 나타내는 길이와 a를 나타내는 길이가 주어져 있는 경우, $\sqrt{a}$를 나타내는 길이를 아래 그림을 써서 작도하고 있다.

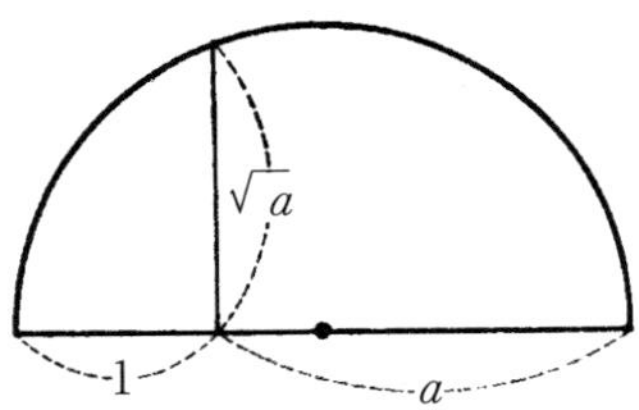

이처럼, 데카르트에게는, 선분의 길이에 대수학의 연산을 시행한 결과도 역시 선분으로 나타나므로, 대수학의 연산과 기하학의 연산 사이에 완전한 1 대 1 대응이 존재하고, 따라서 대수학에 있어서의 모든 방법이 그대로 기하학의 연구에 사용될 수 있게 된 것이다.

이와 같이, 페르마가 도입한 좌표, 도형의 방정식, 방정식이 나타내는 도형 등의 개념에 관한 올바른 견해와, 데카르트의 대수학적 연산과 기하학적 연산 사이의 대응에 관한 발견이 합쳐져서 오늘날의 멋진 해석기하학이 나타나게 된 것이다.

그런데 페르마와 데카르트는 "해석기하학"이라는 낱말을 사용한 적이 없고, 이 이름이 나타난 것은 그보다 훨씬 뒤인 **라크르와** Lacroix (1765-1843) 부터이며, 해석역학이 정립된 뒤이다. 오늘날에는 해석학이라는 말이 미적분학처럼 극한의 개념을 다루는 분야 전반을 가리키는 말로 쓰이지만, 본래의 뜻인 analysis 라는 말은 "분석한다"는 뜻 이외에도 "셈에 의하여 답을 발견한다"는 의미를 내포하고 있었다. 따라서 도형을 완전히 대수학적 연산으로 바꾸어 계산함으로써 결과를 얻는다는 뜻에서 해석기하학이라는 말이 생겨난 것이다.

페르마와 데카르트는 곡선의 접선, 법선 등과 같은 미분학의 선구적인 개념에 관하여도 연구했다.

2차곡선

해석기하학에서는 원뿔곡선을 2차곡선이라 부르기도 한다. 그것은 원뿔곡선들이 좌표평면 위에서 x, y에 관한 2차방정식으로 표시되기 때문이다.

일반적인 2차방정식

$$ax^2+2bxy+cy^2+dx+ey+f=0$$

으로 표현되는 도형은

(1) 원뿔곡선 세 가지 중 하나,

(2) 한 직선 또는 두 직선,

(3) 한 점

(4) 허상

중 하나이다.

예를 들면, (2) $x^2=0$ 또는 $x^2=1$(평행인 두 직선) 또는 $xy=0$, (3) $x^2+y^2=0$(원점), (4) $x^2+1=0$ 또는 $x^2+y^2+1=0$과 같다.

위의 일반 2차방정식이 원뿔곡선이 되는 (1)의 경우에는,

① 좌표축을 회전함으로써

$$ax^2+2bxy+cy^2$$

부분을 xy가 없는 꼴로 고치면,

$$Ax^2+By^2,\ Ay^2,\ Ax^2-By^2\ \ (A,\ B\text{는 양의 상수})$$

중 하나로 나타난다.

② 다음에 평행이동을 시행하면

$Ax^2 \pm By^2$일 때는 x, y항이 없는 꼴로,

Ay^2일 때는 y의 항과 상수항이 없는 꼴로

고침으로써 타원, 쌍곡선, 포물선의 표준형 중 하나로 나타낼 수 있다. 자세한 것은 해석기하학이나 선형대수학 교과서를 읽어 주기 바란다.

> 수학의 진보와 개선은 국가의 번영을 좌우한다.
>
> —나폴레옹

5. 사영기하학

투시법과 사영기하학

르네상스 시대의 이탈리아에 있어서는 조형미술이 크게 발달하였다. 그 당시 교회의 건축에 종사했던 사람들은 실용적인 입체기하학을 필요로 했으므로 실용적인 기하학의 발전을 가져왔다. 또, 회화나 조각의 진보에 따라 그 당시까지의 화법에도 반성이 일어나 원근을 고려에 넣는 화법, 즉 원근법 또는 투시법이 나타나게 된다.

투시법이란, 우리가 보고 있는 물체를, 눈에 보이는 그대로 한 장의 종이 위에 재현하는 방법이다. 그러기 위해서는, 우리들의 눈과 우리들이 보고 있는 물체 사이에 한 평면을 놓고, 우리들의 눈과 물체 위의 임의의 점을 연결하는 직선을 생각하여, 그 직선들을 이 평면으로 자른 점을 이어감으로써 단면도를 그려 가면 된다.

예를 들어, 수평인 평면 P 위에 한 정사각형 ABCD가 있다면, 우리들의 눈 S와 평면 P 사이의 한 평면 P'을 두고, 직선 SA, SB, SC, SD와 평면 P'과의 교점을 각각 A′, B′, C′, D′이라 할 때, A′B′C′D′이 정사각형 ABCD의 **투시도**가 된다. 이 경우에, 다음 그림에서, A′D′은 B′C′보다 짧게, 또 평행인 두 직선 AB와 DC는 점 V에서 만나는 두 직선 A′B′과 D′C′처럼 보이게 된다. 사진을 찍으면, 평행인 철도 선로가 한 점에서 만나는 것처럼 보이는 것은 우리들이 일상 경험하는 바와 같다. 이 같은 점 V를 **소실점**이라 부른다.

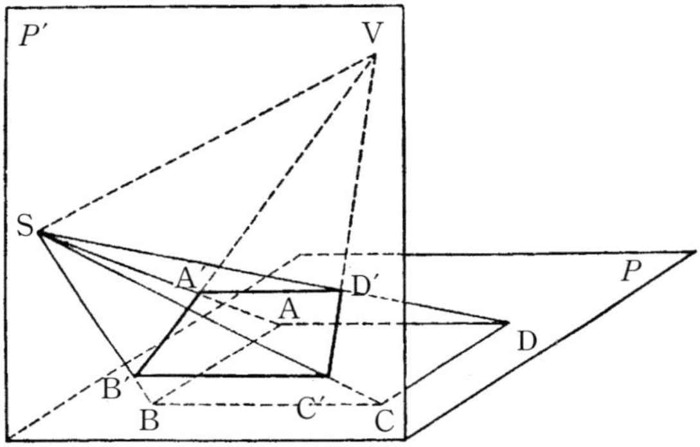

당시에 이 투시법을 연구한 사람으로는 이탈리아의 **알베르티** Alberti(1404-72), **프란체스키** Francesc'hi(1420-92) 등이 있으며, 크게 공헌한 사람으로는 예술가이며 과학자이었던 **레오나르도** Leonardo da Vinci(1471-1519)가 있다. 이 투시법을 화가 **뒤러** Dürer (1471-1528)가 독일에 도입하였다.

투시법에 나타나는 바와 같이, 두 고정된 평면 P, P'과 그 위에 있지 않는 고정점 O를 두고, P 위의 도형 F의 각 점 X에 대하여 직선 OX와 P'과의 교점 X′을 대응시키면, X가 도형 F를 그릴 때, X′은 P' 위에서 도형 F'을 그리게 된다. 이같이 하여 정해지는 평면 P에서 P'으로의 함수를 **사영변환**이라 부른다.

OX가 평면 P'과 평행일 때, OX와 평면 P'은 만나지 않으나, 이때 X에 대응되는 점은 무한원점이라 약속한다.

이 같은 사영변환에 의하여 불변인 도형의 성질을 조사하는 기하학이 바로 **사영기하학**이다. 사영변환에 의하여 직선은 직선으로, 두 직선의 교점은 두 직선의 교점으로, 도형의 내부는 도형의 내부로 각각 옮겨간다. 그러나 사영변환에 의하여 길이나 꼴은 보존되지 않

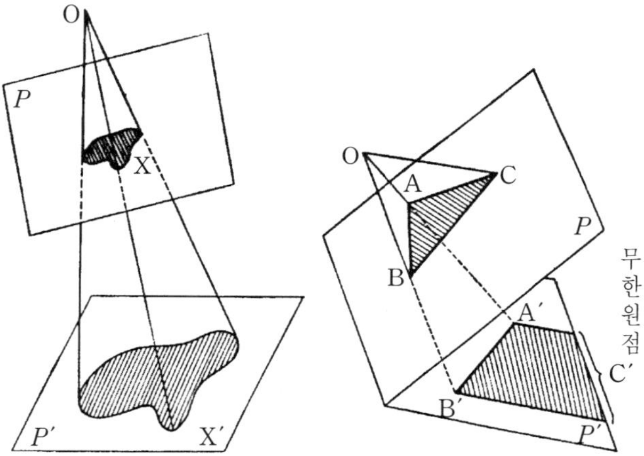

는다. 또 사영기하학에서는 평면 위의 어떤 두 직선도 한 점을 공유한다.

사영기하학의 역사

위에서 본 실용적인 기하학은 17세기에 들어오면서 더욱 발전되었다. 케플러가 죽은 지 9년 뒤인 1639년에 프랑스의 기술자, 건축가이며 한때 육군 장교였던 **데자르구** Desargues (1591-1662)가 파리에서 원뿔곡선에 관한 독창적인 연구를 발표했으나 별 관심을 끌지 못하고 곧 잊혀졌다.

데자르구의 연구는 어디까지나 기술을 위한 직관적인 것이었으며, 그가 주로 사용한 방법은 역시 위에서 설명한 사영과 같은 개념이다. 그는 다음과 같은 유명한 데자르구의 정리를 남겼다.

"두 삼각형의 서로 대응되는 꼭지점을 잇는 세 직선이 한 점에서

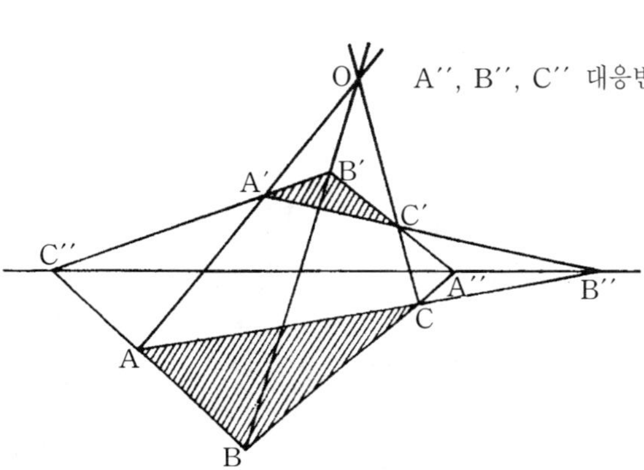

만난다면, 서로 대응되는 변들의 연장선의 교점은 한 직선 위에 놓인다. 또 그 역도 성립한다."

데자르구의 착상을 제대로 파악하여 더욱 발전시킨 사람이 바로 **파스칼** Pascal (1623-62) 이었다. 그는 고작 16세 때에《원뿔곡선 시론》이라는 책을 썼는데, 그 속에서 그의 연구가 데자르구의 업적에 크게 의존하고 있다고 밝혔으며, 앞에서 설명한 바 있는 유명한 정리를 증명하였다 (⇨ *p*.127). 2, 3년 후에 그는 계산기를 만들었고, 역학과 물리학의 연구도 시작하였다. 1648년에는 원뿔곡선에 관한 종합적인 미발표 원고를 썼다.

그러나 데자르구와 파스칼 두 사람이 개발한 이 같은 기하학은 미적분학과 해석기하학이 한창 연구되던 시대적인 조류 때문에 구석으로 몰릴 수밖에 없었다.

파스칼의 정리는 이미 **파푸스** Pappus (320?) 가 발견한 정리와 같은 맥락의 것이다. 즉,

"두 직선 f, g가 있을 때 f 위의 세 점 1, 3, 5와 g 위의 세

점 2, 4, 6을 1 2 3 4 5 6 1의 차례로 연결하면, 이 육각형의 맞변 12와 45의 교점 7, 23과 56의 교점 8, 34와 61의 교점 9는 동일직선 h 위에 있다."

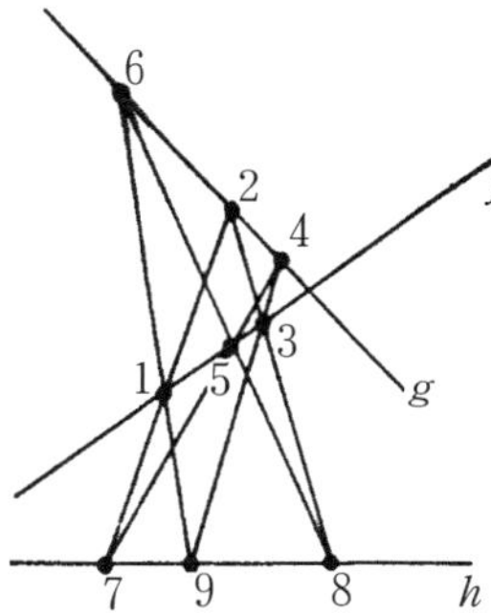

1 5 3

4 2 6

8 9 7

파스칼의 것은 이 6개의 점이 한 원뿔곡선 위에 있는 경우였으나, 파푸스의 것은 두 직선 위에 있는 경우이다. 여러분은 두 직선이나 한 원뿔곡선이 모두 2차곡선의 특별한 경우인 것을 알므로(⇨ *p*.154), 두 정리는 사실은 같은 뿌리를 가진 것이다.

데자르구의 정리와 파푸스의 정리는 사영기하학의 기본 정리로 알려져 있다.

파스칼의 연구 후 2세기가 지난 뒤 샤를르 Charles (1793-1880)가 데자르구의 논문의 필사본을 발견함으로써 비로소 그의 업적이 인정을 받게 되었다.

이 같은 도형의 사영적 성질은, 다시 프랑스의 공병 장교 퐁슬레 Poncelet (1788-1867)가 연구하였다. 퐁슬레는 나폴레옹의 러시아 원정에 출정하여 포로가 되었는데, 감옥 속에서 자신의 사상을 정리하여 《도형의 사영적 성질에 관한 논술》을 지었다. 이것이 사영기하학을 체계적으로 저술한 최초의 논문이다. 그 뒤로, 도형의 사영적 성질을 연구하는 기하학을 사영기하학이라 부르게 되었다.

사영기하학의 틀이 잡힌 뒤, 퐁슬레를 비롯한 여러 학자들이 많은 정리를 예언했지만, 그것을 증명하는 데 많은 어려움이 따랐다.

오늘날의 대수기하학이라는 것은 해석기하학이나 사영기하학이 발전된 형태라 볼 수 있겠다. 한마디로 말하면, **대수기하학**이란 다원 고차연립방정식의 해집합의 구조를 연구하는 기하학의 한 분야이다. 예를 들면, 2원 m차방정식의 해집합인 평면 m차곡선이나 3원 n차방정식의 해집합인 n차곡면 같은 것을 연구하는 것이다.

군과 기하학

평면이나 공간에 좌표를 도입한 것은 유클리드의 기하학을 대수적으로 다루는 해석기하학을 발전시켰다. 공간의 모든 점들의 집합에서 자기 자신으로의 1 대 1 대응을 관례상 한 **변환**이라 부른다. 편의상, 좌표평면에 대하여 생각해 보자. 두 변환 σ, τ가 있을 때, 처음에 변환 τ를 행하고 다음에 변환 σ를 행한 것을 $\sigma \circ \tau$라 쓰기로 하자.

좌표평면 위에서 점 (x, y)에 점 (x', y')을 대응시킬 때,

$$x' = x + p \ , \ \ y' = y + q$$

는 x축의 방향으로 p 만큼, y축의 방향으로 q 만큼 평행이동시키는 변환을 나타내고 있다.

이 같은 평행이동 전체 T는 위의 연산 $\circ$에 관하여 한 아벨군을 이룬다. 이때의 단위원은 항등변환 $x' = x$, $y' = y$이다.

마찬가지로, 원점을 중심으로 하는 닮음비 k인 닮음변환은

$$x' = kx, \quad y' = ky$$

로 나타난다. 또, x축 방향으로 a배, y축 방향으로 b배만큼 확대 또는 축소하는 변환은

$$x' = ax, \quad y' = by$$

로 나타난다.

닮음변환 전체 S도 한 아벨군을 이루며, 항등변환이 단위원이다.

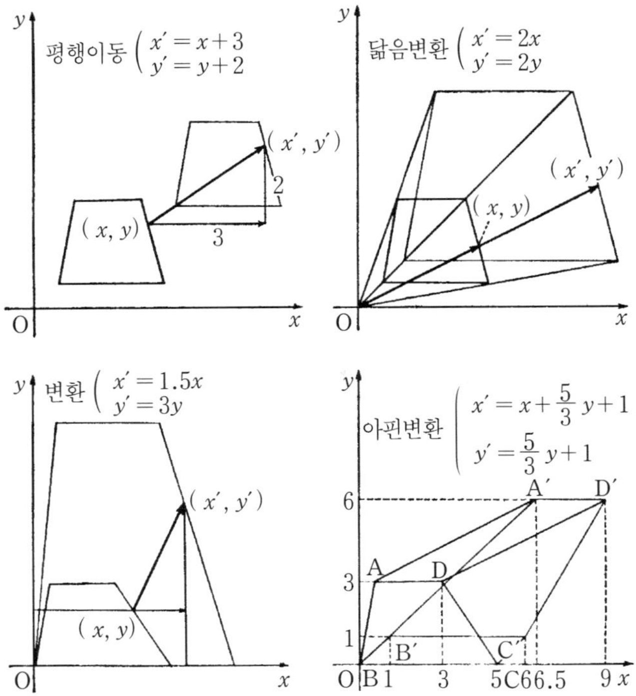

또 원점 둘레로 각 θ만큼 회전시킨 변환

$$x' = x\cos\theta + y\sin\theta, \qquad y' = -x\sin\theta + y\cos\theta$$

전체의 집합 U도 아벨군이 된다.

다시 평행이동과 회전을 함께 한 변환

$$\begin{cases} x' = x\cos\theta + y\sin\theta + p \\ y' = -x\sin\theta + y\cos\theta + q \end{cases}$$

전체의 집합 V도 군을 이루는데, 이는 가환이 아니다.

V의 원소인 임의의 변환에 의하여, 예컨대 곡선의 방정식의 꼴은 바뀌지만, 두 점 사이의 거리, 각의 크기, 도형의 면적 등은 불변이다.

이들 변환을 일반화한

$$\begin{cases} x' = ax + by + p \\ y' = cx + dy + q \end{cases} \qquad (\text{여기에서, } ad - bc \neq 0)$$

꼴의 변환을 **아핀** affine **변환**(擬似變換)이라 부르는데, 이들 전체는 가환 아닌 군을 이룬다. $ad = bc$일 때는 (x', y')의 집합이 항상 직선 위에 놓이게 되기 때문에 제외한 것이다. 이 변환에 의하면, 직선은 직선으로 보내지고, 평행선은 평행선으로 보내진다. 그러나 선분의 길이나 각의 크기는 보존되지 않는다. 또, 2차곡선은 2차곡선으로 보내지는데, 타원은 타원으로, 쌍곡선은 쌍곡선으로 보내지며, 원은 원 또는 타원으로 보내진다.

도형의 성질 중, 아핀변환에 의하여 변하지 않는 것을 연구하는 기하학을 **아핀기하학**(의사기하학)이라 부른다. 예를 들면, 아핀변환에 의하여, 어떤 선분의 내분점의 내분비의 값은 그대로 유지되며, 따라서 삼각형의 무게중심에 관한 정리는 아핀기하학에서는 그대로 성립한다. 또, 데자르그의 정리 (⇨ p.157) 는 아핀기하학에서도 성립한다.

클라인

19세기 후반까지는 유클리드 기하학, 비유클리드 기하학, 사영기하학, 아핀기하학 등 여러 가지 기하학이 알려져 있었다. 또, **클라인** Klein(1849-1925)도 **리** Lie와 함께 구면기하학이라는 것을 만들어 연구하고 있었다. 그리하여, 그는 이들 여러 가지 기하학을 무엇인가 하나의 통일적인 관점에서 분류할 수 없을까 생각하였다. 그 결과가 클라인이 1872년에 에를랑겐대학의 교수로 취임할 때의 논문인 **에를랑겐 프로그람** Erlanger Programm이다. 여기에서는 군(群)의 개념이 주요한 역할을 한다.

유클리드 기하학에서는 도형의 합동이라는 것이 주요한 연구 대상이다. 이것은 두 도형이 소위 합동변환 (또는 유클리드의 강체 (剛體) 운동)으로 겹쳐질 수 있다는 뜻이다. 여기에서, 합동변환이란 평행, 대칭, 회전이동을 유한 번 거듭한 것이다. 이때, 이와 같이 겹쳐질 수 있는 (합동인) 도형에 공통인 성질은 무엇인가 하는 것을 추구하는 것이 바로 유클리드 기하학인 것이다.

이제 두 합동변환을 거듭한 결과도 합동변환이 되므로, 이 거듭하는 과정을 곱이라 생각하면, 합동변환 전체는 한 군이 됨을 안다. 단위원은 움직이지 않는 변환이라 생각하고, 곱의 결합법칙이나 역변환의 개념은 쉽게 얻을 수 있다. 따라서 어떤 기하학이든지 이와 같이 어떤 변환군이 있어, 거기에 속하는 변환으로써 서로 겹칠 수 있는 도형들에 공통인 성질을 추구하는 것이 기하학이라 생각할 수 있다.

가령, 아핀기하학은 역이 있는 1차변환 (평행이동 포함)으로 서로 겹칠 수 있는 도형에 공통인 성질(예: 평행성)을 연구한다. 사영기하학에는 사영변형이 대응된다. 각각의 비유클리드 기하학도 까다롭기는 하나 마찬가지 생각으로 특징지을 수 있다. 클라인은 이와 같은 생각으로 기하학을 통일적으로 다루는 데 성공하였다.

합동변환은 아핀변환의 일종이므로, 아핀기하학은 유클리드 기하학을 일반화한 것이라 볼 수 있다. 또, 사영변환은 아핀변환을 일반화한 것이고, 따라서 사영기하학은 아핀기하학을 일반화한 기하학이다. 한편, 비유클리드 기하학들은 사영기하학의 특수한 경우이다.

사영변환 전체, 아핀변환 전체, 합동변환 전체가 각각 한 군을 이루고, 뒤의 군이 앞의 군의 부분군이 됨을 써서

일반화 ↓		특수화 ↑
	합동변환군 — 유클리드기하학	
	아핀변환군 — 아핀기하학	
	사영변환군 — 사영기하학	
	위상변환군 — 위상수학	

과 같이 사영변환군의 부분군에 대응하여 여러 가지 기하학이 얻어지는 것이다. 이를 평하여 케일리 Cayley (1821-95) 는

"사영기하학은 모든 기하학이다"

라 말하였다.

클라인의 프로그람은 그때까지 알려져 있던 각종 기하학을 정리했을 뿐 아니라, 기하학의 새로운 발전에 대하여 그 지도원리로서 큰 역할을 하여 왔다. 그러나 오늘날에는 클라인이 생각했던 것보다 더 넓은 범위의 기하학들이 나타나 있다.

6. 위상수학

위상수학이란?

위상수학은 기하학의 한 분야로 시작되었으나, 1925-50 년 사이에 크게 일반화됨과 동시에, 수학의 수많은 다른 분야에 너무나 큰 영향을 주어 대수학, 해석학, 기하학과 나란히 순수수학의 기본적인 분야로 간주되고 있다. 오늘날, 위상수학은 대체로 연속성에 관한 수학적 이론이라 생각되고 있다. 기하학에서의 전통에 따르면, 위상수학은 도형의 성질 중 위상변환(위상동형)에 의하여 불변인 것을 연구하는 것이다. 여기에서 위상동형이라 함은 연속함수로서 연속인 역함수를 가지는 것을 가리킨다.

기하학에서 다루는 도형의 위상동형 전체는 한 변환군을 이루므로, 위상수학은 클라인의 에를랑겐 프로그램의 뜻에서 한 기하학이 되며, 사영기하학보다 일반적인 것이다. 도형의 성질 중 위상동형에 의하여 불변인 성질을 **위상적 성질**이라 부르고, 한 도형을 위상동형을 써서 변환하였을 때 얻어지는 다른 도형은 처음 도형과 위상동형이라 말하기도 한다.

도형에서 정의된 함수의 연속성을 말할 수 있기 위하여는, 그 도형을 집합이라 보았을 때 그 집합에 적당한 구조를 주어, 거기에 실수의 집합 $\boldsymbol{R}$ 에서와 같은 극한 개념을 줄 수 있어야 한다. 그러므로 우리는 극한과 연속의 본질을 연구할 필요가 생겨난다. 이런 것을 다루는 것이 위상수학이라 생각해 두기로 하자.

위상수학의 역사

위상수학의 오래된 연구는 역사상 띄엄띄엄 나타난다.

라이프니츠는 1679년에 호이겐스 Huygens(1629-95)에게 보낸 편지 속에서 "대수학이 양(magnitudo)을 다루는 데 비하여 직접 위치의 기하학(geometria situs)을 다루는 해석의 또 다른 분과가 필요할 것이다"라 하였다. 이 예언은 천천히 적중되어 왔다.

오일러는 1732년에 "쾨니히스베르크의 다리의 문제"를 다룸에 있어, 라이프니츠의 말을 인용하고 "다음과 같은 것이 아마도 라이프니츠의 위치의 기하학의 문제일 것이다"라 했다. 그 문제는

> "쾨니히스베르크에 오른쪽과 같은 7개의 다리가 있다. 이 다리들을 어느 것이나 한 번씩 중복 없이 건너서 원래의 위치로 돌아올 수 있는가?"

이었는데, 오일러는 그것이 불가능함을 증명하였다.

이제 그림의 강으로 분할되는 네 지역을 네 점 A, B, C, D로 나타내고, 다리들을 이 네 점을 연결하는 선으로 생각하면, 이 문제는 아래 그림의 임의의 점에서 시작하여 연필을 종이에서 떼지 않고 한 번에 그릴 수 있는가 하는 소위 "한붓그리기"의 문제로 바뀐다. 오일러의 해결은

> "위와 같은 선형그래프에서 한붓그리기를 할 수 있는 것은 홀수점이 하나도 없든가, 또는 홀수점이 꼭 2개만 있는 경우뿐이다."

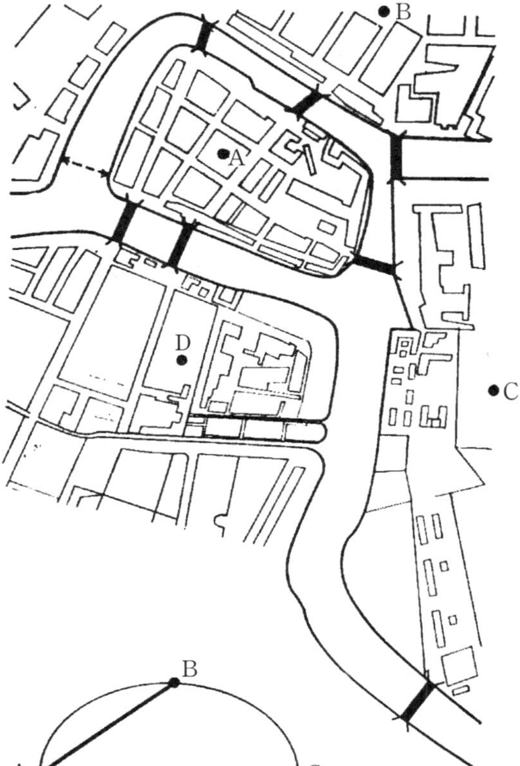

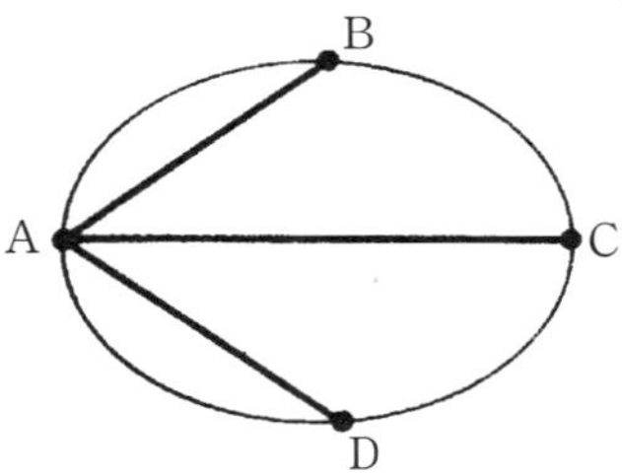

위의 그림은 1796-1802년경의 쾨니히스베르크의 지도이다. 오일러가 그곳을 가 보았는지는 확인되지 않고 있으나, 지도에는 도선장이 하나 나타나 있다. 도선으로 건너는 것까지 포함하여 이 문제를 생각했다면, 이 문제는 어떻게 될까?

가 된다. 여기에서 홀수점이란 꼭지점에 모이는 선의 갯수가 홀수개인 것을 말하며, 위의 그림에서는 홀수점이 4개이다.

참고로 쾨니히스베르크는 옛 프러시아의 수도이며, 지금은 소련의 칼리닌그라드이다. 또, 철학자 칸트 Kant와 힐버트 Hilbert의 고향으로 유명하다.

오일러는 **다면체의 공식**을 증명한 것으로도 유명한데, 1640년에 이미 데카르트가 공간에 놓인 볼록다면체의 꼭지점, 모서리, 면의 수를 각각 v, e, f라 할 때 $v-e+f=2$가 항상 성립한다는 것을 발견하였다. 오일러는 1752년에 이를 증명하였다.

가우스도 위상수학에 몇 가지 공헌을 하였다. 그는 대수학의 기본정리를 여러 가지로 증명하였는데, 첫 증명은 위상수학의 방법을 쓴 것으로, 그가 1799년 22세 때에 학위논문으로 제출한 것이다. 뒤에 가우스는 매듭 (knot)의 이론을 연구하였다.

1847년경 가우스의 제자인 물리학자 **키르히호프** Kirchhoff (1824-87)는 전기회로의 고찰에서 1차원 복체(선형그래프)를 연구했다. 또 가우스의 영향을 받아 몇 가지 질서 있는 연구를 한 **리스팅** Listing (1808-82)이 같은 해에 《위상수학입문》 *Vorstudien zur Topologie* 이라는 책을 냈으나, 체계적인 것은 아니었다.

Topologie라는 말은 리스팅이 위치(topos)의 학문(logos)이라는 뜻으로 지어낸 말이며, 그 앞뒤로 위치해석(analysis situs)이라는 말이 더 오래 쓰여졌으나, 오늘날에는 영어의 토폴로지 topology로 굳어졌는데, 그것을 영어로 처음 쓴 사람은 **렙셰츠** Lefschetz (1884-1972)이었다.

1850년경에 런던의 구쓰리 Guthrie가 소위 **네 색문제**를 제기하였다 (⇨ *p.* 341).

가우스의 제자 리이만 Riemann (1826-66)은 1851년의 학위논문에서, 복소함수론의 연구에 위상수학의 개념을 도입하였다. 리이만의 이 분야에서의 주된 공헌은 리이만면(面)이라는 개념으로서, 다가 복소함수를 1가 복소함수로 나타내는 위상수학적 도구라 할 수 있는 것이다. 역시 중요한 것은 리이만의 1854년의 취임강연으로서, 기하학의 기초에 있는 가정들에 관한 것이다. 이 강연은 고차원의 경우를 다룬 것으로, 비로소 다양체(多樣體)라는 개념을 도입하였다.

1865년경에 뫼비우스 Möbius (1790-1868)는 다면체의 표면이 다각형들을 이어붙인 것에 불과하다는 견해를 발표하였다. 이것은 2차원복체의 개념을 처음 도입한 것이며, 이에 관한 조직적 연구 속에서 그는 오늘날 뫼비우스 띠라고 알려져 있는 한 면과 한 경계만을 가진 유별난 곡면을 만들어 냈다 (⇨ p.175).

1873년에 막스웰 Maxwell (1831-79)은 연결성에 관한 이론을 그의 전자장의 연구에 사용하였다. 그 밖에도 헬름홀츠 Helmholtz (1821-94)와 켈빈 경 Lord Kelvin W. Thomson (1824-1907)도 위상수학을 물리학에 적용하였다.

그러는 가운데, 수학의 다른 분야의 발전에 따라 위상수학에 대한 관심이 높아졌다. 19세기 후반에는 위상수학이 기하학뿐 아니라 대수학이나 해석학 등 거의 모든 분야와 관계를 가지게 되어, 위상은 현대 수학의 가장 기본적인 개념 중의 하나가 되었다. 그 발전은 두 개의 큰 흐름으로 나타났다.

첫째 것은, 리이만의 연구 이래 복소변수의 대수함수의 연구에 있어, 두 폐곡면이 위상동형이 되기 위한 조건이 중요하다는 것을 알게 되었다. 이 문제는 오일러의 다면체정리의 확장된 꼴을 써서 해결되었는데, 여기에서 군론을 사용하였다. 이때 도형은 다각형이나 다면체의 결합으로 분해하여 생각하였기 때문에, 처음에는 이런 연구 경향을 조합적 위상수학이라 불렀다.

프왕카레

프왕카레 Poincaré (1854-1912) 는 이런 방향의 연구에서, 군론의 도움으로 곡면이나 다면체의 위상적 성질을 조사하였는데, 1895 년의 《위치해석》이라는 논문은 이 분야 최초의 괄목할 만한 것으로, n차원 호몰로지군의 개념을 도입한 것이다. 그는 또 기본군 (Betti 군) 의 개념도 도입하였다.

20 세기에 들어오면서 대수학의 발전에 따라, 이 분야는 내용이 괄목하게 풍부해졌는데, 주된 공헌을 한 사람은 베블렌 Veblen (1880-1960), 브라우워 Brouwer (1881-1966), 렙셰츠 Lefschetz (1884-1972), 알렉산더 Alexander (1888-1971), 호프 Hopf (1895-1971), 알렉산드로프 Alexandroff (1896-1982), 러시아의 눈 먼 수학자 폰트랴긴 Pontrjagin (1908-88) 등이 있다. 오늘날에는 이 분야를 대수적 위상수학이라 부른다.

둘째 분야는, 약간 뒤에 나타난 칸토르의 점집합론에서 시작된다. 그는 유클리드공간 안의 임의의 점집합에 있어서의 점들 사이의 연결 방식을 극한이나 연속의 개념과 관련시켜 연구하였다. 그리하여 임의의 점집합, 예를 들어 수의 집합, 대수적 대상, 함수들, 비수학적 대상들도 위상공간을 이룰 수 있다는 생각이 나타났다. 이와 같은 일반적인 견해를 가진 위상수학을 집합론적 위상수학 또는 일반위상수학이라 부르게 되었다.

이 같은 추상공간의 개념은 프레셰 Fréchet (1878-1973) 에서 비롯되며, 그 이론은 **하우스도르프** Hausdorff (1868-1942) 의 《집합론》 (1914) 의 후반에서 대성되었다.

이 밖에 다양체의 미분기하학적 문제에 관련된 부분을 연구하는 위상수학이 20 세기 후반에 발전되었는데, 이는 **미분위상수학**이라 불린다.

한편 어떤 대수계 A가 위상공간이면서 A의 연산이 이 위상에 관하여 연속일 경우에, A를 한 **위상대수계**라 부른다. 가령 위상군, 리 Lie 군, 위상벡터공간 등이 이런 예이다.

이처럼 위상수학은 기하학, 해석학, 대수학의 여러 분야의 방법론으로 크게 쓰여져서 20 세기 수학의 한 큰 주류로 되어 왔다. 이 같은 내용들은 대학원 수준의 공부를 필요로 하므로 이 정도로 얘기를 끝내고, 위상수학의 기본적인 아이디어를 몇 가지 들어 둔다.

위상적 성질

앞에서 본 쾨니히스베르크의 다리 문제는 본질적으로 선형그래프의 문제인데, 여기에서 도형의 꼴과 크기 같은 것은 문제가 되지 않고, 위치와 이어져 있다는 상호 관계만이 문제가 됨을 보았다.

또, 오일러의 공식에서 유의할 점은, 이것이 꼭지점, 모서리, 면의 개수에 관한 것일 뿐, 모서리의 길이나 면의 꼴과 면적에는 아무 영향을 받지 않는다는 것이다. 즉, 주어진 모서리가 곡선을 이루고, 주어진 면이 곡면이어도 마찬가지 결과를 얻는다. 프왕카레의 관찰에 따르면, 볼록다면체의 표면을 연속적으로 변형하여 구의 표면으로 보아도 역시 공식이 성립한다.

이와 같은 변형에 의하여 길이, 면적, 체적, 각이나 꼴과 같은 유클리드 기하학의 대상은 보존되지 않으므로, 위상적인 성질이 아니다. 길이, 각, 면적 등은 평행이동, 대칭이동, 회전과 같은 강체운동, 즉 소위 합동변환에 의해서는 변하지 않는다. 이와 같은 합동변환보다 더 일반적인 변환에 대하여 생각해 보기로 하자.

두 점집합 A, B에 대하여 1 대 1 대응 $f: A \to B$가 있어, f도 연속이고, 역으로 역대응 $f^{-1}: B \to A$도 연속이라 하자. 여기에서, f, f^{-1}가 연속이라 함은 A에서 서로 가까이 있는 점들은 f에 의하여 B의 서로 가까운 점들로 변환되고, 역으로 B의 서로 가까운 점들은 f^{-1}에 의하여 A의 가까운 점들로 변환된다는 뜻이다. 따라서 A와 B에는 각각 어떤 의미에서의 "서로 가깝다"는 성질이 분명히 적용될 수 있어야 하는데, 이런 경우 일반적으로 A와 B에는 위상이 도입되어 있다는 뜻에서 위상공간이라 불린다(보다 정확한 것은 ⇨ p.177).

위와 같은 성질을 만족하는 변환(함수) f를 **위상동형** (homeomorphism)이라 부르고, 이 같은 f가 존재할 때 A와 B는 서로 **위상동형**이라고 말하며, 이 같은 f에 의해서 불변인 성질을 **위상적 성질**이라 부르는 것이다.

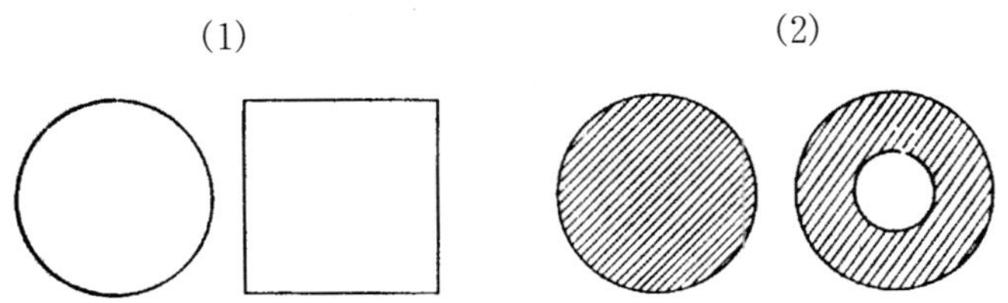

손쉬운 예로, 위의 (1)의 두 그림은 위상동형이지만, (2)의 두 그림은 위상동형이 아니다. 즉 (2)의 두 그림은 마음대로 늘이거나 줄일 수 있는 고무판 같은 것이라 할 때, (2)의 왼쪽 그림의 도형을

그와 같이 변형하여 오른쪽 그림의 도형과 같이 변화시킬 수는 없다. 연속적으로 또 1 대 1 로 변형해야 하므로 잘라내거나 겹쳐서도 안 되기 때문이다.

(3)

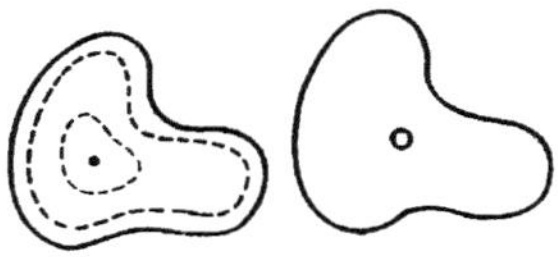

(4)

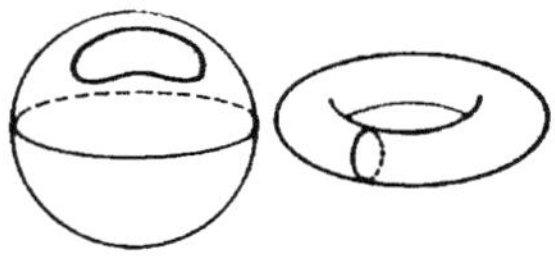

위의 그림 (3) 의 왼쪽 것은 평면 위에서 한 폐(닫힌)곡선을 점선과 같이 줄여 나가서 마침내는 한 점으로 줄일 수 있음을 보인 것이다. 오른쪽 것은 같은 폐곡선의 내부에 한 점이 빠져 있다면, 이 폐곡선을 한 점으로 줄여 가는 것은 불가능하다. 이처럼 임의의 폐곡선을 한 점으로 연속적으로 줄여 갈 수 있다는 것을 **단순연결성**이라 부른다. 따라서 (3) 은 한 평면이 단순연결이나, 평면에서 한 점을 뺀 도형은 단순연결이 아님을 보여 준다.

마찬가지로, 그림 (4) 는 한 구면은 단순연결이지만, 원환면은 단순연결이 아님을 보여 준다. 또, (2) 의 도형에 대하여도 같은 이야기를 할 수 있다.

(5)

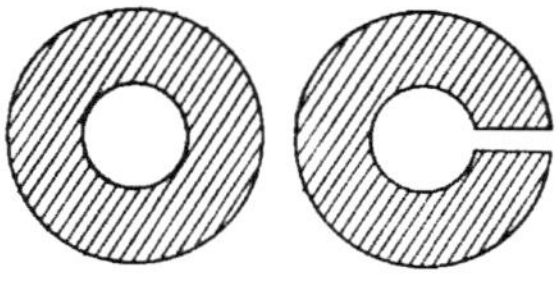

2중연결　　단순연결

(6)

3중연결　　단순연결

이 같은 단순연결성도 위상적 성질의 예가 된다.

(5) 의 오른쪽 그림은 왼쪽 그림을 한 번 잘라냈을 때 단순연결이 됨을 보여 준다. 일반적으로 둘, 셋, 또는 그 이상의 "구멍"을 가진 영역을 생각할 수 있는데, 이런 영역을 단순연결이 되게 하려면 두 번, 세 번, 또는 그 이상 잘라야 한다. 일반적으로, 어떤 영역을 단순연결이 되게 하기 위하여 경계에서 경계까지 $n-1$번 잘라야 할 때 이를 n **중연결**이라 말한다. 이와 같이, 평면 (또는 곡면) 위의 어떤 영역이 연결되어 있는 정도를 표시하는 정수 n은 그 영역이 가진 위상적 성질의 하나이다.

평면에는 재미있는 위상적 성질이 있다.

원과 위상동형인 곡선을 단순폐곡선이라 부르는데, 이에 대하여 다음과 같은 **조르단** Jordan (1838-1922) 의 **곡선정리**가 있다. 간단히 말하면,

> "평면의 한 단순폐곡선은 평면을 2개의 영역 (내부와 외부) 으로 분할하여 그 공통경계가 된다."

이것은 외견상 명백해 보이지만, 실제로 증명은 대단히 어렵다. 또, 간단한 단순폐곡선의 경우에는 내부와 외부가 쉽게 가려지지만, 그림 (7)

(7)

(8)

과 같은 것은, 실제로 단순폐곡선인가 아닌가 가리기도 어려우며 어디가 내부인가 알기도 어렵다.

그러나 위상수학의 이론을 사용하면 쉽게 내부와 외부를 가려낼 수가 있다. 즉, (8) 에서와 같이 내부의 점에서 시작되는 모두 반직선은 단순폐곡선과 항상 홀수 번 만나게 된다. 이때 접하는 것은 제외한다.

이제까지는 주로 곡선을 중심으로 한 흥미 있는 이야기만 몇 가지 하였으나, 곡면에 대하여 생각해 보자.

(9)

(10)

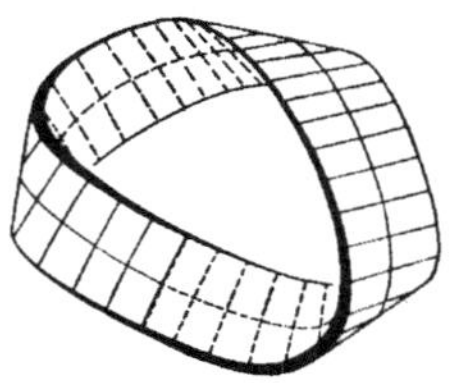

우리가 흔히 보는 곡면은 대체로 두 면으로 되어 있다. 이는 마치 종이의 앞뒤처럼 생각할 수 있겠다. 그러나 면이 하나밖에 없는 곡면의 예로 **뫼비우스 띠** (Möbius band) 라는 것이 있다. 이는 직사각형의 종이를 그림 (10) 과 같이 한 번 뒤틀어서 두 끝을 붙인 것이다.

다시 말하면, 직사각형 ABCD 에서 선분 $\overrightarrow{AB}$ 와 선분 $\overrightarrow{CD}$ 를 화살표 방향으로 붙인 것인데, 이 두 선분을 그 방향으로 **동일시** (identify) 하여 얻은 것이다.

이 곡면은 앞뒤가 없을 뿐 아니라 그 둘레는 하나의 단순폐곡선이다.

이와 같은 동일시의 방법은 수학에서 흔히 쓰인다. 가령 (11) 의 정사각형에서 $\overrightarrow{AB}$ 와 $\overrightarrow{DC}$ 를 동일시하고, $\overrightarrow{AD}$ 와 $\overrightarrow{BC}$ 를 동일시

(11)

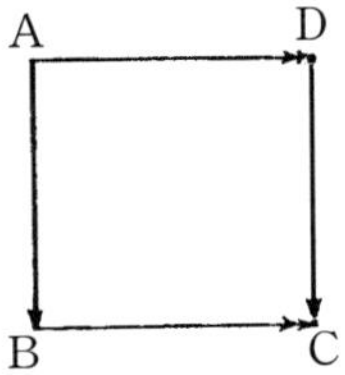

(12)

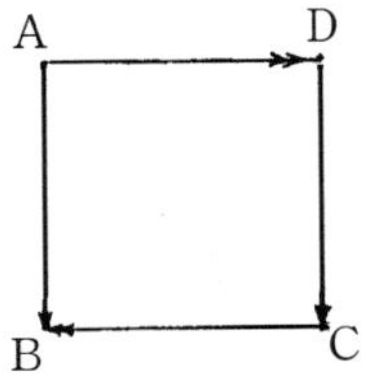

(13)

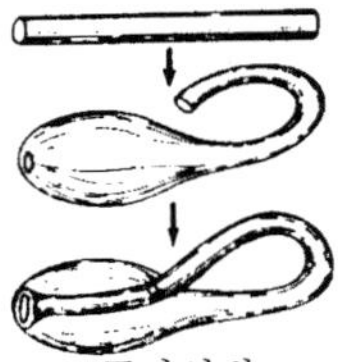

클라인병

하면 바로 **원환면**이 얻어진다.

또, (12)에서와 같이 정사각형 ABCD에서 $\overrightarrow{AB}$를 $\overrightarrow{DC}$와 동일시하고 $\overrightarrow{AD}$를 $\overrightarrow{CB}$와 동일시하면 상상적인 **클라인 병**(Klein bottle)이 얻어지는데, 이것은 4차원 공간에서만 실현 가능하다.

끝으로, 위상수학자들은 흔히 커피컵과 도우넛을 구별 못하는 사람들이라는 농담을 듣는데, 그 이유를 생각해 보자. 둥근 손잡이가 달린 커피컵이 이상적인 고무나 진흙처럼 늘이거나 줄이는 것이 자유롭다고 하면, 1대1 연속변환에 의하여 몸체를 줄이고 손잡이 부분을 늘임으로써 도우넛 꼴로 고칠 수 있고, 역변환에 의하여 다시 도우넛 꼴의 일부분을 늘여 붙여 커피컵의 몸체처럼 만들 수 있기 때문이다. 농담 가운데 진실이 있는 것이, 이 두 도형은 위상동형이기 때문이다.

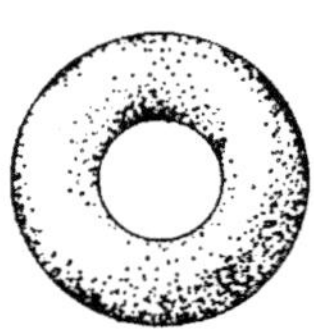

도우넛

커피 컵

위상공간

극한과 연속의 개념을 일반화하여 공리적으로 다룬 데서 생겨난 위상수학의 분과는 흔히 **일반위상수학**이라 불린다. 이 분야는 1914년에 출간된 하우스도르프 Hausdorff의 《집합론》에서 제대로 형식을 갖춘 뒤, 수많은 이들이 이 분야를 깊이 연구한 결과 그 내용이 크게 발전되었다.

오늘날에는, 한 **위상공간**은 한 집합 X로서 다음 세 공리를 만족하는 부분집합족(여기에 속하는 부분집합들을 **개(열린)집합**이라 부른다)이 지정되어 있는 것을 가리킨다.

(i) 개집합들의 임의 갯수의 합집합도 개집합이다.

(ii) 개집합들 유한 개의 교집합도 개집합이다.

(iii) 전체집합 X 자신과 공집합 $\varnothing$도 개집합이다.

이때, X의 원을 **점**이라 부르고, (i), (ii), (iii)을 만족하는 위의 개집합족을 X의 한 **위상**이라 부른다. 개집합의 여집합을 **폐(닫힌)집합**이라 부른다.

위상의 예 중 간단한 것을 들어 보자.

임의의 공 아닌 집합 X에 대하여 (1) $\{\varnothing, X\}$ 또는 (2) X의 부분집합 전체를 생각하면, 두 경우에 모두 (i), (ii), (iii)이 만족됨을 안다.

두 위상공간 X, Y에 대하여 한 함수 $f: X \to Y$가 **연속**이라 함은, Y의 임의의 개집합 B에 대하여

$$f^{-1}(B) = \{x \in X \mid f(x) \in B\}$$

가 X의 개집합이 됨을 가리킨다. 이것은 고교수학에서 나오는 실변

수의 실함수의 연속성을 극도로 일반화시킨 것이다. 앞서 어떤 "가깝다"는 개념이 연속함수를 정의하는 데 필요하다는 이야기를 했는데 (⇨ p.172), 실제로 구체적인 "가깝다"는 것을 정하는 대신에 개집합을 써서 연속성을 아주 일반적으로 정의한 셈이다.

위의 개념들을 쓰면, 위상수학은 위상공간과 그들 사이의 연속함수에 관한 이론이라고 말할 수 있다. 또, 위상공간 사이의 전단사함수 $f: X \to Y$ 로서 f 와 f^{-1} 가 모두 연속인 것을 X 와 Y 사이의 한 **위상동형**이라 부르는 것이다.

예를 들면, 실직선 위의 두 구간은, 그들이 같은 개수의 끝점 (즉 0 개, 1 개, 또는 2 개) 을 가질 때 위상동형이 된다.

한 위상공간 X 가 **연결**이라 함은 $X = A \cup B$, $A \cap B = \varnothing$ 가 되는 공 아닌 두 개집합 A, B 가 존재하지 않는 것을 가리킨다. 실직선 위의 임의의 구간은 모두 연결인 위상공간이다.

한 위상공간 X 의 한 **덮개** (cover) 라 함은 한 개부분집합의 모임으로서 그 개집합들의 합집합이 X 와 같게 되는 것을 가리킨다. 한 위상공간이 **완폐** (完閉) 라는 것은 임의의 덮개가 유한 개로 된 부분덮개를 가지는 것, 즉 그 덮개를 이루는 개부분집합들 중 유한 개만으로 이미 덮여 있음을 가리킨다.

한 완폐 또는 연결인 위상공간과 위상동형인 위상공간도 또한 각각 완폐 또는 연결이다. 즉, 완폐성이나 연결성과 같은 것이 위상적 성질의 예이다.

앞에서 본 원환면, 뫼비우스 띠, 클라인 병 같은 것은 모두 완폐이며 연결인 위상공간이다.

거리공간

이제 위상공간의 예로서 수학의 거의 모든 분야에서 쓸모가 많은 거리공간을 들어 보자.

한 집합 X에 대하여 정의된 실수값 함수 $d: X \times X \to \boldsymbol{R}$이 다음 세 공리를 만족할 때, 이를 X의 한 **거리**라 부른다.

x, y, z가 X의 임의의 원소일 때,

(i) $d(x, y) \geqq 0$ 이고, $d(x, y) = 0 \Leftrightarrow x = y$

(ii) $d(x, y) = d(y, x)$

(iii) $d(x, z) \leqq d(x, y) + d(y, z)$ (**삼각부등식**)

이와 같은 거리가 정의되어 있는 집합 X를 한 **거리공간**이라 부르고, X의 원소를 **점**이라 부른다.

이 같은 공간에서는 점렬(點列)의 수렴성, 극한, 함수의 연속성을 정의할 수 있다.

X의 점렬 $\{x_n\}$이 어떤 극한점 x에 수렴한다는 것, 즉 $x_n \to x$는

"임의의 $\varepsilon > 0$에 대하여 어떤 번호 N이 존재하여 $n \geqq N$이면 $d(x_n, x) < \varepsilon$이 된다"

는 것으로서, 다시 말하면

"실수열 $d(x_n, x)$의 극한이 0이다. 즉 $d(x_n, x) \to 0$"

를 뜻한다.

두 거리공간 X, Y에 대하여 한 함수 $f: X \to Y$가 $x_0 \in X$에서 연속이라 함은

$$“x_n \to x_0 \text{일 때 } f(x_n) \to f(x_0)”$$

를 뜻한다.

이제 거리공간 X에서 개집합을 정의하여 보자.

X의 한 점 x를 중심으로 하고, 반지름이 $r > 0$인 **개구** (**열린공**) $B(x, r)$은 집합

$$B(x, r) = \{ y \in X \mid d(x, y) < r \}$$

으로 정한다. 이것을 x의 r-**근방**이라고도 부른다. 개구들 임의 개의 합집합을 **개집합**이라 부르기로 하면, 개집합 전체는 개집합의 공리 (i), (ii), (iii)을 만족한다 (⇨ *p*.177), 즉 한 위상이 되는 것이다.

거리공간 X의 한 부분집합 M이 주어져 있을 때, r-**근방**이라는 말을 써서 M의 점들을 분류해 보자.

어떤 (작은) $r > 0$에 대하여 M의 한 점 p의 r-근방이 M에 포함되면, p를 M의 한 **내점**이라 부른다. M의 여집합 M^c의 내점을 M의 **외점**이라 부른다. 점 p가 M의 내점도 외점도 아니면 **경계점**이라 부른다.

M에 한 위상동형 (변환)을 시행하면 내점, 외점, 경계점이라는 성질은 그대로 유지된다. 즉, 점들의 이 같은 성질은 위상적 성질이다.

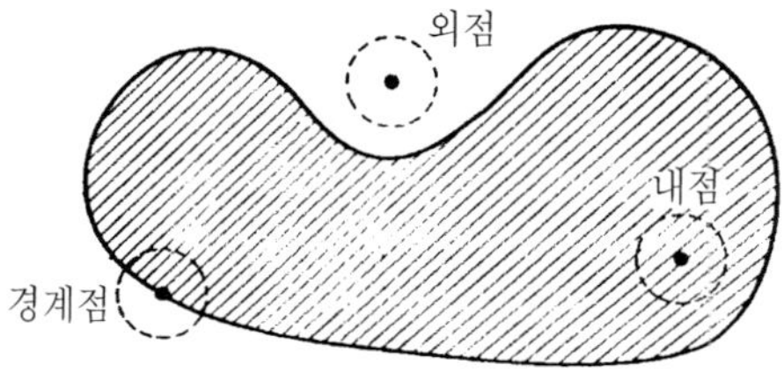

이제 거리공간의 예를 들어 보자.

임의의 공 아닌 집합 X는 그 두 원소 x, y 사이의 거리 d를

$$d(x,y)=\begin{cases}0 & (x=y\text{일 때})\\ 1 & (x\neq y\text{일 때})\end{cases}$$

이라 정함으로써 한 거리공간이 된다.

노름공간, 즉 노름 $\|\ \|$이 정의되어 있는 벡터공간 V는, 임의의 두 벡터 v, w 사이의 거리 d를 $d(v, w)=\|v-w\|$라 정함으로써 한 거리공간이 된다. 이 사실은 노름의 공리 (⇨ p.101) 로부터 거리의 공리가 곧 만족됨을 보임으로써 알 수 있다.

n차원 유클리드공간 $\boldsymbol{R}^n$은 노름공간이므로, 역시 한 거리공간이 된다. 실제로, $\boldsymbol{R}^n$의 두 점 $x=(x_1, x_2, \cdots, x_n)$, $y=(y_1, y_2, \cdots, y_n)$ 사이의 거리는

$$d(x, y)=\sqrt{(x_1-y_1)^2+(x_2-y_2)^2+\cdots+(x_n-y_n)^2}$$

으로 주어진다. $\boldsymbol{R}^n$에는 이 밖에도 여러 가지 방법으로 거리를 정의할 수 있다.

$\boldsymbol{R}^n$은 위상공간으로서 연결이다.

거리공간에서 정의되는 위상적 성질에 실직선에서와 같은 뜻으로 **완비성**이라는 것이 있다. 거리공간 X의 어떤 점열 $\{x_n\}$이 **꼬오쉬열** (기본열) 이라 함은

$$m,\ n\to\infty\text{일 때 } d(x_m, x_n)\to 0$$

이 되는 것을 가리킨다. 임의의 꼬오쉬열이 반드시 수렴하는 거리공간을 **완비거리공간**이라 부른다.

한 노름공간이 그 노름으로부터 얻어지는 거리에 관하여 완비일 때, 그 노름공간을 **바나카공간**이라 부른다. 바나카 Banach (1892-1945) 는 폴란드의 수학자로, 함수해석학을 정립시킨 사람 중 하나이다.

$\boldsymbol{R}^1$ 즉 $\boldsymbol{R}$이 완비임은 이미 아는 바와 같으며, 일반적으로 $\boldsymbol{R}^n$은 항상 완비이다. 즉, $\boldsymbol{R}^n$은 한 바나카공간이 된다. 또, 완폐거리공간은 반드시 완비이다. 완비거리공간은 수학의 여러 분야 특히 해석학에서 널리 쓰이는 개념이다.

유클리드공간을 무한차원으로 확장하였을 때 얻어지는 **힐버트공간**은 바나카공간의 일종이다. 그 안에서는 거리와 각의 크기를 유클리드공간에서와 같이 구할 수 있다 (⇨ *p*.248).

> 기하학은. 하느님이 지금까지 인류에게 보내고 만족한, 단 하나의 과학이다. —홉스

IV. 함수와 해석학

함수 개념은 상당히 오랫동안 무의식적으로 쓰여 오다가 그것이 현대적으로 확립된 것은 20세기에 들어와서이다. 한편 현대 수학의 발전과 그것의 응용 면에서의 거대한 승리의 최대 원인의 하나는 극한 개념을 도입한 데 있다. 미적분학과 그것을 일반화하고 확대시킨 내용은 흔히 해석학이라 불리는데, 이 장에서는 이에 관하여 다루기로 한다.

원래 삼각법은 기하학에서 다루어져 오던 내용으로 가장 오래된 수학 중의 한 분야이다. 삼각함수의 미적분과 그것의 응용은 해석학의 한 중요한 분야이다. 로그함수는 17세기에 발견된 대수 계산이었으나, 오늘날에는 해석학적 내용이 강화되어 있어, 역시 이 장에서 다룬다.

17세기의 미적분학의 발견은 그 뒤의 과학 문명의 초석이 되어, 인류가 수학을 써서 비약적인 문명을 건설할 수 있는 원동력이 되어 왔다. 다시 그로부터 함수 개념에 대한 반성이 몇 세기 동안 진행되어 오늘날과 같은 것으로 정착되었다. 또, 극한과 연속성은 해석학뿐 아니라 모든 수학의 기본이 되는 것이다.

이와 같은 것을 알아본 뒤에 현대 해석학의 여러 분야 중 비교적 쉬운 내용에 대하여 몇 가지 토픽을 다루기로 한다.

1. 삼각함수

삼각법

삼각법은 삼각함수를 써서 삼각형의 요소(세 각과 세 변) 사이의 관계를 구하고, 주어진 조건을 만족시키는 삼각형을 결정하는 데 쓰이는 학문이다. 그 연구 방법은 주로 기하학적으로 각과 거리를 계산하는 것이며, 그 응용은 측지, 측량을 통한 지도 작성, 항해술, 천문관측, 포술 등에 걸쳐 있다.

삼각법의 역사는 매우 오래이어서, 고대의 중국, 이집트, 메소포타미아 시대에 이미 각의 크기를 재는 법과 천문학, 점성술, 항해에 필요한 구면삼각법에 관한 단편적인 지식이 얻어졌고, 훨씬 뒤에야 평면삼각법으로 이행하게 된다. 가령, 메소포타미아에서는 각의 크기를 그것이 원둘레에서 잘라내는 호의 길이로 재는 호도법이 사용되었고, 또 하늘의 별을 관측할 필요 때문에 각의 크기는 4직각 이하로 제한되었다. 그리스 시대의 논증기하학에서 주로 2직각 이하의 각을 대상으로 삼은 것과 비교된다.

시초에는 기하학의 정리를 써서 계산하는 데 그쳤으나, 삼각함수를 작성하는 계산이 어려운 데서 여러 가지 지식이 개발되었고, 그것이 5, 6세기경의 인도의 기수법과 르네상스 시대의 대수 계산 기호의 발전에 힘입어 정연한 이론으로 발전되었다. 미적분학의 발견 이후에는 삼각함수의 도함수와 적분을 생각하게 되어 소위 해석적 삼각법이 생겨나고, 그 뒤로 삼각함수는 가장 실용적이고 중요한 함수로서의 위치를 굳혔다.

그리스의 삼각법

그리스 시대에 이미 삼각비의 개념을 쓰는 몇 가지 측정에 관한 기록이 보인다. 전설에 의하면 **탈레스** Thales (624?-546? B.C.) 가 이미 피라밋의 높이를 닮은 삼각형의 비례 관계를 써서 계산하였다고 한다. 이것은 아는 높이의 그림자와 비교함으로써 모르는 높이를 결정하는 탄젠트의 응용이라 볼 수 있다. 또, **에라토스테네스** Eratosthenes (275?-194? B.C.) 는 두 도시에서 동시에 태양을 관측함으로써 지구의 둘레를 계산하였다 (⇨ *p*.31). **아리스타르코스** Aristarchos (310?-230? B.C.) 도 지구에서 달과 태양까지의 거리와, 달과 태양의 크기를 계산하였다고 한다.

히파르코스 Hipparchos (190?-125? B.C.) 는 천문학에서 필요한 구면삼각법의 창시자로서, 몇 개의 공식을 발견했고, 원의 호의 길이를 알 때 그에 대응되는 현의 길이를 아는 《현의 표》를 만들었다. 이것이 최초의 간단한 삼각함수표라 생각된다. **메넬라우스** Menelaus (1 세기 말) 도 《현의 삼각법》이라는 책을 썼다고 전해진다.

그리스의 삼각법에서 가장 중요한 업적은 **톨레미** Ptolemy (85?-165?) 의 13 권으로 된 《알마게스트》 (⇨ *p*.33) 이다. 여기에서는 구면삼각형의 해법을 다루었고 덧셈정리, 반각정리, 사인정리 등과 동치인 것들을 증명해 놓았으며, 30′ 마다의 현의 표를 소수 5 자리까지 구하고, 그 계산법을 설명하고 있다.

또, 기계기술자로서 실제적인 일에 종사했다는 **헤론** Heron 은 기원전 1세기에서 기원후 3세기 사이의 인물이라고만 알려져 있을 뿐, 그 외 이름이 붙어 있는 공식(⇨ p.33)도 훨씬 전에 아르키메데스 등이 이미 알고 있었던 듯하다.

고대 인도의 삼각법

고대의 인도에서도 천문학적인 필요에 따라 구면삼각법이 발달하였다. 인도사람들은 그리스인들과 달리 두 배인 호의 길이에 대응하는 반현의 길이를 계산해 두고 이를 표를 써서 구하였는데, 이것이 12세기에 유럽에서 잘못 번역되어 sinus(sine)으로 알려지게 되었다.

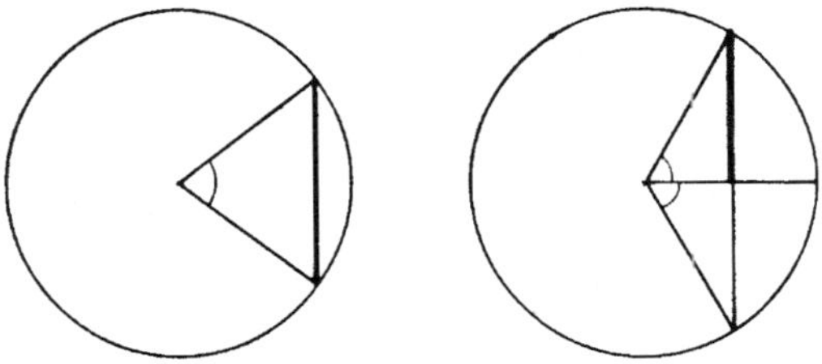

그리스(현)　　　　　인도(반현)

아랴바타 Aryabhatta(476?-550?)는 $3°\,45'$마다의 사인표를 이용하여 평면 또는 구면의 직각삼각형의 요소를 구하였고, 코사인정리를 비롯하여 $\sin^2\alpha + \cos^2\alpha = 1$, $\cos\alpha = \sin(90° - \alpha)$, $1 - \cos^2\alpha = 2\sin^2\alpha$ 등의 사실을 응용하였다. 그의 업적은 나중에 8세기 말에 아랍어로 번역되어, 결과적으로 유럽에 영향을 주게 된다.

아랍과 페르시아의 삼각법

아랍과 페르시아에서도 인도의 영향으로 반현을 sine(정현)으로 사용하였다.

9세기의 아랍 알바타니 Arab al-Battani(858?-929)는 톨레미의 업적을 소개하고, tan, cot에 대한 1° 마다의 표를 만들었으며, 둔각구면삼각형에 대한 코사인정리를 알고 있었다. 10세기의 아불 웨파 Abul-Wefa(940-998?)는 tan, cot, sec, cosec의 개념을 확립하여 여섯 가지 삼각함수를 모두 사용하였고, 반각공식과 역 sin 함수를 사용하였으며, 구면삼각법에서의 sin 정리를 발견하였고, 15′ 간격의 삼각함수표를 만들었다.

페르시아의 위대한 학자 나시르 아딘 아투시 Nasir addin at-Tusi(13 C 후반)는, 천문학에서 독립된 평민·구면삼각법을 체계화하였다. 또, 15세기의 페르시아의 왕자인 울룩 벡 Ulugh Beg(1393-1449)은 sin, tan의 1′마다의 표를 만들어 썼다.

유럽에서의 발전

이때까지의 삼각법은 소수를 쓰지 않고 무리수(의 근사값)를 표현하려는 데서 표를 만드는 어려움이 있었다. 그래서 원을 크게 함으로써 표의 값을 정수로 근사시켜야 하는 어려움이 해결된 것은, 르네상스 이후의 소수의 발견과 로그 기호의 발전 이후의 일이다. 14세기 이후의 유럽에서는, 삼각법이 천문학에서 독립하여 산술, 대수, 기하가 종합된 형태로 차차 체계를 세우게 된다.

몇 세기에 걸쳐 아랍의 지식이 흘러들어온 뒤, 유럽 최초의 체계화는 레기오몬타누스 Regiomontanus (1436-76) 의 《삼각법》 (1464) 이다. 이 책은 코페르니쿠스에게 영향을 주었는데, 코페르니쿠스의 제자인 레티쿠스 Rheticus (1514-76) 는 여섯 가지 삼각함수에 관한 10 초 간격의 15 자리 표를 만들었다. 12 년이나 걸린 이 노작은 오늘날에도 가치가 있는 것이며, 여기에서 비로소 삼각함수를 직각삼각형의 변과 관련시켜 삼각비와 같이 정의하였다.

대수 기호의 발명으로 유명한 비에트 Viète (1540-1603) 는 평면삼각형에 관한 코사인정리를 발견하였으며, 산술과 대수의 발전이 이제까지의 것을 개선 발전시키는 효과를 가져왔다.

한편, 네이피어 Napier (1550-1617) 의 로그의 발견은 사인함수의 계산을 용이하게 하였고, 케플러 Kepler (1571-1630) 가 이를 활용하였다.

뉴턴은 원운동에서 일반각의 개념을 얻었고, 미적분학을 써서 sin 과 cos 의 전개공식을 얻어, 삼각함수를 쉽게 계산할 수 있는 길을 열었다.

한편 뉴턴의 친구였던 **드 므와브르** de Moivre (1667-1754) 는 삼각함수의 미적분을 다루어, 소위 **해석적 삼각법**을 도입하였다. **오일러** Euler (1707-83) 의 이 방면의 업적은 너무나 독창적이며, 삼각함수의 현재의 기호나, e, π, i 같은 기호도 그가 창안한 것이다. 또, 오일러는 복소변수의 삼각함수의 개념을 도입하였다.

주기가 2π 인 주기함수를 삼각급수로 표현할 수 있다는 **푸리에** Fourier (1768-1830) 의 착상 (1807) 은 수리물리학의 영역에서조차 삼각함수가 유용함을 보인 것으로서, 수학사상 획기적인 영향을 남겼다.

구면삼각법

앞서 말한 바와 같이, 고대에는 천문학, 항해술, 점성술에서의 필요 때문에 지구와 천구에서의 위치, 거리 등을 조사하는 데 구면에서의 삼각법을 많이 썼다. 이제 이 같은 구면삼각법에 대하여 간단히 설명해 둔다.

구의 세 대원(大圓)의 호로 이루어진 도형을 **구면삼각형**이라 부른다. 아래 그림과 같은 구면삼각형 ABC에서,

각 A: A를 지나는 두 호에 그은 접선이 이루는 각(또는 두 평면 OAB, OAC가 이루는 각)

변 a: 구의 중심 O와 B, C를 잇는 선분이 이루는 각이라 정한다. B, C, b, c도 마찬가지로 정한다.

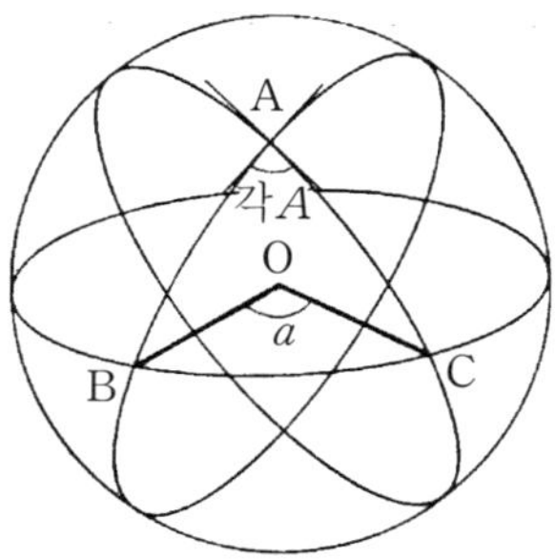

지구 위에서 생각하기로 하면,

각 A: A를 북극이라 생각했을 때의 경도의 차

변 a: 두 점 B, C가 적도 위에 있다고 생각했을 때의 경도의 차가 된다.

위와 같이 정하면, 다음과 같은 정리들이 성립한다.

사인정리 $\dfrac{\sin a}{\sin A} = \dfrac{\sin b}{\sin B} = \dfrac{\sin c}{\sin C}$

코사인정리 $\cos a = \cos b \cos c + \sin b \sin c \cos A$

$\cos A = -\cos B \cos C + \sin B \sin C \cos a$

sin과 cos의 전개공식

뉴턴과 오일러는 삼각함수의 미적분을 연구함으로써 해석적 삼각법의 기틀을 세웠다. 뉴턴은 전개공식

$$\sin x = x - \frac{x^3}{3!} + \frac{x^5}{5!} + \cdots + \frac{(-1)^{n-1}}{(2n-1)!} x^{2n-1} + \cdots$$
$$\cos x = 1 - \frac{x^2}{2!} + \frac{x^4}{4!} - \cdots + \frac{(-1)^n}{(2n)!} x^{2n} + \cdots$$

을 발견하여, 삼각함수를 쉽게 계산할 수 있게 하였다. 이들은 오늘날의 테일러 Taylor 급수의 특별한 경우인 매클로린 MacLaurin 급수이다.

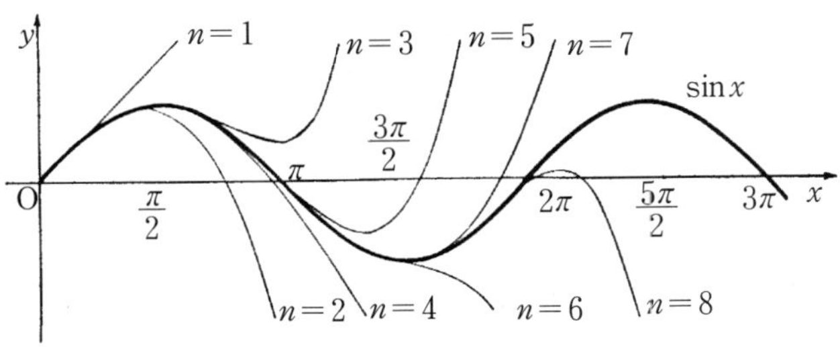

$\sin x$의 전개의 제 n항까지의 합의 곡선

오일러는 위의 전개식을 복소변수로 확장하여, 그 경우에 삼각함수와 지수함수 사이의 관계

$$e^{iz} = \cos z + i \sin z$$

를 발견하였다. 이것의 특별한 경우가 $e^{i\pi} + 1 = 0$ 이다 (⇨ p.81).

이것을 쓰면 드 므와브르의 공식

$$(\cos z + i \sin z)^n = \cos nz + i \sin nz$$

는 지수법칙

$$(e^{iz})^n = e^{inz}$$

에 불과하다.

원주율 π의 계산

여기에서는 삼각함수의 연구에서 중요한 역할을 하는 원주율 π의 계산법에 대하여 간단히 알아보자.

고대에는 원의 내접, 외접하는 정다각형의 변의 수를 늘여감으로써 계산하였는데 방대한 계산을 하느라고 한 평생을 소비한 사람도 많다고 한다.

그레고리 Gregory (1638-75) 는 무한급수를 써서 π를 처음 계산하였다. 그는 역 tan 함수의 전개식

$$\tan^{-1} x = -\frac{1}{3}x^3 + \frac{1}{5}x^5 - \frac{1}{7}x^7 + \cdots \quad (-1 \leqq x \leqq 1)$$

을 이끌어 낸 뒤, 이것을 써서

$$\frac{\pi}{4} = 1 - \frac{1}{3} + \frac{1}{5} - \frac{1}{7} + \frac{1}{9} - \cdots$$

$$\frac{\pi}{6} = \frac{1}{\sqrt{3}}\left(1 - \frac{1}{3 \cdot 3} + \frac{1}{3^2 \cdot 5} - \frac{1}{3^3 \cdot 7} + \cdots\right)$$

를 발견하였다. 뉴턴도 비슷한 공식을 발견하였는데, 이 식들로는 소수 여러 자리를 계속 계산하는 데는 불편하다.

마췬 Machin (1680-1751) 은 그레고리의 전개공식을 써서 π 의 값을 구하는 편리한 급수

$$\frac{\pi}{4} = 4\left\{\frac{1}{5} - \frac{1}{3}\left(\frac{1}{5}\right)^3 + \left(\frac{1}{5}\right)^5 - \frac{1}{7}\left(\frac{1}{5}\right)^7 + \cdots\right\}$$
$$- \left\{\frac{1}{239} - \frac{1}{3}\left(\frac{1}{239}\right)^3 + \frac{1}{5}\left(\frac{1}{239}\right)^5 - \frac{1}{7}\left(\frac{1}{239}\right)^7 + \cdots\right\}$$

를 발견하였다. 그 뒤 이런 식들도 여러 차례에 걸쳐 개량되었다.

쉥크스 Shanks (1812-82) 라는 사람은 평생 걸려서, 1873 년에 π 를 소수 707 자리까지 계산하였는데, 1946 년에 컴퓨터로 계산해 보니 1분 이내에 끝이 나서, 쉥크스의 계산 중 528 자리에서 틀림이 발견되었다.

최초의 디지털 컴퓨터가 등장한 1949 년에는 소수 800 자리까지 계산되었으나, 1961 년에는 10 만 자리까지, 한동안의 기록은 1974 년에 CDC 600 이라는 컴퓨터로 100 만 자리까지 얻었다. 1984 년에 도쿄 대학 팀은 슈퍼컴퓨터로 1,600 만 자리까지 얻었는데, 이는 몇천 페이지짜리 책을 메울 수 있는 분량이며, 컴퓨터로 약 24 시간이 걸린 것으로 알려져 있다. 이런 기록은 항상 깨어지게 마련이다.

이 같은 계산은 아르키메데스 이후의 인류의 꿈이었으며, 지금도 누가 컴퓨터를 써서 이 같은 작업을 계속하고 있을지 모르는데, 3,200 만 자리까지 계산해 내는 것도 시간 문제라 한다.

실제로 π 의 값으로서는, 정밀공업에서도 3.1416 이면 충분하며, 일상생활에서는 3.14 나 22/7 로 충분하다.

2. 로그함수

로그수의 발견

17세기 초의 서유럽에서는 산술의 계산이 지긋지긋할 정도로 귀찮은 것으로 되어 있었다. 천문학에 있어서의 새로운 발견, 항해술과 그에 따른 무역의 발전, 산업 또는 전쟁에 필요한 기계의 발명 등은 이를 바르게 이용하기 위해서는 여러 종류의 새로운 수표를 필요로 하였고, 이들 표를 작성하는 데는 다년간의 노고를 필요로 하였다.

보다 빠르고 정확히 계산할 필요 때문에 인류 문화의 역사에 나타난 노력은, 소위 아라비아 숫자, 산목, 수판, 16세기에 나타난 십진법에 의한 소수 표현, 17세기 초의 로그수, 20세기의 계산기와 컴퓨터의 발명 등으로 나타났다. 그중에서도 로그는 아직까지도 널리 쓰이는 계산 기술로서 대단히 중요한 것이다.

네이피어 Napier(1550-1617)가 발견한 로그수가 당시의 복잡한 수치 계산을 간편하게 하는 데 얼마나 획기적인 것이었는가는, 뒤에 라플라스 Laplace(1749-1827)로 하여금 "계산에 들이는 노력을 경감시켜 줌으로써 천문학자의 수명을 두 배로 연장시켜 주었다"고 하였을 정도였다.

로그의 개념의 시초는 슈티펠 Stifel(1486-1567)의 책 《산술》에 나타나 있다. 그는 x와 2^x와의 관계를

x	$\cdots$	-5	-4	-3	-2	-1	0	1	2	3	4	5	$\cdots$
2^x	$\cdots$	$\frac{1}{32}$	$\frac{1}{16}$	$\frac{1}{8}$	$\frac{1}{4}$	$\frac{1}{2}$	1	2	4	8	16	32	$\cdots$

와 같이 나타냈다. 그리고 윗줄의 수들 사이의 덧셈, 예를 들어

$$2+3=5$$

에, 아랫줄의 대응하는 수들 사이의 곱셈, 즉

$$4\times 8=32$$

에 대응하고 있음을 보였다.

그러나 오늘날의 로그수의 개념은 네이피어, 뷔르기, 브릭스에 의하여 확립되었다.

네이피어

네이피어

로그의 발명자 네이피어는 스코틀랜드의 에딘버러 근처의 머취스튼 Merchiston 성에서 남작 집안의 아들로 태어났다. 그의 아버지 16세 때의 일이다. 당시는 스코틀랜드에서 신교도와 카톨릭의 투쟁이 절정에 이르렀을 때인데, 그는 어려서부터 로마 교황청에 대한 적의를 가지고 있어서, 대부분의 생애를 정치와 종교의 논쟁으로 보냈다. 1593년에 로마 교황을 통렬하게 비판한 저서를 냈는데, 그 속에서는 로마 교황이 반기독교적임을 증명하려 시도하였고, 또 조물주가 1688-1700년 사이에 세상을

종말시키려 한다고 주장했다. 이 책은 21 판이나 출간되었으며, 적어도 10 판까지가 그의 생전에 나온 것이라 한다. 그는 또 여러 가지 무기를 고안했는데, 아르키메데스가 로마 군함을 태웠다고 전해지는 것과 같은 원리의 태우는 거울, 전차, 대포, 잠수 장치 등이라 전해진다.

1614 년의 로그수의 발견은 20 년간의 연구 결과로서, 이에 선행하는 개념이 거의 없었기 때문에, 학계에 "청천의 벽력"처럼 받아들여졌다고 한다. 그의 발견은 거듭제곱을 지수로 표현하는 것이 상용되기 전이었으므로, 독창적이고 강력한 정신력의 소산으로 평가되고 있다.

조직적인 지수 기호는 스테빈 Stevin 이 창안한 것이다.

네이피어의 로그수

로그수의 장점은 곱셈·나눗셈 대신 덧셈·뺄셈으로, 거듭제곱 대신 곱셈, 거듭제곱근 대신 나눗셈을 하는 데 있다. 네이피어는 당시 알려져 있던 공식

$$\sin A \ \sin B = \frac{1}{2}\{\cos(A-B) - \cos(A+B)\}$$

에서 힌트를 얻었던 듯하다. 왜냐하면, 처음에 sin 의 로그를 쓴 것 때문이다.

그는 처음에 선분 AB 와 반직선 CD 를 잡고, 그 위에 각각 움직이는 점 E, F 를 생각하는데, E, F 는 각각 A, C 에서 동시에 출발

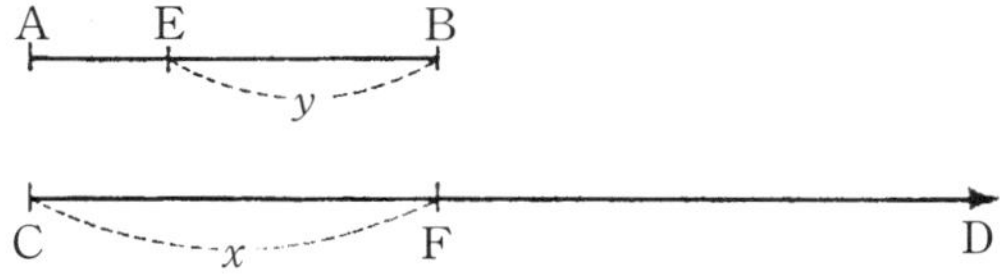

하되, E의 속도는 $\overline{BE}$에 비례하도록 하고, F의 속도는 E의 처음 속도로 일정하다고 가정하였다.

네이피어는 $\overline{CF}$를 $\overline{BE}$의 로그수라 정의하였다. 이것을

$$x = \text{Nap}\log y$$

로 나타내자. 그는 분수 계산의 번잡성을 피하기 위하여 $\overline{AB} = 10^7$으로 잡았다. 이것을 오늘날의 표현으로 고치면

$$\text{Nap}\log y = 10^7 \log_{1/e}\left(\frac{y}{10^7}\right)$$

가 된다. 그는 이 정의로부터 곱셈·나눗셈을 각각 덧셈·뺄셈으로 바꿀 수 있었다. 예를 들면, $\frac{a}{b} = \frac{c}{d}$일 때,

$$\text{Nap}\log a - \text{Nap}\log b = \text{Nap}\log c - \text{Nap}\log d$$

가 된다.

네이피어는 이 내용을 《놀랄 만한 로그 규칙의 기술》(1614)로 발표하고, 0°에서 90°까지의 sin의 값의 로그수를 1분마다 표시한 로그표를 붙여 놓았다. 네이피어의 로그수에서는, 수가 커짐에 따라 그 로그수의 값은 작아지며, $\sin 90° = 10^7$이 되고 그 로그수는 0이 된다. 이렇게 하면, 각이 90°에서부터 작아짐에 따라 로그수의 값은 커진다.

그 뒤의 발전

당시 런던의 그레샴 칼리지의 교수였고 뒤에 옥스퍼드의 교수가 된 브릭스 Briggs(1556-1631)는 네이피어의 발견에 크게 경탄하여,

그 이듬해 스코틀랜드로 네이피어를 방문하였다. 브릭스는, 1의 로그를 0, 10의 로그를 10의 적당한 거듭제곱으로 하는 것이 더욱 편리할 것이라 제의하여 합의를 본 결과, 1624년에 《로그의 산술》을 발간하였다. 여기에는 1에서 2만까지와 9만에서 10만까지의 14자리 상용로그표가 들어 있으며, 가수와 지표의 개념을 도입하였다.

이 뒤로, 로그수는 전 유럽에 유포되었는데, 여기에는 로그표를 스스로도 작성한 케플러의 영향이 크다고 한다.

브릭스의 표는 뒤에 네덜란드의 출판업자이며 수학자인 **블락** Vlacq (1600-66)이 보충하였다. 블락은 1628년에 출판한 《로그표》에서 1부터 10만까지의 10자리의 상용로그수를 계산해 놓았다. 여기에는 브릭스가 계산한 수의 10자리까지의 로그수가 들어 있다.

한편, 브릭스의 동료였던 **건터** Gunter(1581-1626)는 sin과 tan의 1분마다의 7자리 상용로그표를 만들었고, cos, cot라는 말을 처음 사용하였다. 또, 그는 계산자의 전신인 건터자를 발명하였다.

1924-49년 사이에 영국에서는 로그수 발견 300주년을 기념하여 20자리 로그표가 만들어졌다.

네이피어와 독립적으로 로그수를 발견한 사람으로, 한때 스위스의 궁정 시계 기사였던 **뷔르기** Bürgi(1552-1632)가 있다. 그는 비례컴퍼스를 발명하고, 천문학에 관한 책도 쓴 사람인데, 그의 로그표는 미숙한 것이었으며, 또 발표도 네이피어의 책보다 몇 년 뒤인 1620년이었다. 네이피어가 기하학적이었음에 비하여 뷔르기는 대수학적이었다고 평가된다. 뷔르기는 뒤에 케플러의 밑에서 연구하였는데, 케플러는 소수와 로그수의 발견은 뷔르기의 공적이라 하였다.

네이피어-브릭스의 로그수와 뷔르기의 로그수가 실질적으로 같은 것임은 곧 밝혀졌고, 그들의 공통성이 발췌되어 자연로그수의 이론으로 발전된 것이, 미분법 발견의 한 계기가 되었다. 네이피어, 브릭스, 케플러, 블락에 의하여 채용된 로그수의 계산법은 산술적이어서 비(比)의 이론에서 이끌어 낸 것이었다. 그러나 이들의 로그표가 고생 끝에 완성된 뒤에, 사실은 무한급수를 쓰면 쉽게 계산된다는 것이 발견된 것이다.

곡선도형의 면적을 연구하던 쌍 뱅쌍 Saint-Vincent(1584-1667)은 1647년에 직각쌍곡선의 멋진 특성을 발견하였다. 그것은 쌍곡선과 점근선 사이의 면적이 자연로그와 관계가 있다는 것이었다. 이래서 자연로그를 쌍곡선로그라고도 부르는데, 이 특성으로부터 메르카토르 N. Mercator(1620-87)는 1668년에 로그급수를 얻었다. 그리하여 로그수의 작성이 급수를 써서 쌍곡선의 구적(求積)으로 귀착된 것이며, 이 과정에서 무한급수와 무한곱의 연구가 태어났다. 그 뒤, 미적분학이 발전함에 따라 로그함수가 정의되고, 로그함수를 급수로 전개하여 로그값을 계산하는 일반적인 방법이 얻어져서, 그 뒤의 해석학에 큰 영향을 주었다.

사회의 실제적인 요구 때문에 생겨난 로그수는 근대 문명을 크게 촉진시킨 것 중 하나이다.

> 수학은 서로 다른 것에 같은 이름을 붙이는 기술이다.
>
> —프왕카레

3. 미적분학의 발견

미적분학의 기원

미적분학의 기본적인 개념의 기하학적 의미는

정적분 — 면적 — 구적분
도함수 — 접선 — 접선법

으로 이해되고 있다. 흔히 고교 수학에서는 면적의 개념을 써서 정적분을 정의하는 것처럼 보이지만, 사실은 정적분을 써서 곡선의 길이, 도형의 면적, 체적 등이 정의되는 것이다. 또, 부정적분은 정적분의 특수한 경우로서, 정적분을 구하기 위한 수단 중의 하나로 이해된다.

미적분학의 역사에서는 적분이 먼저 나타남에 유의해 둘 필요가 있다. 고대 그리스 시대에 이미 구적법에서의 수많은 문제가 해결되고 있는데, 적분의 아이디어는 구적법에서의 총합을 구하는 과정에서 얻은 것이다.

접선이나 극값을 다루는 접선법은 17세기 초에 유럽에서 나타나 여러 가지 문제에 적용되었는데, 이것이 미분법의 기원이 된다.

뉴턴과 라이프니츠가 미적분학을 발견하였다는 것은 사실과 다르다. 다만 이들은 구적법의 문제가 미분법의 문제의 역임을 지적하여, 서로 독립적으로 발전되어 온 두 분야 사이의 관계를 확립하고, 또 일반적인 계산법과 기호법을 도입한 것이다. 여하간 이들의 업적은 역사상 너무나 획기적이어서, 후에 17세기를 인류정신사의 영웅적 시대라 부르게 되었다.

제논의 역리의 영향

그리스인들은 과학에서나 철학에서나 다음과 같은 두 가지 가정을 일정하였고, 그것을 수학에서의 추론에도 적용하였다.

(1) 한 크기를 무한히 여러 개로 분할할 수 있다.

(2) 한 크기는 아주 작은 불가분의 원자로 구성할 수 있다.

이를 흔히 원자론적 사고라 부른다. 여기에서의 원자는 현대의 물리학의 의미로 생각한 것은 아니다.

그런데 이 두 가정을 인정한다면 "운동이 불가능해짐"을 제논 Zenon (490?-429? B.C.)이 논파하여 논리적 곤란성이 나타났다 (⇨ *p*.18). 그의 "이분할의 역리"는 한 선분을 무한히 여러 개로 분할할 수 있다면 운동은 불가능하다는 것이며, 또 "날으는 화살"의 역리는, 시간이 불가분의 원자인 순간으로 구성되어 있다면, 화살은 항상 정지해 있을 수밖에 없다는 것이다.

이에 대하여는 여러 가지 해석이 있으나, 무엇보다도 몇 가지 직관적 상식에 도전한 것으로 생각된다. 즉 ① 양수인 양들 무한개 (각 양이 아무리 작더라도)의 합은 무한대 ($\sum_{i=0}^{\infty} \varepsilon_i = \infty$)라든가, 또 ② 0차원인 양의 유한개 또는 무한개의 합은 0이다 (가령 $n \times 0 = 0$, $\infty \times 0 = 0$ 꼴)라는 생각에 도전한 것이다.

제논의 역리의 영향으로, 그리스의 논증기하학에서는 무한소라는 개념이 추방되고, 무한논법이 배격되었으므로 극한법과 같은 것을 나타날 수가 없었다. 그리하여 길이, 면적, 체적을 구하는 데 있어서도 극한법과 같은 동적인 무한논법을 쓸 수 없었다.

그리스의 구적법

안티폰 Antiphon(430? B.C.)은, 원의 면적을 구하는 데 내접정다각형의 변의 수를 늘려 감으로써, 그 두 면적의 차가 한없이 소멸된다(영어의 exhaust)고 생각하고, 이것을 써서 원적 문제를 다루었다. 변의 수를 늘려 간다는 과정에서, 크기를 무한히 여러 번 분할하고 있음에 주목하자. 이리하여, 그는 소위 **착출법** (method of exhaustion)의 창시자가 되었는데, 이 용어는 국어나 영어나 잘못 번역되었다고 주장하는 학자들이 있다.

데모크리투스 Demokritus(410? B.C.)는 소크라테스와 동년배이고, 플라톤과 아리스토텔레스에 비견되는 대학자이었는데, 학문적으로 남아 있는 것은 없으나, 플루타크의 《영웅전》에 의하면, 직선이나 원을 점이라는 원자의 모임으로 보고, 뿔꼴을 밑면에 평행인 얇은 판이라는 원자의 모임으로 보는 원자론적 사고를 가지고 있었다 한다. 그런데 뿔꼴의 경우, 이웃하는 판의 크기가 같다면 기둥꼴이 되어야 하고, 이웃하는 판의 크기가 다르다면 계단꼴이 되어야 하므로, 여하간 뿔꼴은 아니다.

유독소스 Eudoxos (408?-355? B.C.)는 제논의 역리에 대한 플라톤 학파의 해답을 준 사람이다. 즉

> "같은 종류의 두 양이 주어져 있을 때, 한 양에서 그 절반 이상을 제거하고, 나머지에서 다시 절반 이상을 제거한다. 이같이 반복하면, 마침내 (유한 단계에서) 남은 양은 처음 주어진 다른 양보다 작아진다."

이것은 무한 개념과의 충돌을 피하면서, 원의 면적이나, 보다 여러 가지 도형에 대하여 그 면적이나 체적을 논하는 수단으로 쓰였으며, 이때에 귀류법이 강조되었다.

유독소스의 업적으로서 유클리드의 《원론》에 들어 있는 것으로는, 원의 면적이 지름 위의 정사각형에 비례하는 것, 뿔꼴의 체적이 기둥의 체적의 1/3인 것, 구의 체적이 지름 위의 정육면체의 체적에 비례하는 것 등이다.

위의 뿔꼴의 체적은 기원전 2000년대에 이미 메소포타미아 사람들이 알고 있었으며, 데모크리투스보다 100년 정도 뒤인 아르키메데스는 "유독소스가 이를 최초에 증명했으나, 이것을 증명 없이 최초에 언명한 데모크리투스도 적지 않게 공헌했다"고 써 놓았다.

아르키메데스 Archimedes (287?-212 B.C.)는 원주율의 계산, 구적법, 역학, 유체정력학, 광학, 기술 등에서의 탁월한 학자였다 (⇨ *p*.28). 그는 고대의 가장 정확한 구적법으로 알려진 《착출법에 의한 면적계산》이라는 책에서

> "아무리 작은 양이라도 이것을 몇 배인가 하면, 같은 종류의 어떤 큰 양보다 더 크게 할 수 있다"

는 공리를 들었다. 아르키메데스의 공리는 바꾸어 말하면

> "임의의 두 실수 a, b ($a>0$)에 대하여 적당한 자연수 n을 잡으면 $b<na$가 된다"

는 것이며, 이것으로부터

> "실수 a ($a \geqq 0$)가 임의의 자연수 n에 대하여 $0 \leqq a < \frac{1}{n}$이면, $a=0$ 이다"

를 얻는다.

또, 아르키메데스는 《구와 원기둥》이라는 책에서

구의 표면적 = 대원의 면적의 4배

구의 체적 = 외접원기둥의 체적의 $\frac{2}{3}$

임을 보였다 (⇨ *p*.30). 《방법론》이라는 책에서는, 역학적 실험에서 예상된 결과를 엄밀한 수학적 추론으로 증명하는 방법을 보였는데, 예를 들면, 구하려는 도형을 판대기에 그려서 몇 개의 소부분으로 분할하여 그것을 천칭(접시저울)의 오른쪽 접시에 담고, 각 부분마다에 왼쪽 접시로 균형을 잡는다는 정력학적 관찰을 써서 결과를 추정한 뒤, 귀류법을 써서 그 결과가 정확함을 증명한다는 것이다.

이 같은 아르키메데스의 업적은 15세기경에야 유럽에 전해졌는데, 이는 그리스 수학 중 가장 늦은 것이었으며, 콘스탄티노플에서 발견된 원고의 9세기경의 필사본에 의해서였다(⇨ *p*.30). 이 업적은 갈릴레이 등에게 큰 영향을 주었다. 실제로 착출법은 뉴턴이나 라이프니츠의 미적분학보다 논리적으로 엄밀하였으며, 미적분학의 이론적 기초가 확립된 19세기 이전에는 가장 엄밀한 구적법이었다.

서유럽의 구적법

구적법에 관한 여러 가지 업적이 16세기 이후 나타나는데, 아르키메데스의 구적법을 계승한 최초의 업적은 **케플러** Kepler(1571-1630)의 《포도주 통의 꼴과 용적 측정》(1615)이라는 책에 나타난다. 여기에는 93가지 회전체의 체적 계산과, 최소의 재료로 최대 용량의 포도주 통을 만드는 극값문제가 다루어졌다. 그 기본 정신은, 구적 문제를 원자론적으로 다루는데, 도형을 미소 부분으로 가르고, 이것을 합으로 합성하는 방침이다. 예를 들면, 원둘레는 무한히 많은 변을 가진 다각형으로 생각되고, 원의 면적은, 중심에 꼭지점을 두고 반지름을 높이로 가지는 무수한 삼각형들의 면적의 값으로 생각되며, 또 구의 체적은 무수히 많은 뿔꼴의 합으로 파악되는 것이다.

갈릴레이의 제자이며 신부였던 **카발리에리** Cavalieri (1598-1647)는 《불가분량의 기하학》(1635)에서 그의 이름이 붙은 원리를 확립하였다. 그는, 평면도형을 거기에 그어진 평행선분 전체로 보았고, 입체는 평행으로 자른 단면(평면분) 전체로 보았으며, 이때의 선분과 면분을 "불가분량"이라 불렀다. 그 발상은 원자론적이나, 증명은 착출법을 쓰고 있다. 그의 업적은 뒤에 월리스와 파스칼을 통하여 라이프니츠에게 영향을 주고 있다.

그 밖에도 **토리첼리** Torricelli (1608-47), 페르마 등도 독립적으로 적분 개념의 확립에 공헌하였다. 특히, **파스칼** Pascal (1623-62)은 기하학적 이론을 써서 논리적으로 정확한 적분의 개념을 세웠는데, 불가분량 대신에 직사각형꼴을 사용하였다.

월리스 Wallis (1616-1703)는 옥스퍼드대학 교수로서, 《무한산술》(1655)이라는 저서에서 기호대수적인 무한 산법을 논하였는데, 논리적으로는 조잡하고 기호 계산에만 치중한 것이기는 하나, 오늘날의 극한 산법의 원형을 세웠다. 이리하여 1660년 이후에는 불가분량이라는 개념이, 1670년 이후에는 착출법에서의 귀류법이 표면상 퇴화하고 극한 계산으로 대치되었다.

접선법

그리스 시대에도 이미 원뿔곡선의 접선이 연구되었고, 아르키메데스는 더 어려운 곡선의 접선을 연구하였다. 17세기에 들어서면, 갈릴레이 일파의 운동학에서, 점의 운동이 곡선으로, 운동의 순간 방향이 접선 방향으로 파악되었다. 변화율은, 갈릴레이가 1638년에 "물체의 낙하 속도는 일정한 비율로 계속하여 증가한다"는 것을 보인 뒤부터, 물리학에서 중요한 위치를 차지하게 되었다.

정수론에서 탁월한 업적을 남긴 페르마 Fermat(1601-65)는 해석기하학의 개념을 가지고 있었고, 여러 가지 곡선의 접선과 극대·극소값의 결정법을 논하였으며, 적분과 곡선도형의 면적을 연구하였다.

데카르트 Descartes(1596-1650)도 접선의 이론을 확립하여 방정식의 중근을 구하는 데 이용하였다. 이 밖에도 로베르발 Roberval(1602-75)과 토리첼리도 공헌이 크다.

뉴턴의 스승이던 바로우 Barrow(1630-77)는, 기하학적 방법을 써서, 접선법과 구적법이 역의 관계임을 보이는 미적분학의 기본 정리를 발견하였는데, 이는 토리첼리의 영향을 받은 것이다.

뉴턴과 라이프니츠의 등장

이 같은 역사적 배경 아래에 뉴턴과 라이프니츠는 구적법과 접선법이 역관계에 있음을 밝혀내 독립적으로 발전되어 온 두 분야 사이의 관계를 확립하고, 일반적인 계산법과 기호법을 도입하였다. 다시 말하면, 그때까지의 결과를 명확히 표현하고, 그 표현을 써서 기계적 계산을 할 수 있는 기호법을 정비한 것이다.

그들의 미적분학의 특성은 다음과 같다.

뉴턴 ——	유율법 ——	운동학적
라이프니츠 ——	불가분량 해석학 ——	원자론적
	또는 무한소해석학	

그들의 공통적 업적은 미적분학의 기본정리를 인식하고 표현한 것에 있으며, 1673년까지는 기호 계산을 할 수 있는 체계를 확립한 것이다.

뉴턴의 업적

갈릴레이가 작고한 해의 크리스마스날에 뉴턴 I. Newton(1642-1727)은 자작농의 유복자로 태어났다. 농사일보다 기계 모형을 고안하거나 실험을 하든가 문제를 푸는 것을 더 즐겨하였기에 어머니가 대학에 가는 것을 허락했다. 그는 케임브리지대학생 시절 유행병 때문에 휴교(1665-66)한 2년 동안에 미적분학과 만유인력 등 역학체계를 포함한 큰 업적을 완성했다.

뉴턴

그의 저서 《유율과 무한급수법》(1671)은 케플러, 갈릴레이, 바로우, 네이피어 등의 연속적인 운동에 관한 업적과 월리스의 《무한산술》에 있어서의 기호적 수법의 영향을 받은 것이다. 그 속에서 그는 유량(流量, fluent)이란 시간의 함수, 즉 운동에서처럼 시간과 함께 변하는 양을 생각하여, 이를 x, y, z 등으로 나타내고, 유율(流率,

fluctio)이란 유량의 속도(오늘날의 도함수)를 생각하여, 이를 $\dot{x}$, $\dot{y}$, $\dot{z}$로 나타냈다.

그는

(1) 유량 사이의 관계식 → 유율 사이의 관계식

(2) 유율 사이의 관계식 → 유량 사이의 관계식

처럼 왼쪽 것에서 오른쪽 것을 얻는 과정을 다루었는데, 오늘날의 술어로는, (1)은 미분방정식을 세우는 과정으로 미분법에 해당하며, (2)는 미분방정식을 푸는 과정으로 적분법에 해당한다. 그는 이들을 써서 극값문제, 접선문제, 구적법을 간소화하였다.

뉴턴의 공적은, 첫째로 역학체계를 확립한 데에 있다. 소위《프린키피아》*Principia*로 알려져 있는《자연철학의 수학적 원리》(1687)는 지상의 물체, 하늘의 별과 같은 우주만물의 운동론을 다룬 것으로서, 관성의 법칙, 힘·가속도·질량의 관계, 작용·반작용의 관계를 다룬 역학의 세 법칙과 만유인력의 법칙이 나와 있다. 여기에는 또 갈릴레이의 운동학과 케플러의 세 법칙을 그 체계 안에 포섭함으로써, 자연의 법칙을 수학을 써서 표현한다는 기본철학을 확립한 것이다.

뉴턴의 둘째 큰 공적은 무한소해석학 즉 오늘날의 미적분학을 확립한 것이다.《프린키피아》의 주된 내용도 그의 무한소해석학을 써서 비로소 표현된 것이다. 실제로 뉴턴은 이 같은 수학을 써서 인공위성의 가능성을 예언했으며, 인공위성의 출현은 300년 전의 그의 이론이 옳음을 실증해 주는 것이다.

이제 뉴턴 미적분학의 시대적 배경과 또 밀접한 관련을 가진 그의 운동법칙에 관하여 알아보자.

뉴턴 스스로 "나는 거인들의 어깨 위에 서 있었다"고 말한 것처럼, 그는 세 거인의 업적을 이어받았다. 데카르트로부터는 해석기하학을,

케플러로부터는 22년간의 관측으로 얻어진 행성 운동의 세 법칙을, 갈릴레이로부터는 뉴턴 역학의 기본이 되는 세 운동법칙의 첫 두 개를 물려받았다.

케플러의 행성운동의 세 법칙은 다음과 같다.

(1) 행성은 태양을 한 초점으로 가지는 타원을 그리며 돈다.

(2) 태양과 행성을 잇는 선분은 같은 시간에 같은 면적을 그린다.

(3) 행성이 태양을 한 바퀴 완전히 도는 시간(주기)의 제곱은 태양으로부터의 평균거리의 세제곱에 비례한다.

이들은 모두 뉴턴의 만유인력의 법칙으로부터 미분법을 써서 증명된다.

뉴턴의 세 운동법칙을 들어 보자.

(1) (관성의 법칙) 모든 물체는 어떤 힘을 받지 않는 한 정지 상태 또는 등속운동의 상태를 유지한다.

(2) 운동량(질량×속도)의 변화율은 그 물체에 가해진 힘에 비례하고 그 가해진 힘의 방향으로 일어난다.

(3) 작용·반작용의 법칙(이상적인 두 당구공이 맞부딪치면 한 당구공이 잃은 운동량은 다른 당구공이 얻게 된다.)

위의 세 법칙 중 우리에게 관심이 있는 것은 "변화율"이란 어휘가 들어 있는 둘째 법칙이다.

한 물체의 질량이 운동 중에 변하지 않는다고 가정할 때, 운동량은 질량×속도이므로, 그 변화율을 파악하기 위해서는 뉴턴은 속도를 명확히 규정해야 할 필요가 있음을 생각했다. 속도는 위치의 변화율이다. 따라서 연속적으로 운동하는 어떤 물체의 속도는 수학적으로 표현 가능한가? 하는 문제가 이 운동량의 변화율을 파악하기 위한 보다 깊은 본질적 문제로 생각된다. 이 문제는 또한 시간 t에 대한 위치 s의 함수표현 $s=f(t)$를 필요로 한다 (⇨ pp.240-243).

하여간, 직관적이고 선험적인 변화율의 개념을 엄밀화하는 데는 그 뒤 많은 학자들의 공헌이 있어야 했다. 그러나 뉴턴은 이같이 모호한 개념을 가지고도 미분법을 써서 자연을 풀어헤치는 위업을 달성했다.

위의 문제와 유사한 것으로 속도가 연속적으로 변하면서 운동하는 물체가 주어진 시간 동안에 통과한 전 거리를 계산하는 데 뉴턴은 적분법을 사용했다.

이 같은 두 가지 유형의 문제를 생각하면서 뉴턴은 오늘날 "미적분학의 기본정리" (⇨ p.243)로 불리는 중요한 발견을 하였다. 이 정리가 바로 미분법과 적분법이 서로 역관계에 있음을 보인 것이다.

라이프니츠의 업적

라이프니츠

라이프니츠 Leibniz (1646-1716)는 철학, 수학, 법학 등의 학문 전반에 걸쳐 탁월한 업적이 있고 정치와 외교 등 실무에도 종사한 사람이다. 수학은 그가 천재성을 발휘한 분야 중의 오직 하나에 불과하다.

1684년경, 라이프니츠는 카발리에리의 방법을 따른 원자론에 "연속률"이라는 원리를 덧붙여 뉴턴의 극한 개념을 대신한 또 다른 미적분학을 세웠다.

그는 접선법과 구적법을 합리화하고 dx, dy와 같은 기호를 써서 그들 사이의 사칙 규칙을 확립하였으며, $\int$로 적분을 표시했다. 여기에서 d는 차를 나타내며 $\int$는 S로서 합을 나타낸다. 그는 가히

기호법의 천재였다.

18세기 중에는 라이프니츠가 뉴턴의 미적분학을 표절한 것으로 되어 있었다. 그 결과, 영국학파가 유럽의 대륙학파와 분리될 정도로 격렬한 장기간의 논쟁이 있었다. 수학자로서의 라이프니츠는 훌륭한 해석적 능력을 가졌고, 또 풍부한 사상을 가지고 있었는데, 미적분학의 발견 외에도 미정계수법을 도입하였고 처음으로 행렬식을 사용하였다. 또 포락선 이론의 기초를 세운 두 논문 중 하나에서 처음으로 좌표(co-ordinates)와 좌표축이라는 용어를 썼으며, 역학에도 업적이 있다. 또 그는 함수라는 말을 처음 사용했고, 위상수학과 기호논리를 예언하였다.

미적분학에 관한 뉴턴과 라이프니츠의 업적에 대하여는 다음의 점에서 비교가 된다.

뉴턴은 수학을 역학 연구의 수단으로 생각하여, 수학에서 다루는 양도 연속적인 운동을 주로 생각하였다. 가령, 선은 점의 운동이며, 면은 선의 운동이라 본 것이다.

이에 비하여 라이프니츠는 기하학적이며 기호적이었다. 이들의 미적분학은 오늘날의 것과 상당히 다른데, 오늘날에는 새로운 극한의 개념을 기초로 하여 이론 전체를 재편성한 것이다.

그러나 두 사람 모두 다 미적분학의 기초는 명확히 하지 못하였다. 라이프니츠는 "무한소"라는 말을 썼으며, 이것을 무시할 수 있는 충분히 미소한 양이라 했다. 뉴턴도 한때 이 말을 썼으나, 뒤에는 아무리 작더라도 그 양을 무시할 수는 없다고 했으며, 그가 대신 제시한 관념도 명확하지가 않았다. 이것이 극한으로 대치되어 엄밀한 논리로 전개된 것은 19세기 후반의 일이다.

4. 함수의 개념

교과서에 나타나는 함수의 개념

오늘날의 우리나라 중고교 교과서에서는 예외 없이 현대적인 함수의 정의가 나와 있다. 그것은 대체로 다음과 같다.

> "두 집합 A, B가 있어 집합 A의 각각의 원에 대하여 집합 B의 단 하나의 원이 대응될 때, 이 대응관계 f를 $f: A \to B$로 나타내고, f를 A에서 B로의 한 함수라 부른다. 이때, A를 함수 f의 정의역, B를 공변역이라 부른다."

이 정의를 제대로 이해하기는 어려운 얘기이며, 실제로 대부분의 학생들은 이 정의는 따로 외우고, 몇 개의 예를 통하여, 이 정의가 무엇을 뜻하는가를 유추할 뿐이다. 실제로, 대학에 들어온 학생 중 이 정의를 제대로 이해하고 있는 학생은 드물었다. 왜 이 같은 함수의 정의가 나타나야 하는지 의문을 가진 사람도 많다.

참고로, 함수(函數)라는 용어는 function이라는 영어의 중국식 음역이다.

함수 개념의 기원

고대의 수학을 보면, 아랍에서는 운동에 관한 수학적 연구가 없었으며, 그리스에서는 속도의 개념조차 없었다. 그 뒤, 갈릴레이 등에 의한 운동학의 연구에서 비롯된 두 변량 사이의 관계를 추구하는 것이 함수 개념을 낳게 한 계기가 되었다.

데카르트의 해석기하학(1637)에서는 평면곡선 위의 한 점의 x좌표와 y좌표를 변수로 보고, 곡선은 한 변수가 다른 변수에 종속됨을 보여 준 것이 된다. 이리하여 운동을 표현하는 식과 곡선이 연구 대상이 됨에 따라, 식으로 표현되는 관계나 그 그래프가 수학의 대상이 된 것이다.

"함수"(function)라는 용어가 처음으로 쓰인 것은 1692년의 **라이프니츠**의 논문에서였다. 이때의 함수 개념은 지금의 함수 개념과는 판이한 것이었다. 이 당시의 함수는 두 변수 사이의 관계로서 한 변수의 합, 곱 등의 대수적 연산이나 sin, cos, log 등을 취하는 규칙에 의해 결정되는 것이었다. 따라서 함수 $f(x)$가 주어져 있을 때 곡선 $y=f(x)$와 $x=a$, $x=x_0$로 둘러싸인 면적을 $S(x_0)$라 하면 라이프니츠의 기호로 $S(x_0)=\int_a^{x_0} f(t)dt$라 나타내어, 이 함수 $S(x)$는 기하학적 관계에 의해 결정되는 다른 종류의 함수라 생각했다.

오일러는 1734년에, "변수와 상수로써 조립된 해석적인 식", 즉 그래프가 매끄러운 한 연속곡선으로 나타나는 것에 대하여 함수라는 말을 썼다. 이러한 함수는 요즈음의 쉬운 미적분학 책에서 주로 다루는 것들이며, 그에 의하면 두 연속곡선이 이어진 꼴은 함수가 아니다. 또 식의 형태에 따라 오일러는 양함수, 음함수, 대수함수, 초월함수라는 말을 썼으며, 함수의 이론에 관한 첫 책인 《무한해석입문》(1748)을 썼다. 오늘날에도 미적분학의 초보 과정에서는 오일러의 정의만으로 충분하다.

18세기는 수학에 있어 건설의 시대이며 또 발견의 시대이고, 19세기는 비판 정신이 왕성히 일어난 시기이다.

라그랑즈 Lagrange(1736-1813)의 《해석함수의 이론》(1797)은 이 같은 변화의 선구인데, 여기에서 다룬 미적분학은 아직도 중심과제가 해석적인 식이었다. 이 책에서 그는 멱급수의 성질에 관하여 보다 나은 기초를 요망하고 있다.

푸리에 Fourier (1768-1830) 는 푸리에급수로 표현되는 곡선을 연구하던 중, 변수들 사이에 전에 함수라고 부르던 것보다 일반적인 관계에 대하여 고찰함으로써, 함수 개념에 대하여 비판하게 되고, 그때까지의 미적분학보다 깊은 연구로의 길을 열었다.

19 세기 이후의 함수의 개념

19 세기에 들어와 비판 정신이 왕성해짐에 따라, 함수의 정의를 명확히 하려는 노력이 나타났다. **꼬오쉬** Cauchy (1789-1857) 는 "여러 개의 변수 사이에 어떤 관계가 있어, 그중 한 개의 값에 따라 다른 것의 값이 정해질 때, 뒤의 것을 앞의 것의 함수"라 불렀다.

한편으로는, 기하학의 방법으로 정의되어 있든 아니든 간에, 모든 연속함수는 해석적 표현이 가능하고 불연속함수는 그렇지 못하다는 믿음이 있었는데, 해석학의 발달로 이런 믿음은 옳지 못하다는 것이 밝혀졌다.

실제로 **디리클레** Dirichlet (1805-59) 는 해석적 표현

$$f(x) = \lim_{n\to\infty}\left[\lim_{m\to\infty}(\cos(m!\pi x))^{2n}\right]$$

을 가지는 불연속함수를 만들었는데, 이 함수는 x가 무리수일 때는 0 이고, x가 유리수일 때는 1 이 된다.

그 뒤, 극한의 개념, 함수의 개념, 연속성, 실수의 체계 등이 확립되어 있지 않은 역사적 상황 속에서 병적인 함수 (patholog ical functions) 들이 생겨나는데, 이들은 대부분 극한과 급수를 써서 정의된

눈에 보이지 않는 함수라 생각하면 된다. 그리하여 "어떤 경우에 y 는 x의 함수인가?"가 문제가 되었다.

디리클레는 한 함수의 푸리에급수가 수렴하기 위한 그 함수의 조건을 연구하는 가운데, 1837년의 한 논문에서, 연속성과 함수의 정의를 오늘날과 거의 같은 의미로 논하였다. 즉, 그는 수의 집합의 임의의 원을 변수라 부르고, 비록 정의역과 치역을 실수의 구간으로 한정한 것이기는 하지만 비로소 함수란 하나의 대응관계의 불과한 것이라 봄으로써, 오늘날의 것을 암시해 주었다.

꼬오쉬, 리이만, 바이어슈트라스 등에 의한 복소함수론의 발전에 따라, 오일러의 것보다 일반적이면서 해석학에서 유용한 함수의 정의가 요망되었다. 한편, 모든 정의가 수에 관한 등식, 부등식을 기초로 하여 정의되어야 한다는 해석학의 산술화 운동이 있었다.

그 뒤에 칸토르 Cantor(1845-1918)의 **집합론**이 나타나고, 다시 베르 Baire(1874-1932), 보렐 Borel(1871-1956), 르벳구 Lebesgue(1875-1941) 등이 **적분론**을 전개함에 따라, 함수 개념에 대한 반성이 일어났다.

20 세기에 들어오면서 디리클레의 정의가 강화되어, 함수는 정의역, 공변역의 구조와도 관계가 있음을 밝혀내는데, 이는 거리공간론이나 위상수학의 발전에 따른 것이다.

디리클레의 정의의 최초의 주요한 일반화는 **프레셰** Fréchet(1878-1973)의 학위 논문에 나타났다.

> "함수 U는 임의의 성질을 가지는 집합 E에서 정의되는데, E에 속하는 각 원소 A에 대하여 수값으로 결정되는 $U(A)$를 대응시키는 것이다."

여기에서 집합 E는 실수의 집합이거나 곡선, 점들의 집합일 수도 있다. 예를 들어, 좌표평면 위에서 원점 (0, 0)과 점 (1, 1)을 잇는 연속곡선의 집합을 E라 하면 이에 속하는 각 원소(곡선)에 그 길이를 대응시킴으로써 프레셰의 정의에 따라 함수가 얻어진다. 이리하여, 그는 근본적으로 집합론에 입각한 함수의 일반화된 정의를 암시하면서, 이 같은 순수한 집합에 극한 개념을 가지는 구조를 주어 현대적 의미의 거리공간에 가까운 것을 만들어 냈다.

또, 카라테오도리 C. Carathéodory(1873-1950)도 1917년에 함수란 한 집합에서 실수의 집합으로의 대응관계라 불렀다.

한편, 전통적으로 사상(mapping)이나 변환(transformation) 같은 말은 벡터, 도형, 식 사이의 대응관계를 나타내는 데 쓰이던 말이었는데, 이들은 오늘날 함수(function)와 같은 뜻으로 쓰게 되었다. 이는 부르바키 Bourbaki 이후의 일이다.

함수의 현대적인 정의

함수의 정의는 오늘날 함수를 그 그래프와 동일시하자는 것으로 굳어졌다. 그래프를 정의하는 데는 "곱집합"과 "순서쌍"의 정의가 명백해야 하며, 또 수들 사이의 상등관계, 대소관계나 도형들 사이의 합동관계, 닮음관계에서 보는 바와 같은 "관계"의 개념이 명백해야 한다. 여기에서는 위와 같은 것에 유념하면서, 함수의 정의를 좀 더 자세히 분석하여, 현대적인 정의를 주려고 한다.

집합론에서는 집합의 원도 집합으로 생각한다. 두 집합 x와 y의 순서쌍 (x, y)를 다음과 같이 집합으로 정의한다.

$$(x, y) = \{x, \{x, y\}\}$$

이 정의에 따르면,

(1) $(x, y) \neq (y, x)$ ($x \neq y$일 때)와

(2) $(x, y) = (u, v)$는 "$x = u$이고 $y = v$"인 것과 동치임을 명백히 인식할 수 있는 장점이 있다.

두 집합 A, B의 **곱집합**을

$$A \times B = \{(a, b) \mid a \in A, \ b \in B\}$$

라 정의한다. 곱집합을 카티션곱 (Cartesian product)이라고도 부른다.

어떤 곱집합 $A \times B$의 한 부분집합을 **관계**라 부른다. 일상 언어에서의 관계라는 말에 얽매일 필요가 없다. 즉, 한 관계 R이란, 어떤 두 집합 A, B가 있어

$$R \subset A \times B$$

인 것이다. $(a, b) \in R$일 때 aRb 또는 $b = R(a)$라 나타내어, a와 b는 R이라는 관계를 가진다고 말한다. 이때 R의

정의역은 $\{a \in A \mid (a, b) \in R\}$,
치 역은 $\{b \in B \mid (a, b) \in R\}$

이라 정한다.

한 관계 R이 **전사**(全射)라 함은

"임의의 $b \in B$에 대하여 $(a, b) \in R$이 되는 $a \in A$가 존재할 때"

로 정하고, **단사**(單射)(1 대 1)라 함은

"치역에 들어 있는 임의의 $b \in B$에 대하여 $(a,\ b) \in R$, $(a',\ b) \in R$일 때, $a = a'$ 이어야 함"

을 의미한다. 또 **전단사**라 함은 전사이면서 단사인 것을 가리킨다.

관계 R에서는 정의역이 A 전체일 필요는 없다.

한 **함수** $f: A \to B$는

(1) f가 한 관계, 즉 $f \subset A \times B$이고,

(2) A가 정의역, 즉 $A = \{a \mid (a,\ b) \in f\}$이며,

(3) $(a,\ b) \in f$, $(a',\ b') \in f$, $a = a'$일 때 반드시 $b = b'$이어야 한다.

는 세 조건을 만족시키는 것으로 정한다.

$(a,\ b) \in f$인 것을 흔히 $b = f(a)$라 나타내는 것이다. 함수도 한 관계이므로 전사, 단사, 전단사를 생각할 수 있다.

함수 $f: A \to B$에서 A는 정의역이다. 이때 B를 **공변역**이라 부른다. 치역은 공변역의 부분집합이다. 치역이 공변역 B와 같을 때가 바로 전사인 것이다.

$A, B \subset \boldsymbol{R}$일 때 f를 실변수의 실함수라 부르는데, 이 같은 한 연속함수의 예를 아래 그림으로 보인다.

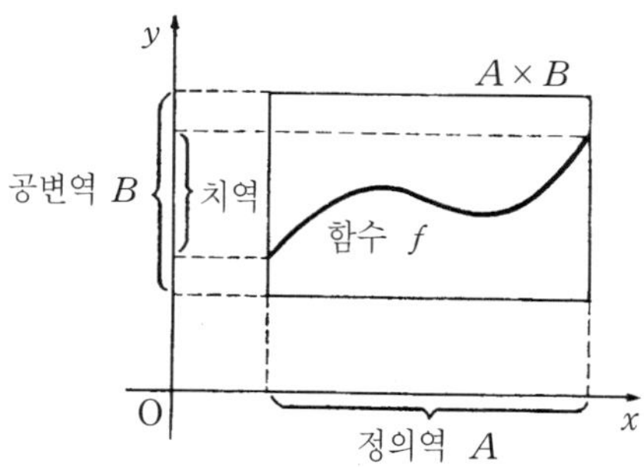

함수의 정의에 관한 주의

(1) 집합 A에서 B로의 한 함수 f는, 곱집합 $A\times B$의 한 부분 집합, 즉 f의 그래프로 나타난다. 이 그래프를 그냥 집합 f라 나타내기로 하자.

함수 f의 정의역의 원소를 a라 할 때, f의 치역 안에 $(a, b) \in f$를 만족하는 원소 b가 단 하나만 존재한다. 이 원소 b는 a와 f에 따라 유일하게 결정되므로, 관례상 b를 $f(a)$로 나타낸다. 따라서 f에 따라 얻어지는 a와 b 사이의 대응을 나타내는 데 $b=f(a)$라 쓰기도 하고, $f: a \mapsto b$로 나타내기도 한다. 이때 $f(a)$ 또는 b를 "a에서의 함수 f의 값"이라 부른다. 흔히 함수 $y=f(x)$라 나타내는 것은 이 같은 용법에 따른 것이다.

(2) 함수란 앞에서 본 바와 같이 순서쌍의 집합이라 볼 수 있으므로, 말로써 정의되기도 하고, 수식으로 정의되기도 하고, 또 표로써 정의되기도 한다.

이제 예를 들어 보자.

① 집합 A가 우리나라의 모든 도 (강원도 등)의 집합이고, B가 도청 소재지의 집합이라 할 때, 함수 $f: A\to B$를 "$f(x)$는 x의 도청 소재지"라 정하면 A와 B 사이에 1 대 1 대응(전단사)인 함수가 얻어진다.

② $A=\{x \mid x\in \boldsymbol{Z},\ 1\leq x\leq 5\}$, $B=\{x \mid x\in \boldsymbol{Z},\ 1\leq x\leq 100\}$일 때, 함수 $f=\{(x, y) \mid (x, y)\in A\times B,\ y=2x^2+3\}$을 생각하면, A는 정의역, B는 공변역, 치역은 $\{5, 11, 21, 35, 53\}\subset B$이며, 대응 규칙은 식 $y=2x^2+3$으로 주어진다.

③ 다음과 같은 표도 함수의 정의구역, 치역, 대응 규칙을 나타내

고 있다.

x	-3	-2	-1	0	1	2	3
y	6	-5	5	2	6	5	-1

초등함수의 분류

함수의 대응 규칙이 식으로 주어져 있는 경우, 그 함수들에 전통적으로 이름을 붙여 놓은 것이 있다. 이제 이와 같은 경우, 식의 종류에 따라 함수의 이름이 정해짐을 알 수 있을 것이다.

변수 x와 상수 a들에 대하여 덧셈 · 뺄셈 · 곱셈의 세 연산을 유한 번 시행한 꼴로 나타내는 대응 규칙

$$f(x)=a_0x^n+a_1x^{n-1}+\cdots+a^{n-1}x+a_n$$

$$(a_0,\ a_1,\ \cdots,\ a_{n-1},\ a_n\text{은 상수},\ a_0\neq 0)$$

으로 정해지는 함수를 유리정함수 또는 다항함수라 부른다. 위에서 $n=1,\ 2,\ 3,\ \cdots$일 때 차례로 1차함수, 2차함수, 3차함수, $\cdots$라 부른다.

다시 나눗셈까지 허용한 네 가지 연산을 유한 번 허용하여 얻어지는 함수를 유리함수라 부른다. 유리정함수가 아닌 유리함수를 특히 유리분수함수 또는 분수함수라 부른다.

사칙 연산 외에 거듭제곱근 연산까지 허용하는 대수식으로 나타나는 함수를 대수함수라 부르고, $f(x)=\sqrt{a^2-x^2}$과 같이 유리함수가 아닌 대수함수를 무리함수라 부른다.

$f(x)$가 x에 관한 대수식으로 주어져 있지 않을 때 초월함수라 부른다. 지수함수 · 로그함수 · 삼각함수 · 역삼각함수 등은 모두 초월

함수이다. 이들을 특히 초등초월함수라 부른다.

따라서 초등함수는 다음과 같이 분류된다.

- 대수함수…
  - 유리함수…
    - 다항함수
    - 분수함수
  - 무리함수
- (초등) 초월함수…
  - 삼각함수, 역삼각함수,
  - 지수함수, 로그함수

이 같은 분류는 실수를 대수적 수와 초월수로 분류한 것에 그 동기가 있다.

> 자연과학은 수학적일 때에 한하여 과학이라 불린다.
>
> —칸트

5. 극한과 연속

극한과 연속의 기초

뉴턴과 라이프니츠는 도함수의 연산 규칙, 예를 들어

$$\frac{d}{dt}(u+v)=\frac{du}{dt}+\frac{dv}{dt}$$

같은 것을 명확히 기술했지만, 그 근본이 되는 극한의 개념은 소홀히 하고 있었다. 가령, 뉴턴은 "소멸하는 양의 궁극적 비율"인 $\lim_{\Delta x \to 0}\frac{\Delta y}{\Delta x}$를 설명하는 데 있어 물리적 개념인 순간속도를 사용하였다. 이는 극한의 수학적 정의를 내리는 데 예를 든 것에 불과하다.

이 같은 극한 개념의 모호성 때문에 여러 가지 논란이 있었고, 또 그에 따르는 급수의 수렴성이 모호한 데서 여러 가지 어려움이 일어났다. 가령, 1703년에 그랜디 Grandi (1671-1742)는 나눗셈으로 얻어지는 급수

$$\frac{1}{1+x}=1-x+x^2-x^3+\cdots$$

에 $x=1$을 대입하여

$$\frac{1}{2}=1-1+1-1+\cdots$$

을 얻고, 다시

$$\frac{1}{2} = (1-1)+(1-1)+(1-1)+\cdots$$
$$= \quad 0 \quad + \quad 0 \quad + \quad 0 \quad +\cdots$$

이므로 세계는 무에서 형성될 수 있다는 것을 증명하였다고 주장했다. 이에 대하여 라이프니츠는 짝수항까지의 합이 0이고, 홀수항까지의 합은 1이므로, 그 두 합의 평균 1/2이 그 결과가 된다고 주장했다.

이와 같은 것들 때문에 사람들은 극한을 엄밀하게 정의하려 노력하거나, 그렇지 않으면 아예 해석학에서 극한 개념 없이 산술적 계산만으로 다루려고도 하였다.

달랑베르 d'Alembert (1717-83)는 다음과 같은 예를 들어 극한을 설명하고 있다.

"포물선 $y^2 = ax$ 위에서 점 (x, y)와 점 $(x+\Delta x, y+\Delta y)$를 잇는 직선(할선)의 기울기는 $\dfrac{\Delta y}{\Delta x} = \dfrac{a}{2y+\Delta y}$가 된다. 우리가 원하는 만큼 Δy를 작게 할 수 있으므로 $\dfrac{a}{2y+\Delta y}$는 우리가 원하는 만큼 $\dfrac{a}{2y}$에 가깝게 만들 수 있다. 이때 $\dfrac{a}{2y}$는 $\dfrac{a}{2y+\Delta y}$의 극한이 된다."

이 같은 예를 보면, 달랑베르는 일반성만을 지니지 못하지 나중에 얻어진 엄밀한 정의(⇨ p.226)에 부합되는 주장을 하고 있다. 100년이 지난 후에야 엄밀한 정의가 나타나는 것이다.

극한 개념의 진보는 **꼬오쉬** Cauchy (1789-1857)에 의하여 이루어졌다. 즉,

"어떤 변수의 값들이 우리가 원하는 만큼 어떤 수와의 차가 작아질 때, 그 수를 극한이라 부른다. 이와 같은 예로서, 무리수는 유리수들의 극한이 된다."

또한 그는 함수의 연속성을 정의하는 데 결정적인 진보를 이룩했다. 그는 $f(x+a)-f(x)$가 a와 함께 한없이 작아질 때 함수 $f(x)$를 변수 x의 연속함수라 불렀다. 이와 같이 그는 과거의 수학자들이 함수의 극한이 존재한다는 충분한 근거로서 기하학적인 명백한 연속성을 이유로 들었던 것과는 반대로 극한이라는 개념을 써서 연속성을 정의한 것이다. 또한 꼬오쉬는 "무한소 상태"에 대한 수학적 정의를 하여 엄밀한 극한 개념으로의 길을 열었으나 확장된 극한 개념은 아니었다. 즉,

> "어떤 변수의 값들이 임의의 주어진 수보다도 작아질 때 그 변수를 무한소 상태 또는 무한소량이라 부른다."

이와 같이 극한과 연속성이 확립되어 있지 못한 상태에서 볼차노 Bolzano (1781-1848)는 수학적 구조의 새로운 인식을 요구하는 업적을 이룩하였다. 1799년에 가우스는 "대수학의 기본정리"를 기하학적 직관을 써서 증명하였는데, 볼차노는 다음과 같은 두 정리를 써서 다시 증명하였다.

> "x가 α에서 β까지의 값을 취할 때 두 함수 $\phi(x)$와 $f(x)$가 연속이고, $f(\alpha)<\phi(\alpha)$, $f(\beta)>\phi(\beta)$이면, 적당한 x가 α와 β 사이에 있어 $\phi(x)=f(x)$가 된다." (중간값의 정리)

> "M이 모든 실수 x에 대하여는 성립하지 않으나, 어떤 수 u보다 작은 모든 x에 대하여는 성립하는 성질이라 하자. 그러면, 이런 u들 중 최대인 U가 존재한다."

볼차노는 위의 둘째 정리를 증명하는 과정에서 다음과 같은 일반적 문제에 직면했다. 즉, 실수열

$$a_1,\ a_2,\ \cdots,\ a_n,\ \cdots,\ a_{n+r},\ \cdots$$

에서, n이 충분히 큰 임의의 자연수일 때, 임의의 r에 대하여 $|a_n - a_{n+r}|$을 원하는 만큼 작게 만들 수 있다면, 이 수열은 어떤 수에 수렴하는가? 볼차노는 이 문제를 풀지 못했다. 나중에 이것이 꼬오쉬열 (⇨ p.77)이 수렴하기 위한 필요충분조건이 되는데, 이는 실수의 엄밀한 구성이 없이는 증명이 불가능하다. 따라서 볼차노의 극한의 존재에 관한 의문이 실수의 성질을 밝히게 되는 원인이 된 것이다.

미적분학을 비롯한 해석학의 기본인 극한과 연속성은, 실수의 위와 같은 원리와, 길이 또는 거리에 관한 기하학적 개념 위에 기초를 두고 있는 것이다. 길이와 거리 같은 것은 근방 개념으로 대치되며, 근방의 개념을 개집합을 써서 정의함에 따라, 개집합족을 가진 공간인 위상공간을 추상적으로 다루게 되어 일반위상수학이 탄생하게 된 것이다.

실수의 위상적 구조

처음에는 사람들이 연속인 실함수는 항상 미분가능인 줄 알았다. 그러나 1874년에 바이어슈트라스 Weierstrass(1815-97)는 모든 점에서 연속이지만 모든 점에서 미분가능이 아닌 함수

$$f(x) = \sum_{n=0}^{\infty} b^n \cos(a^n x\pi) \qquad (a\text{는 } 1\text{보다 큰 홀수},\ b<1)$$

를 발표함으로써 충격을 주었다.

앞서 말한 볼차노의 문제와 바이어슈트라스의 이 같은 함수의 발견은 실수계의 구조를 좀 더 확실히 정립해야 할 필요가 있다는 것을

깨닫게 하였고, 이것이 데데킨트와 칸토르에 의하여 완성되었음은 이미 앞에서 본 바와 같다(⇨ *pp*.75-78).

2000년 이전에 이미 그리스인들은 유리수만으로 잴 수 없는 길이, 즉 무리수를 발견하였었다. 따라서 길이라는 개념을 받아들인다면, 실직선 위에 유리수 아닌 실수가 존재한다. 여기에서 연속체의 수수께끼에 관한 철학적 사고가 나타나기 시작한 것이다.

실제로 독자들은 중학교에서 "$\sqrt{2}$는 무리수이다"를 증명한 것으로 생각하고 있는데, 사실은 "$\sqrt{2}$는 유리수가 아니다" 또는 "$x^2=2$는 유리수근을 가지지 않는다"는 것을 보인 것이지, $\sqrt{2}$가 무리수임을 보인 것은 아니다. 또, 예를 들어 지수함수 $y=2^x$ 위의 점 $(\sqrt{2}, 2^{\sqrt{2}})$에서 $2^{\sqrt{2}}$는 정의되지도 않은 채 쓰여지고, 그 그래프는 매끈하게 그려져 실수 전체에서 연속함수로 생각하게 만들어 놓고 있다.

무리수를 구체적으로 정의하고 그에 따라 실수계의 수학적 구조를 명확히 밝힌 사람이 바로 데데킨트와 칸토르였던 것이다. 그들이 실수를 바르게 구성함으로써 증명할 수 있었던 **최소상계의 공리**를 다시 한 번 설명해 보자.

> "집합 M이 $M \neq \varnothing$, $M \subset \boldsymbol{R}$이고 한 상계를 가지면 M의 최소상계가 존재한다."

한 수 u가 M의 상계라 함은 M의 임의의 원 x에 대하여 $x \leqq u$일 때이며, "상계를 가진다"는 말을 "위로 유계"라고도 말한다. 최소상계 U는 한 상계로서, 임의의 상계 u에 대하여 $U \leqq u$인 것이다.

이 공리를 볼차노의 두 번째 정리(⇨ *p*.223)와 비교하여 보자. 역사적으로 볼차노는 실수를 엄밀하게 구성하지 않은 상태에서 이 공리를 증명하려 하였던 것이다.

실수계의 위상적 구조인 위와 같은 성질은 오늘날 완비성이라 불리며, 그 뒤의 수많은 완비거리공간 이론의 초석이 된 것이다.

실변수의 실함수의 극한과 연속성

어떤 구간에서 정의된 실함수의 극한은 수열의 극한을 써서 정의된다. 이 같은 함수 f에 대하여, a가 한 실수일 때,

$$\lim_{x \to x_0} f(x) = a$$

또는

$$x \to x_0 \text{일 때 } f(x) \to a$$

라는 것은, 정의구간 안의 임의의 수열 $\{x_n\}$ 으로서 x_0 를 극한으로 가지는 것에 대하여, 실수열 $\{f(x_n)\}$ 의 극한이 항상 a라는 것을 나타낸다고 생각한다. 이때, $x_n \neq x_0$ 라 생각한다.

다시 말하면, x가 x_0에 충분히 가까울 때에, $f(x)$는 a에 얼마든지 (원하는 만큼) 가까운 값을 취하게 할 수 있다는 것이다. 여기에서, "가깝다"는 말을 하기 위해서는 길이나 거리라는 개념이 있어야 한다. 따라서 위의 극한 기호는

$$x \neq x_0, \quad |x - x_0| \to 0 \text{일 때} \quad |f(x) - a| \to 0$$

이라 볼 수 있다.

x_0가 $+\infty$ 또는 $-\infty$ 일 때는 그에 알맞게 변형하여 생각하면 된다.

$f(x)$를 a에 원하는 만큼 가깝게 하기 위해서는 x가 x_0에 얼마

만큼 가까이 있으면 충분하다는 것을, 다음과 같이 표현할 수 있다.

"임의의 $\varepsilon > 0$에 대하여 다음을 만족하는 $\delta > 0$가 존재한다.

$x \neq x_0$, $|x - x_0| < \delta$일 때 $|f(x) - a| < \varepsilon$."

이것을 그림으로 나타내 보자.

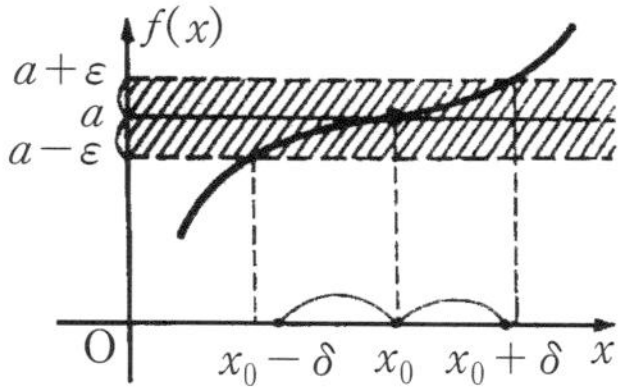

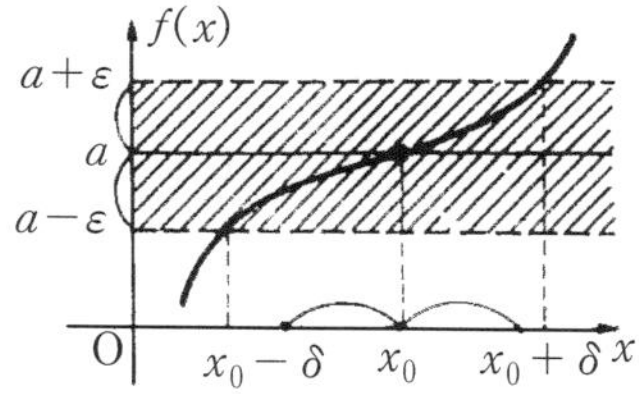

그 뜻은, 작다고 하는 정도를 나타내는 양수 ε을 주었을 때, x가 x_0에 어느 정도로 가까우면, a를 중심으로 하여 나비가 2ε인 띠 안에 $f(x)$의 값이 들어간다는 것이다. 오른쪽 그림은 같은 함수에 대하여 ε이 커지면, δ도 크게 잡을 수 있음을 보이고 있다.

가령, $f(x) = x^2$의 경우 $x \to 2$일 때, $|f(x) - 4| < 0.01$이 되기 위해서는 $|x - 2| < 0.002$이면 되지만, $|f(x) - 4| < 0.0001$이 되기 위해서는 $|x - 2| < 0.00002$이어야 한다.

또, 위의 그림에서와 같이 반드시 $f(x_0) = a$가 되는 것은 아니다. 특히 $f(x_0) = a$가 되는 경우에, 이 함수는 x_0에서 연속이라 말하는 것이다.

위에서 본 바와 같이,

$$x \to x_0 \text{일 때 } f(x) \to a$$

라는 것은, x가 x_0보다 작은 값들을 취하면서 x_0에 가까이 가든가 (좌극한), 또는 x가 x_0보다 큰 값들을 취하면서 x_0에 가까이 가든가 (우극한) 가리지 않고, x가 x_0에 가까워지는 방법에 관계없이 $f(x)$가 a에 가까워져야 한다는 것을 말해 주고 있다.

그러면 극한값이 확정되지 않는 경우의 예를 들어 보자.

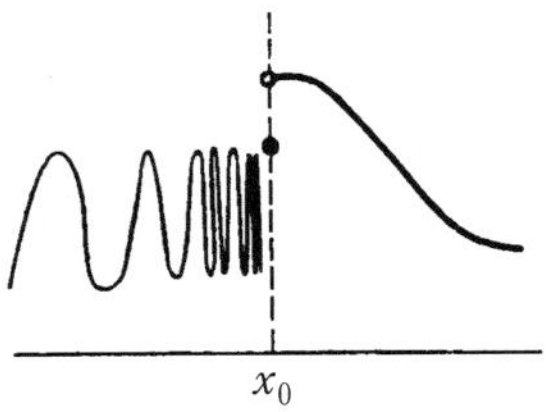

우극한이 존재

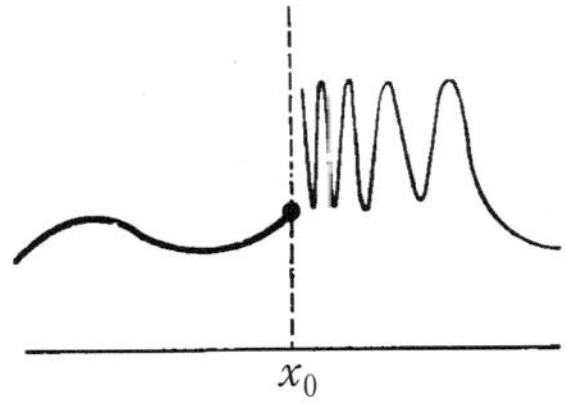

좌극한이 존재

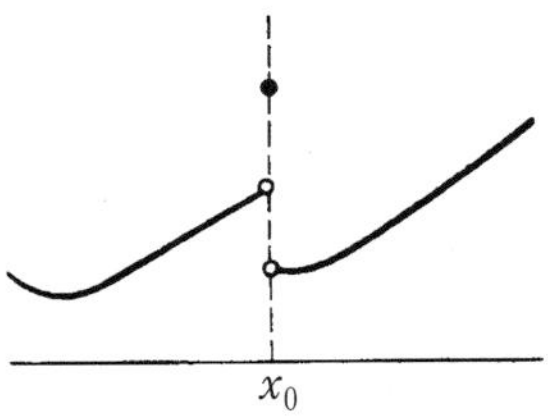

좌극한, 우극한이 존재

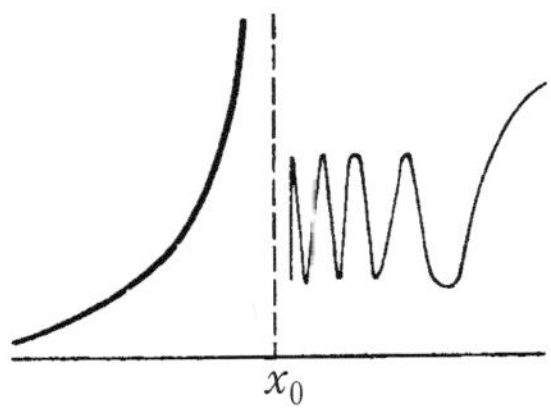

x_0에서 함수가 정의되어 있지 않음
좌극한, 우극한이 존재하지 않음

앞에서 본 바와 같이 함수 f가 $x=x_0$에서 **연속**이라 함은

$$\lim_{x \to x_0} f(x) = f(x_0)$$

인 것이었다. 위의 그림 네 가지는 모두 주어진 함수가 x_0에서 연속이 아님을 보여 주고 있다.

실직선 위에서 한 점의 근방이라 함은 그 점을 포함하는 개구간을 포함하는 집합을 가리킨다. 앞 페이지의 ε과 δ에 관한 그림을 보

면, f가 x_0에서 연속이라 함은

"$f(x)$의 임의의 근방 U에 대하여, x_0의 한 근방 V로서 $f(V) \subset U$가 되는 것이 존재한다"

는 것을 가리킴을 안다. 다시 말하면, x_0의 적당한 근방이 f에 의하여 $f(x)$의 주어진 근방 속으로 옮겨진다는 것이다. 이 정의에 따라, 위의 네 그림에서 f가 x_0에서 연속이 아님을 따질 수 있을 것이다.

그림으로 나타내기 어려운 함수의 예로서

$$f(x) = \begin{cases} \dfrac{1}{q} & (x \text{ 가 기약분수 } \dfrac{p}{q} \text{ 로 나타날 때}) \\ 0 & (x \text{ 가 무리수일 때}) \end{cases}$$

와 같은 것이 있다 ($x=0$ 일 때는 $q=1$ 이라 둔다). 이 함수는 무리수점에서는 연속이 되고, 유리수점에서는 불연속이다.

연속함수는 미적분학에서 다루어지는 가장 중요한 함수로서, 여러 가지 중요한 성질을 가지고 있다. 예를 들면,

"폐구간 $[a, b]$에서 정의된 연속인 실함수 $f(x)$는

(1) $[a, b]$의 어떤 점 m에서 최대값 $f(m)$을 가지고, 어떤 점

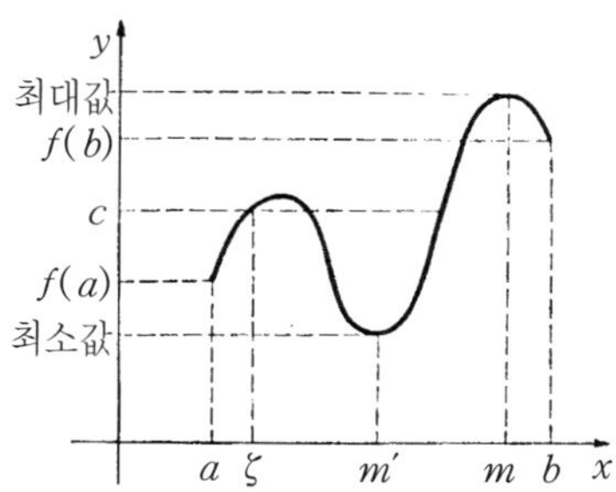

m' 에서 최소값 $f(m')$ 을 가진다. (최대최소의 정리)

(2) c가 $f(a)$와 $f(b)$ 사이의 임의의 값일 때, $c=f(\zeta)$가 되는 ζ가 (a, b)에 존재한다. (중간값의 정리)"

와 같은 것이 있다.

이들을 증명하는 데는 연속성의 의미와 실직선 $\boldsymbol{R}$이 완비거리공간임을 이용한다. 해석학은 $\boldsymbol{R}$의 완비성 위에 구성된 것이라 해도 지나친 말은 아니다.

연속함수의 현대수학에서의 역할

앞에서 본 실변수의 실함수의 극한과 연속성에 관한 성질은 길이나 거리에 관계되는 것이었다. 이에 따라, 실직선이 아니더라도 "거리"의 개념이 정의되는 거리공간에 대하여 위와 같은 내용은 거의 그대로 성립한다(⇨ $p.179$).

또 거리를 써서 근방을 정의할 수 있는데, 개구간을 일반화한 "개집합"이 정의되는 공간에서는 근방을 쉽게 정의할 수 있어 위와 같은 내용을 거의 그대로 적용하게 할 수 있다. 즉, 개부분집합이 정의되는 전체집합을 한 위상공간이라 부르므로(⇨ $p.177$), 위상공간 사이의 함수에 대하여 연속성을 생각할 수 있다. 위상수학이란 이 같은 연속함수 (사상 또는 변환)에 의하여 유지되는 도형의 성질을 연구하는 기하학이라는 뜻에서 생겨난 것이다(⇨ $p.165$).

그러나 연속함수만이 수학에서 다루는 전부는 아니다. 이에 대하여는 뒤에 설명하기로 한다(⇨ $p.233$).

6. 해석학의 전개

해석학의 역사

17세기까지는 해석(분석)이란 발견의 방법을 가리키는 말이었으며, 해석기하학도 유클리드 기하학에 비하여 발견법을 가진 기하학이라는 뜻이었다. 해석학의 방법은 대수학으로 실현되었기 때문에 한동안은 해석이란 대수의 별명이었으며, 미적분학을 대수학의 연장이라 생각하여 "무한소해석학"이라 부른 것이 뒤에 해석학으로 줄어졌다.

오늘날의 해석학의 내용은 좁은 뜻으로는 미적분학, 측도론, 급수론, 푸리에해석, 포텐샬론, 변분학 등이며, 넓은 뜻으로는 복소함수론, 함수해석학, 함수방정식론(미분방정식, 적분방정식 등), 특수함수론, 수치해석학 등을 포함하는 광범위한 것이다.

해석학이 발전해 온 역사를 살펴보면 그 사상과 방법을 알 수 있게 된다.

시초의 역사는 앞에서 본 바와 같으나, 대체로 아르키메데스의 구적법 이후의 일이다. 그러나 본격적으로 연구된 것은 16세기 이후의 일이다. 17세기의 접선법은 주로 데카르트, 파스칼, 페르마 등이 연구하였고, 그 뒤 뉴턴과 라이프니츠에 의한 미적분학의 발견이 따랐다.

18세기에 들어와 달랑베르 d'Alembert(1717-83)는 현의 진동

문제에 관련된 편미분방정식의 해에 관하여 연구하였다. 베르누이 Jacob Bernoulli (1654-1705) 는 그 해가 삼각급수로 표시됨을 보였다. 따라서 "임의의 함수는 언제든지 삼각급수로 표시되지 않는가?" 라는 기대가 생겨났다.

이 기대는 18세기에 **푸리에** Fourier (1768-1830) 가 확인하였다. 그는 열전도의 문제를 다룰 때, 임의의 함수가 푸리에급수로 표시됨을 주장했던 것이다 (⇨ *p*.238). 그러나 푸리에는 이 무한급수가 과연 수렴하는가 하는 데까지 생각이 미치지는 못하였다.

디리클레 Dirichlet (1805-59) 는 푸리에급수론을 확장하고, 함수의 개념을 현대화하였다 (⇨ *p*.213).

꼬오쉬 Cauchy (1789-1856) 는 《미적분학 교재》 (1821) 에서 변수, 함수의 정의부터 시작하여 연속성 수렴성 등을 ε- δ 논법 (⇨ *p*.227) 에 의한 극한의 엄밀한 정의를 써서 다루어, 미적분학의 논리적 기초를 확립하였다. 또 미분, 적분의 정의나 기본 정리의 오늘날의 것과 거의 같은 증명을 보였으며, 급수론을 엄밀화하였고, 연속함수가 적분가능임을 보였다.

꼬오쉬

리이만 Riemann (1826-66) 과 **바이어슈트라스** Weierstrass (1815-97) 는 해석학의 이론을 정밀화하는 데 다대한 공헌을 하였다.

리이만은 연속이 아닌 함수에도 적용되도록 적분가능의 정의를 확장하여, 오늘날의 소위 리이만적분의 개념을 확립하였다.

19세기 후반에는 실수, 함수, 극한, 수렴, 연속 등 해석학의 기본적인 개념에 대한 비판과 반성이 일어났다. 수렴, 발산의 판정에 대한 무한급수론에서는 이보다 앞서 가우스, 아벨, 꼬오쉬 등이 공헌하였는데, 꼬오쉬에서 비롯되는 해석학의 기초 확립에 관련되어 직관 대신에 엄밀한 수의 개념 위에 해석학, 나아가서는 수학 전체의 기초를 확립하려는 "수학의 산술화 운동"이 일어났다.

실수의 개념의 정밀화는 **데데킨트** Dedekind(1831-1916)의 "절단" 개념으로, 또 **칸토르** Cantor(1845-1918)의 "기본열"(Cauchy 열) 개념으로 완성되었다(⇨ *pp*.75-78). 이같이 엄밀화된 실수론을 기초로 하여 극한과 연속의 이론을 정밀화하고 또 불연속함수마저 다루는 실변수함수론이 나타났다.

특히 1874년에 발표된 칸토르의 집합론은 해석학에 혁명적인 변화를 가져 왔다. 수많은 반례로 그때까지 막연하게 이해되던 함수에 관련된 많은 개념에의 반성이 이루어졌고, 그들 개념을 보다 정확하게 기술할 필요가 생겼다.

리이만적분법에서의 측도(소구간의 길이, 중적분에서의 면적, 체적 등)에 대한 반성은 급기야 **르벳구** Lebesgue(1875-1941) 등이 함수의 적분, 곡선의 길이, 곡면의 면적 등의 개념을 가장 일반적인 관점에서 정의하여 측도론을 발견하게 하였고, 이와 함께 리이만적분의 여러 가지 일반화를 시도하여 **르벳구 적분론**을 확립하게 하였다. 이리하여 오늘날의 **실변수함수론**의 중요한 결과들이 얻어졌는데, 이에 공헌한 이들로는 르벳구 외에도 보렐 Borel(1871-1956), 하르 Haar(1885-1933), 위너 Wiener(1894-1964) 등이 있다.

이 같은 새로운 적분론의 탄생으로 푸리에급수의 이론은 **함수해석학**의 방향으로 발전하게 되었다.

한편 변수 x, 함수 y의 정의역과 치역을 실수계로 제한하는 대신 복소수계로 잡아서, 거기에 미분과 적분을 적용하는 분야가 꼬오쉬로부터 비롯되었다. 이 같은 해석학의 분야를 **복소해석학**(또는 복소함수론 또는 함수론)이라 부른다. 이 안에서는 실변수함수의 여러 가지 성질로 통일적으로 정리되고, 많은 아름다운 조화가 잡힌 정리들이 얻어졌다.

또 리이만이 다가함수를 1가화하기 위하여 생각해 낸 **리이만면**은 현대 수학의 큰 촉진제가 되어 위상수학의 진보를 가져 왔다.

해석학의 그 뒤의 발전은 너무나 복잡하게 이루어지고 그 내용도 대학원 수준이 되므로, 이 정도로 기술하여 두고, 이제 해석학의 몇 가지 토픽을 다룸으로써 그에 대신하려고 한다.

급수와 함수의 전개

미적분학이 나타날 때까지는 함수에는 대수식으로 표현된 것과 삼각함수나 로그함수처럼 표로 주어지는 것 두 종류밖에 없었다. 그런데 미적분학을 쓰면, $\log x$를 미분하여 $1/x$이 되는 것처럼, 함수들 사이의 관계를 알게 되고, 표에 의한 함수의 근사식 같은 것이 발견됨으로써 수표의 계산이 정밀해졌다. 이런 상황에서 무한급수의 연구가 성행된 것이다.

실수열 a_1, a_2, a_3, …가 실수 a로 수렴한다는 것, 즉 **극한** $\lim_{n\to\infty} a_n = a$의 엄밀한 정의는 다음과 같다.

> "임의의 양수 ε에 대하여 적당히 큰 자연수 N이 존재하여, $n \geqq N$이면 $|a_n - a| < \varepsilon$이 된다."

즉, 수열 $\{a_n\}$의 극한이 a가 된다는 말은, 우리가 원하는 만큼 a_n과 a의 차를 작게 할 수 있다는 것이며, 이때 물론 N은 원하는 만큼의 차에 의존한다.

이 "의존한다"는 말을 일상생활의 용어를 써서 비유를 들어 보자. 두 사람이 각자 자연수를 하나씩 들되, 큰 수를 말하는 사람이 이긴다는 게임을 생각해 보자. 두 사람이 서로 상대방의 수를 알 수 없도록 규칙을 정하면, 어느 두 사람도 큰 수를 말하지 못하게 되어 무의미한 게임이 된다. 그러나 가위 바위 보를 하여, 먼저 진 사람이 수를 말하고, 다음 사람이 그것을 듣고 수를 말하기로 한다면, 당연히 게임은 큰 수를 말한다는 것보다 가위 바위 보에 의하여 게임이 결정된다. 이때, 뒤의 사람이 말하는 수는 앞의 사람이 말한 수에 의존한다.

이 얘기는 단순해 보이지만, 앞서 설명한 극한 개념의 엄밀화의 역사 (⇨ *p*.222)를 살펴보면, 위의 수열의 극한의 정의는 매우 함축된 내용을 포함하고 있고, 또 씌어진 뜻 이외의 다른 뜻을 내포하고 있지는 않으므로, 참된 정의로 받아들여지고 있다. 고등학교 교과서에서는 이와 같은 정의보다 극한값을 구하는 데 쓰이는 계산 법칙 또는 기본 성질을 사용하는 데 주력하고 있는 것처럼 보인다.

급수에 대하여는 어떠한가? 예를 들어, 등비수열

$$1,\ \frac{1}{2},\ \left(\frac{1}{2}\right)^2,\ \cdots$$

의 제 n 항까지의 합을 S_n이라 하면,

$$\begin{aligned} S_n &= 1+\frac{1}{2}+\left(\frac{1}{2}\right)^2+\cdots+\left(\frac{1}{2}\right)^{n-1} \\ &= 2\left(1-\left(\frac{1}{2}\right)^n\right) \end{aligned}$$

이 되는데, 이것은 대수 계산에 불과하다. 위의 등비급수의 합의

$\lim_{n\to\infty} S_n = 2$ 의 증명은 앞에서의 극한의 정의를 써서 할 수 있게 된다.

일반으로, 수열 $\{a_n\}$에 대하여 대응되는 **급수의 합** $\lim_{n\to\infty} S_n$이 어떤 수인가보다도 그 극한이 존재하는가 하는 것, 즉 수렴조건이 문제가 된다. 이 문제 역시 실수의 엄밀한 구성 이후에 많은 연구와 노력으로 해결되었는데, 또 다른 문제, 즉 수렴한다면 그 합이 유리수인가 무리수인가가 문제가 되었다. 무리수 중에서도 대수적 수인가 초월수(⇨ p.81) 인가가 문제가 된다.

예를 들면, 급수

$$1 + \frac{1}{1!} + \frac{1}{2!} + \frac{1}{3!} + \cdots$$

는 최소상계의 공리를 써서 어떤 실수에 수렴함을 보일 수 있는데, 이 극한은 초월수임이 알려져 있다. 또한 수열 $\left\{ \left(1+\frac{1}{n}\right)^n \right\}$은 극한을 가지며

$$\lim_{n\to\infty} \left(1+\frac{1}{n}\right)^n = e$$

라 두면, 사실은 e는 위의 급수의 합이 되며, 이것이 바로 **자연로그의 밑**이 된 것이다.

함수열

$$1,\ x,\ x^2,\ \cdots$$

에 대하여 생각해 보자. $x=1$이면 공비 1인 등비수열이 되고, $x=2$이면 공비 2인 등비수열이 된다.

보다 일반으로, 실함수열 $\{f_n(x)\}$를 생각해 보자. 실수 a에 대하

여 $\{f_n(a)\}$는 실수열이 되므로 그 극한을 생각할 수 있다. 이제 $f(a)=\lim_{n\to\infty} f_n(a)$라 나타내면, 극한함수 $f(x)$를 생각할 수 있게 된다. 또한 실수열에 대응되는 급수와 마찬가지로 $F(x)=\sum_{n=1}^{\infty} f_n(x)$를 생각할 수도 있는데, 이때에는 어떤 x의 값에 대하여 이 급수가 수렴하는가가 문제가 된다.

예를 들어, 임의의 x에 대하여 급수

$$1+\frac{x}{1!}+\frac{x^2}{2!}+\cdots+\frac{x^n}{n!}+\cdots$$

은 수렴함이 증명되고, 그 극한값은 x에 따라 달라지므로 그 값을 $F(x)$라 둔다. 이때에도 $F(x)$의 미분가능성이나 연속성이 문제가 된다. 이 경우의 $F(x)$는 바로 지수함수 e^x임이 알려져 있다.

마찬가지로 앞에서 다룬 삼각함수와 로그함수는 사실은 함수열의 극한으로 엄밀하게 정의된다. 예를 들어, 임의의 실수 x에 대하여, 급수

$$x-\frac{x^3}{3!}+\cdots+(-1)^{n-1}\frac{x^{2n-1}}{(2n-1)!}+\cdots$$

는 수렴함이 증명되고, 그 극한이 바로 $\sin x$가 되는 것이다.

이와 같이, 실수열과 실함수열의 수렴가능성의 문제는 실수의 엄밀한 정의와 극한의 정의에 따라 엄밀하게 다루어지게 되었다.

푸리에급수, 리이만적분, 칸토르의 집합론

실함수 $f(x)$가 주기 2π인 주기함수일 때, 임의의 실수 x에 대하여 적당한 조건 밑에서

$$f(x) = \frac{1}{2}a_0 + \sum_{n=1}^{\infty}(a_n \cos nx + b_n \sin nx)$$

로 표현되는데, 이를 $f(x)$ 의 **푸리에급수**라 부른다. 여기에서,

$$a_n = \frac{1}{\pi}\int_{-\pi}^{\pi} f(x) \cos nx\, dx$$
$$b_n = \frac{1}{\pi}\int_{-\pi}^{\pi} f(x) \sin nx\, dx \quad (n=0,\ 1,\ 2,\ \cdots)$$

이 되는데, 이들을 $f(x)$ 의 **푸리에계수**라 부른다.

이 같은 급수는 18세기에 진동하는 현의 운동을 나타내는 편미분 방정식을 풀려다 (⇨ p.232) 생겨난 것으로서, 포괄적인 함수의 개념, 균등수렴의 개념, 칸토르의 무한집합론을 탄생하게 하는 역사적인 계기가 된 것이며, 수학의 많은 분야에 큰 영향을 끼쳤다.

이미 1777년에 **오일러**는, 수렴의 정의나 함수의 엄밀한 정의, 정확한 정적분의 정의조차 없는 상태에서 위와 같은 푸리에계수의 공식을 알고 있었다. 앞서 설명한 바와 같이 (⇨ p.232), 19세기 초에 **푸리에**는 열전도의 미분방정식에 관한 유명한 연구에서, 임의의 함수는 구간 $(0,\ 2\pi)$ 에서 위와 같은 꼴의 급수로 표현할 수 있다고 주장하였다. 실제로는 아주 임의인 것은 아니었으나, 대단히 넓은 범위의 함수들이 푸리에급수로 표현되므로, 이 급수는 수학자들의 주목을 받아 디리클레와 리이만 등 일류 수학자들이 연구에 참여한 결과 해석학의 진보를 촉진시키는 역할을 담당한 것이다.

푸리에 자신도 엉성함 함수 개념을 가지고 있었고, 또 정적분도 모호하게 정의하고 있었다. 그는 동시에 물리학자이었으므로 마음속으로는 항상 함수에 대한 어떤 기하학적 표상을 줄 수 있는 것으로 생각하고 있었던 것 같다.

따라서

"어떤 조건을 만족하는 함수가 푸리에급수로 표현가능한가?"

하는 문제는 엄밀하고도 확장된 정적분의 정의를 필요로 하였다. 꼬오쉬는 연속함수 또는 구분적으로 연속인 함수에 대하여 정적분을 정의하였다. 리이만은 푸리에급수에 관하여 연구하면서, 보다 일반적인 유계인 함수에 대하여 정적분을 엄밀하게 정의하였다.

흔히 교과서에 나오는 정적분의 정의는 리이만이 비로소 엄밀히 정의한 소위 리이만적분이다. 이 경우, 편의상 연속함수만을 다루기도 하나, 정적분은 어떤 폐구간에서 정의된 유계인 실함수에 대하여도 정의된다. 실제로, 연속함수나 유한 개의 불연속점을 가진 유계함수는 적분가능이다. 또 무한 개의 불연속점을 가진 유계함수라도, 그 불연속점들의 집합을 전체 길이가 임의로 작은 유한 개의 소구간으로 덮을 수 있다면, 이 함수는 정의된 폐구간에서 적분가능이다. 그러므로 폐구간에서의 단조(따라서 유계) 함수나 유계변동함수는 적분가능이다. 피적분함수 또는 적분구간이 유계가 아닌 경우에도 적분의 의미를 확장함으로써 광의의 적분 또는 특이적분이 정의된다. 중적분 또는 누차적분의 개념도 대학 교과서에 나타나는 바와 같이 성립된다.

푸리에급수는 집합론과 위상공간론의 창시자인 칸토르에게도 큰 영향을 주었다. 젊은 날의 그는 푸리에급수를 연구하여 계수의 일의성의 문제를 다루었다. 그것은

"두 푸리에급수가 모두 수렴하여 같은 함수를 나타내면 그에 대응되는 계수는 모두 일치하는가?"

하는 문제이다. 차를 택하여 생각하면, 이 문제는

"푸리에급수가 0에 수렴한다면 그 모든 계수 a_n, b_n은 0과 같은가?"

와 같은 뜻이다.

칸토르는 이 문제가 개구간 $(0, 2\pi)$의 모든 x에 대하여 급수가 0에 수렴하지 않아도 성립한다는 것을 알아냈다. $(0, 2\pi)$에서 어떤 무한개의 점들의 집합을 제외한 나머지 모든 점 x에 대하여 조건이 성립한다면 계수는 0이 된다. 그렇다면, 이와 같이 제외할 수 있는 점집합은 어떤 것인가? 이 문제를 다룸에 있어, 그는 먼저 실수가 무엇인가 하는 기본적인 문제에서 시작하여, 직선 위의 점집합의 집합론적인 또는 위상적인 성질을 연구하여, 1872년에 그 결과로 위의 푸리에급수의 문제에 해답을 주었다. 이 같은 업적에서, 그는 집합론과 유클리드공간의 위상에 관하여 아무도 전에 손댄 일이 없는 이론을 세우기 시작한 것이다. 이처럼 집합론은 고전적인 수학에서 태어난 새로운 수학으로 등장하게 된 것이다.

물리현상과 미분방정식

이제 뉴턴의 둘째 운동법칙 $\frac{d}{dt}(mv)=f$에서 질량 m이 시간 t와 관계없는 상수라 할 때, $f=m\frac{dv}{dt}$이고 $\frac{dv}{dt}=a$는 가속도이므로, $f=ma$ 즉 가해진 힘은 그 물체의 가속도에 비례한다. 이 둘째 법칙을 써서 어떤 물리적 문제를 미분방정식으로 기술해 보자.

수직선 위의 원점을 O라 하고, 한 물체가 시각 t에 위치좌표 s에 있는 운동을 하며, 이때 물체는 O의 방향으로 힘 $F(s)$를 받는다면, 둘째 법칙에 의하여

$$\frac{d^2s}{dt^2} = -F(s)$$

가 된다. 이때의 $-$는 가속도의 방향이 고려된 것이다.

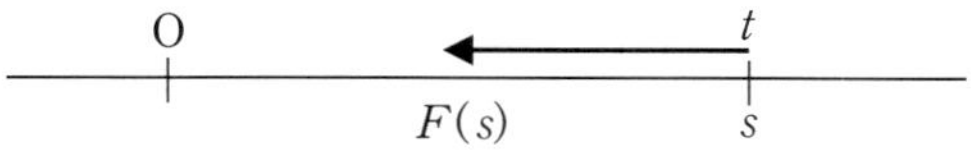

함수 $F(s)$가 주어져 있을 때, s를 t에 관하여 표현하는 것은 물리의 문제로서 아주 중요하다. 수학에서는 위의 등식을 **미분방정식**이라 부르고, $s=f(t)$를 구하는 것을 그 미분방정식을 **푼**다고 말한다.

뉴턴의 만유인력의 법칙에서와 같이 $F(s)=1/s^2$이라 두면 독자들은 고등학교 수준의 수학으로 s를 t의 함수로 나타낼 수 있겠다. 이와 같이, 물리현상을 도함수 즉 변화율의 개념을 써서 법칙화 즉 미분방정식으로 만드는 것은 뉴턴이 시작한 것이다. 이것을 뉴턴 이전의 케플러의 법칙들과 비교하여 보면 뉴턴의 생각이 얼마나 혁신적인가 이해할 수 있다.

현상을 기술하는 미분방정식보다 더 본질적인 문제로 수학에서는 그 해가 중요하다. 이제 한 간단한 미분방정식을 생각해 보자.

미분방정식 $\frac{dy}{dx}=x$에서 y는 x의 어떤 함수로 표현될까? 우리는 $y=\frac{1}{2}x^2$이라 둠으로써 위의 식이 성립함을 안다. 더 일반화된 미분방정식 $\frac{dy}{dx}=f(x)$를 생각하자.

$f(x)=x$일 때는 앞의 간단한 형태가 된다.

식 $\frac{dy}{dx}=f(x)$는, 바로 y는 x의 함수로서 주어진 도함수 $f(x)$를 가질 때, y는 x의 어떤 함수인가 하는 문제이다. 다시 말하면, 곡선 $y=g(x)$ 위의 점 $(x,\ g(x))$에서의 접선의 기울기가 주어진 함수 $f(x)$가 되는 $g(x)$를 구하는 문제이다. 과연 임의의 함수 $f(x)$

에 대하여 $y=g(x)$ 라는 함수가 존재해서 위의 미분방정식을 만족시킬 것인가? 그렇지 않다면, 어떠한 조건 밑에서, $f(x)$에 대하여 $g(x)$ 가 존재할 것인가가 미분방정식의 큰 문제였다.

예를 들어,

$$f(x)=\begin{cases} 1 & (x>0) \\ 0 & (x=0) \\ -1 & (x<0) \end{cases}$$

일 때, $\frac{dy}{dx}=f(x)$인 $y=g(x)$ 를 구할 수 있는가?

만약 그 미분방정식의 해가 존재한다면, 해를 $y=g(x)$ 라 할 때 기호로

$$y=g(x)=\int f(x)dx$$

라 쓰고, $y=g(x)$ 를 $f(x)$의 **부정적분**이라 부른다. 여기서 주의할 것은 $\int f(x)dx$ 는 기호에 불과하지 결코 미분방정식 $\frac{dy}{dx}=f(x)$ 를 푼 것은 아니다. 즉 해가 존재한다면, 그 해를 $\int f(x)dx$ 로 표시하자는 데 불과하다.

가령 $\int_a^b f(x)dx$ 는 정적분이고 한 수값이지만, $\int f(x)dx$ 는 한 함수이다. 정적분의 정의는 뉴턴의 시대에는 엄밀하지 못했으나, 리이만적분의 출현으로 명확해졌고, 위의 미분방정식의 해가 있을 때, **미적분학의 기본정리**인

$$\text{“} F(x)=\int f(x)dx \text{ 일 때 } \int_a^b f(x)dx=F(b)-F(a)\text{”}$$

가 얻어진다. 뉴턴은 차라리 이 정리의 발견자라 함이 마땅하다는 것은 앞서 말한 바와 같다 (⇨ *p*.199).

물리현상은 한 변수에 관한 한 함수의 변화율에 그치지 않고, 편미분방정식으로도 나타난다. 예를 들어, 어떤 기체의 체적이 V, 온도가 T, 압력이 P일 때, V는 T와 P에 따라 변한다. 즉 $V=F(T, P)$라 표현하면 온도 T가 일정할 때, V는 P에만 의존하므로, V를 P의 함수만으로 보아 그 변화율을 생각할 수 있는데, 그것을 $\frac{\partial F}{\partial P}$라 나타낸다. 마찬가지로 $\frac{\partial F}{\partial T}$도 생각할 수 있다. 이들을 **편도함수**라 부르고, 이들 사이의 관계식을 **편미분방정식**이라 부른다.

18세기에는 기타 줄에서 연상되는 두 끝점이 고정된 진동현의 운동을 수학적으로 설명하는 편미분방정식

$$\frac{\partial^2 y(x, t)}{\partial t^2} = a^2 \frac{\partial^2 y(x, t)}{\partial x^2}$$

이 나타났다. 여기에서 $\frac{\partial^2}{\partial t^2}$은 x와 t의 함수 y를 x는 고정시킨 채 t에 관하여 두 번 미분한 것이다. $\frac{\partial^2}{\partial x^2}$도 마찬가지로 해석한다. 이 편미분방정식을 푸는 것, 즉 y를 x와 t로 나타내는 것이 여러 가지 분야의 수학을 크게 발전시켰다.

오늘날에는 물리현상 이외의 현상, 극단적으로는 사회현상 가운데에도 미분방정식으로 나타나는 것이 다루어지고 있다.

함수공간

이제, 앞에서 다룬 대수계나 위상공간의 개념이 현대의 해석학에서 어떻게 쓰여지는가를 보여 주는 쉬운 예를 들어 보기로 하자.

폐구간 $[0,1]$에서 정의된 연속인 실함수 $f:[0,1]\to \boldsymbol{R}$ 전체의 집합을 $\mathbb{C}[0,1]$, 더 간단히 $\mathbb{C}$라 나타내기로 하자. 임의의 $f,\ g\in \mathbb{C}$에 대하여 $f+g$를

$$(f+g)(x)=f(x)+g(x),\quad x\in[0,1],$$

라 정하고, 임의의 실수 $c\in \boldsymbol{R}$에 대하여 cf를

$$(cf)(x)=c\cdot f(x),\quad x\in[0,1],$$

라 정하면 $f+g$와 cf도 연속이므로 $f+g$, cf는 $\mathbb{C}$에 속한다. 이 같은 두 연산에 관하여, $\mathbb{C}$가 한 **벡터공간**이 됨을 검증하는 것은 어렵지 않다 (⇨ p.101). $\mathbb{C}$는 무한차원임이 알려져 있다.

또, 임의의 $f,\ g\in \mathbb{C}$에 대하여

$$f\leqq g \text{를 모든 } x\in[0,1] \text{에 대하여 } f(x)\leqq g(x)$$

가 되는 것이라 정함으로써, 반순서의 공리 (⇨ p.259) (i), (ii), (iii)을 만족하는 것을 쉽게 보일 수 있으므로, $\mathbb{C}$는 **반순서집합**이 된다. 그 밖에 $\mathbb{C}$는 **속** (⇨ p.102) 이라는 대수적 구조도 가지고 있다.

임의의 $f\in \mathbb{C}$는 폐구간 $[0,1]$에서 연속이므로, $|f(x)|$의 최대값이 존재하는데, 그 값을 f의 노름 $\|f\|$이라 정하기로 한다. 즉,

$$\|f\| = \max_{0\leqq x\leqq 1} |f(x)|.$$

그러면, 노름의 공리 (i), (ii) (⇨ p.101) 는 곧 성립되고, 삼각부등식에 관하여는, 임의의 $f,\ g\in \mathbb{C}$에 대하여

$$\|f+g\| = \max_{0\leqq x\leqq 1} |f(x)+g(x)|$$

$$\leqq \max_{0 \leqq x \leqq 1} (\ |f(x)| + |g(x)|\ )$$

$$\leqq \max_{0 \leqq x \leqq 1} |f(x)| + \max_{0 \leqq x \leqq 1} |g(x)|$$

$$= \|f\| + \|g\|$$

가 성립한다.

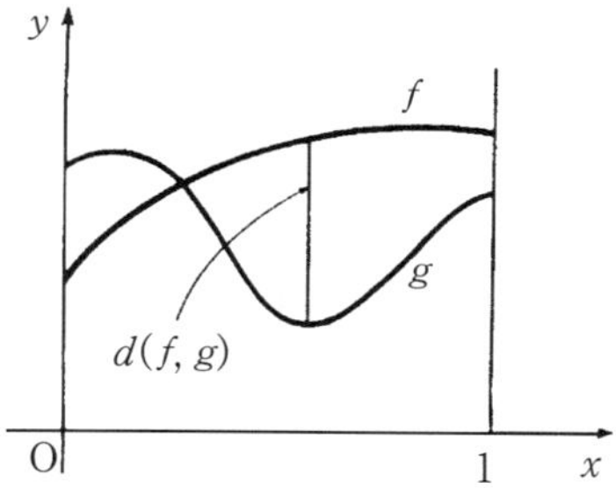

따라서 $\mathbb{C}$는 노름공간이 되며, 이때 $f,\ g \in \mathbb{C}$ 사이의 거리 d를

$$d(f,\ g) = \|f - g\| = \max_{0 \leqq x \leqq 1} |f(x) - g(x)|$$

라 정의함으로써 거리공간이 된다. 또, $\mathbb{C}$는 연결임이 알려져 있다.

이와 같이 생각하면 함수공간 $\mathbb{C}$의 각 원소 f는 함수이면서도 벡터나 점으로도 간주되는 것이다.

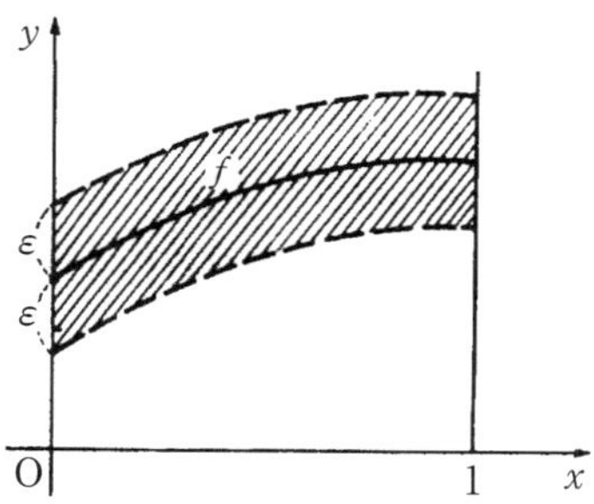

이 공간 $\mathbb{C}$에서 어떤 점 f의 ε-근방은, $\mathbb{C}$의 점(함수)들로서 그 그래프가 위의 그림의 빗금 안에 들어 있는 것 전체가 된다.

이제 이 공간에서의 점열 $\{f_1, f_2, \cdots, f_n, \cdots\}$이 어떤 점 f에 수렴한다는 것, 즉 $f_n \to f$라는 것의 의미를 생각해 보자.

$f_n \to f$는

$$\lim_{n\to\infty} d(f_n, f) = \lim_{n\to\infty} \max_{0\leqq x\leqq 1} |f_n(x) - f(x)| = 0$$

이므로, 임의의 $\varepsilon > 0$에 대하여 어떤 번호 N이 존재해서 $n \geqq N$이면 f_n이 f의 ε-근방에 들어오는 것과 같은 뜻이다. 이때 함수열 $\{f_1(x), f_2(x), \cdots\}$는 함수 $f(x)$에 **균등수렴**한다고 말한다.

즉 함수들에 있어서의 균등수렴은 함수공간에 있어서의 수렴에 대응한다. 이처럼 함수의 집합에 대하여 생각하는 대신에 함수공간이나 일반적인 거리공간에 대하여 생각함으로써 문제를 일반화하고 또 직관화할 수 있다.

이제 $\mathbb{C}$가 **완비**임을 증명하여 보기로 하자. $\mathbb{C}$의 기본열(즉 Cauchy 함수열) $\{f_n\}$을 잡으면, 임의의 $\varepsilon > 0$에 대하여 자연수 N을

$$m, n \geqq N \text{일 때 } d(f_m, f_n) = \max_{0\leqq x\leqq 1} |f_m(x) - f_n(x)| < \varepsilon$$

이 되게 정할 수 있다. 그러므로 임의의 $a \in [0, 1]$에 대하여 실수열 $\{f_n(a)\}$는 기본열이 되고, $\boldsymbol{R}$의 완비성으로부터 어떤 실수 b에 수렴한다. 이제 a에 b를 대응시키는 함수를 $f: [0, 1] \to \boldsymbol{R}$이라 두자. 즉, $b = f(a)$이다. 임의의 $a \in [0, 1]$에서 f가 연속인 것, 즉 임의의 $\varepsilon > 0$에 대하여 다음 조건을 만족시키는 $\delta > 0$가 존재함을 보이자.

$$a' \in [0, 1], \quad |a - a'| < \delta \text{ 이면 } |f(a) - f(a')| < \varepsilon.$$

$\{f_n\}$은 $\mathbb{C}$의 기본열이고, $f_n(x)\to f(x)$ 이므로 충분히 큰 자연수 m을 잡으면, $n\geqq m$일 때

$$d(f_m, f_n) = \max_{0\leqq x\leqq 1} \mid f_m(x) - f_n(x) \mid < \frac{\varepsilon}{3} \tag{1}$$

즉

$$d(f_m, f_n) = \max_{0\leqq x\leqq 1} \mid f_m(x) - f(x) \mid < \frac{\varepsilon}{3} \tag{2}$$

이 되게 할 수 있다. f_m은 a에서 연속이므로 양수 $\varepsilon/3$에 대하여 어떤 δ가 존재하여

$$a' \in [0, 1], \mid a - a' \mid < \delta \text{ 이면 } \mid f_m(a) - f_m(a') \mid < \frac{\varepsilon}{3} \tag{3}$$

이 되게 할 수 있다. 이때, (2)와 (3)으로부터

$$\begin{aligned} &\mid f(a) - f(a') \mid \\ &\leqq \mid f(a) - f_m(a) \mid + \mid f_m(a) - f_m(a') \mid + \mid f_m(a') - f(a') \mid \\ &< \frac{\varepsilon}{3} + \frac{\varepsilon}{3} + \frac{\varepsilon}{3} = \varepsilon \end{aligned}$$

을 얻는다. 즉 f는 연속이므로, $f\in \mathbb{C}$이다. 이제 $f_n \to f$임을 보이자. (1)과 (2)로부터, $n\geqq m$일 때

$$d(f_n, f) \leqq d(f_n, f_m) + d(f_m, f) < \frac{2}{3}\varepsilon$$

이다. 그러므로 $\mathbb{C}$의 임의의 기본열 $\{f_n\}$은 $f\in \mathbb{C}$로 수렴한다. 따라서 $\mathbb{C}$는 완비, 즉 한 **바나카공간**이 된다 (⇨ p. 182).

무한차원 바나카공간의 또 다른 예를 들어 보자.

n차원공간의 점은 n개의 좌표로 주어지나, 무한 개의 좌표를

가진 점 x를 생각할 수 있다. 즉,

$$x=(x_1,\ x_2, \cdots,\ x_n, \cdots).$$

여기에서 x_i는 실수들로서, $\sum_{i=1}^{\infty} x_i^2$이 수렴하는 것이라 하자. 이 같은 x 전체 l^2는, $\boldsymbol{R}^n$에서와 마찬가지로 덧셈과 상수배를 정함으로써 벡터공간이 되게 할 수 있고, 더구나

$$\| x \| =\sqrt{\sum_{i=1}^{\infty} x_i^2}$$

이라 정의함으로써 노름공간이 된다. 이것이 완비임을 보일 수 있는데, 이러한 무한차원 바나카공간은 흔히 **힐버트공간**으로 알려져 있다.

위에서와 같은 함수공간의 필요성은 미분방정식의 해의 존재를 비롯한 여러 분야에서 나타난다. 가령, 함수 또는 곡선들의 집합이 주어졌을 때, 노름 또는 거리를 도입하든가 각 원소의 근방을 정함으로써 위상을 도입하든가 하면 그 집합은 공간화된다. 이 같은 함수공간의 연구는 오늘날 **함수해석학**이라는 거대한 부문으로 발전하였다. 함수, 곡선, 그 밖의 수학적 대상들의 연구는 순서구조, 대수적 구조, 위상적 구조 등 여러 가지 구조의 관점에서 할 수 있다.

힐버트가 유클리드공간을 무한차원으로 확장하여 힐버트공간을 처음 생각해 냈을 때, 이를 원자물리학과는 무관한 것으로 생각하였으나, 오늘날에는 양자역학의 대부분이 힐버트공간의 이론으로 설명된다.

V. 집합과 수학의 기초

20 세기에 들어와 집합론이 수학의 모든 분야에 침투함으로써 그 전의 수학과는 다른 수학이 발전되었는데, 흔히 사람들은 집합론 이전의 수학을 고전수학이라 부르고, 20 세기에 들어와 집합론을 도구로 하여 발전해 온 수학을 현대수학이라 부른다. 집합론은 수학의 방법론으로서도 중요하며, 집합론이 탄생한 후 논리의 문제를 비롯한 여러 가지 문제를 야기시켰다. 이것에 대하여 알아보는 것이 이 장의 목표이다.

첫째로 이 장에서는, 칸토르의 집합론의 내용을 간단히 설명하고, 집합의 역리의 해결에서 시작된 공리적 집합론에 대하여 알아본다. 둘째로, 근대에 들어와 논리의 엄밀화에 기여해 온 수리논리학의 내용을 알아보고, 집합론의 역리의 해결을 위한 노력이 수학과 논리학에 어떤 영향을 주었는가 그 동기와 과정을 다루기로 한다.

셋째로, 현대수학의 방법론으로서의 공리주의와 이상적인 형태로 수학을 전개하는 데 있어서의 형식화는 어떻게 이루어져 왔는가를 생각해보기로 한다. 수학은 일상 언어를 써서 연구되고 발표되고 교육되고 응용되지만, 그 전개는 이상적인 형식화로 이루어져야 하며, 이때 수리논리가 기본적인 도구가 된다.

끝으로, 수학의 본질이 무엇이냐 하는 문제에 관한 여러 학자들의 견해의 변천을 살피기로 하자. 이와 같은 견해로부터 생겨난 새로운 수학의 분야는 종합적으로 수학기초론이라 불린다. 오늘날의 수학은 논리학, 언어학, 철학, 인문 사회나 자연을 망라한 과학의 방법론, 컴퓨터과학 등에 널리 응용되고 있다.

1. 집합

집합론의 시작

무한이라는 개념처럼 사람들의 마음을 끈 것은 없었다. 이 개념은 인간 생활의 언어와 문학에서 시작하여 철학과 신학에 이르기까지 다양한 형태로 여러 부면에서 나타난다. 그러나 실제로 무한개라는 것은 있을 수 있을까? 일찍이 아르키메데스는 우주를 모래알로 채웠을 때 모래알의 개수가 적당한 가정 밑에서 10^{63}보다 작다고 하였다. 오늘날에도 우주의 원자의 총수는 9의 9^9 제곱보다는 작다는 말이 있다. 그러함에도 불구하고 무한이라는 개념은 수학의 여러 부면에서 나타난다.

무한에 관하여 조직적으로 다루는 집합론은 인간의 이성의 창조물 중 가장 괄목할 만한 것의 하나이며, 그 아이디어의 대담성 때문에 비판을 받기도 하였으나, 오늘날에는 모든 수학의 기초로서 커다란 중요성을 가지고 있다. 그리하여 최근에는 초등학교 과정에서조차 집합의 아이디어를 가르치고 있다.

집합은 유한집합과 무한집합으로 나눌 수 있는데, **칸토르** Cantor (1845-1918)의 연구 이전에는 수학자들은 기호 ∞로 표시되는 한 가지 무한만을 받아들여, 이 기호로 자연수의 집합 $\boldsymbol{N}$이나 실수의 집합 $\boldsymbol{R}$와 같은 것의 원소의 개수를 나타내는 데 무차별로 써 왔다. 중·고교에서 집합의 개념만을 배운 사람들은 집합의 연산 같은 것을 칸토르가 만든 것이라 잘못 알고 있으나, 그의 집합론 연구의 동기 (⇨ *p*.239) 는 무한의 탐구에 있었다.

칸토르 이전에도 이미 갈릴레이 Galilei (1564-1642) 는 1 대 1 대응의 개념을 가지고 있었다. 볼차노 Bolzano (1781-1848) 는 1851년의 《무한의 역설》 (죽은 뒤 간행) 에서 집합의 개념을 다음과 같이 밝히고 있다.

> "한 개의 깨지지 않은 완전한 컵과 깨어진 컵을 비교하면, 그 두 개는 확실히 동일한 부분으로 성립되어 있다. 그러나 그 각각의 조각 즉 요소의 결합법이나 배열법은 아주 다르다. 이때 각각의 요소의 결합법이나 배열법에 무관계하게 정해지는 개념을 집합이라 부른다."

또 드 모르강 De Morgan (1806-71), 벤 Venn (1834-1923) 같은 이들도 집합을 수학의 대상으로 생각하였다.

칸토르가 한 일은 무한에도 여러 가지 단계가 있다는 것과 자연수의 산술을 이 같은 무한의 산술로 이끌어 올린 데 있다고 보아야 한다.

우선 칸토르는 1872년의 논문에서

> "집합이란 우리들의 직관 또는 사고의 대상 m 들로서, 확정되어 있고 또 서로 명확히 구별되는 것들을 하나의 전체로 본 M 을 가리킨다. 이때 m 을 M 의 원소라 부른다."

라고 정의하였다.

칸토르는 이 같은 개념을 써서 집합의 기수와 서수를 도입하여 그 이론을 세웠고, 초월수가 대수적수보다 훨씬 많다는 것, 차원이 다른 유클리드공간의 기수가 같다는 것, 또 유클리드공간의 점집합의 위상적 성질을 논하였다.

그런데 위와 같은 집합의 소박한 정의가 충분히 엄밀하지 못한 결과로, 수학에 있어서의 미묘한 논의에 부적합함이 알려졌다. 실제로 뒤에 집합론에 역리들이 나타나 소위 19세기 말의 "수학의 위기"를 낳았고, 이것을 해결하려는 과정에서 수리논리학, 공리적 집합론, 수학기초론과 같은 새로운 수학의 분야가 나타났다. 이 새로운 수학에 비하여 앞에서와 같은 집합론을 흔히 "소박한 집합론"이라 부르고 있다.

이 절에서는 집합론의 몇 가지 소박한 결과를 다루고 그 뒤의 발전을 알기 쉬운 것만 다루기로 한다. 집합론의 내용은 대체로 집합의 대수, 기수의 이론, 서수의 이론으로 나눌 수 있는데, 집합의 대수는 고등학교 교과서에 나오므로 생략하기로 한다.

기수

자연수에는 기수와 서수로서의 두 속성이 있다. 1, 2, 3, … 을 나타내는 수사

one, two, three, …

처럼, 한 집합에서 원소의 순서를 생각하지 않고 그 개수를 세는 데 쓰이는 것이 **기수** (基數) 이고,

first, second, third, …

처럼 원소들의 차례를 세는 데 쓰이는 것이 **서수** (序數) 이다.

이제 기수의 개념을 일반화하여 보자. 세 사람으로 된 집합이나 사과 세 개로 된 집합은 모든 기수 3을 가진다. 공집합의 기수는 0이

다. 이것으로 미루어 두 유한집합의 기수가 같다는 것은 그 두 집합 사이에 1 대 1 대응이 있음을 뜻하고, 또 그 역도 옳음을 안다. 이것을 임의의 집합에 대하여 적용해 보자.

두 집합 사이에 한 1 대 1 대응이 존재할 때, 그 두 집합은 **대등**하다 또는 같은 **기수**를 가지고 있다고 정의한다. 공 아닌 **유한집합**은 실제로 자연수 기수를 가진 집합을 가리키는 것으로 써 왔다. 칸토르는 유한집합이 아닌 집합 즉 자연수 기수를 가지지 않은 공 아닌 집합을 **무한집합**이라 불렀다. 무한집합의 기수를 **초한기수**(超限基數)라 부른다.

무한집합의 대등성은 유한집합에서와는 다른 흥미 있는 사실을 보여 준다. 16 세기 말에 갈릴레이는 대응 $n \leftrightarrow 2n$ 을 써서 자연수의 집합과 짝수들의 집합이 대등함을 보였고, 따라서 유클리드의 공준(公準)의 하나인 "전체는 부분보다 크다"가 옳은 말이 아님을 알았다. 1888 년경에 **데데킨트** Dedekind (1831-1916) 는, 무한집합을 자기 자신의 어떤 진부분집합과 대등한 것이라 정의하고, 그렇지 않은 집합을 유한집합이라 불렀다. 데데킨트의 정의는 칸토르의 것과 동등한 것이다.

칸토르는 자연수 전체의 집합 $\boldsymbol{N}$ 의 기수를 $\aleph_0$ (aleph null) 이라 나타내었는데, 알레프는 히브루 말의 알파벳의 첫 글자이다. $\boldsymbol{N}$ 과 대등한 집합, 즉 $\aleph_0$ 을 기수로 가지는 집합을 가부번집합(可附番集合)이라 부른다. $\aleph_0$ 은 최소의 초한기수이다.

이제 어떤 집합이 가부번인가 생각해 보자. 한 집합 A 가 가부번이 되기 위해서는 그 집합의 원들을 무한열 $\{a_1, a_2, a_3, \cdots\}$ 와 같이 나타낼 수 있어야 한다. 따라서

"정수 전체의 집합 $\boldsymbol{Z}$ 는 가부번이다."

왜냐하면, $\boldsymbol{Z} = \{0,\ 1,\ -1,\ 2,\ -2,\ 3, \cdots\}$ 와 같이 나타낼 수 있기 때문이다. 따라서 $\aleph_0 + \aleph_0 = \aleph_0$ 임을 알 수 있다.

칸토르는 겉보기로는 가부번이 아닌 것처럼 보이는 가부번집합을 들어서, 사람들을 놀라게 하였다. 즉,

"유리수 전체의 집합 $\boldsymbol{Q}$ 는 가부번이다."

$\boldsymbol{Q}$ 는 조밀성을 가지고 있어, 겉보기로는 가부번이 아닌 것으로 보였는데, 이제 이 정리를 증명해 보자. 양의 유리수 전체를 다음 그림과 같이 배열한다.

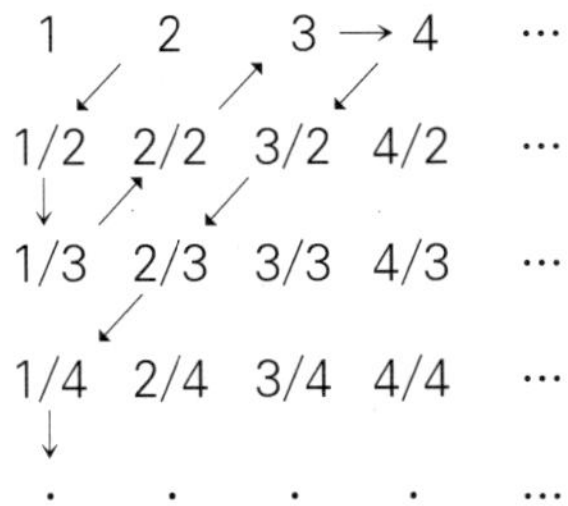

이것에서 화살표 방향의 순서대로 열을 만들면, 양의 유리수 전체는

$$\left\{1,\ 2,\ \frac{1}{2},\ \frac{1}{3},\ \frac{2}{2},\ 3,\ 4, \cdots\right\}$$

로 나열할 수 있고, 여기에서 중복되는 것은 빼도 된다. 따라서 양의 유리수 전체는 $\boldsymbol{N}$ 과 대등함을 안다. 그러면 $\boldsymbol{Q}$ 는 $\boldsymbol{Z}$ 의 경우와 같이 가부번임을 안다.

위와 마찬가지 방법을 쓰면, 다음을 얻는다.

"가부번집합들 유한 개 또는 가부번 개의 합집합도 역시 가부번이다."

따라서 평면 위의 유리점, 즉 좌표 x, y가 모두 유리수인 점들 전체의 집합도 가부번임을 안다.

정수계수 다항방정식의 근이 되는 복소수를 대수적 수라 부르고, 그렇지 않은 수를 초월수라 부름은 이미 아는 바와 같다 (⇨ p.81). 칸토르는 이 같은 정의를 써서

"대수적 수 전체의 집합은 가부번이다"

를 보였다.

실수에 대하여는 어떻게 될까? 그는

"실수 전체의 집합 $\boldsymbol{R}$은 가부번이 아니다"

임을 보였다. 이것을 보이는 데 개구간 (0, 1)이 가부번이 아님을 보이면 된다. (0, 1)에 속하는 수는 모두 $0.x_1x_2x_3\cdots$와 같이 무한소수로 나타낼 수 있다. 이제 (0, 1)이 가부번이어서 수열 $\{a_1, a_2, a_3, \cdots\}$와 같이 나타낼 수 있다고 가정해 보자.

$$\begin{aligned} a_1 &= 0.a_{11}a_{12}a_{13} \cdots \\ a_2 &= 0.a_{21}a_{22}a_{23} \cdots \\ a_3 &= 0.a_{31}a_{32}a_{33} \cdots \\ &\cdot\ \cdot\ \cdot \quad \cdot\ \cdot\ \cdot \quad \cdots \end{aligned}$$

에서 모든 i에 대하여 $a_{ii}=1$ 이면 $b_i=2$라 잡고, $a_{ii}\neq 1$이면 $b_i=1$이라 잡은 실수

$$b = 0.b_1 b_2 b_3 \cdots$$

는 분명히 (0, 1)에 속하지만 a_1, a_2, a_3, ⋯ 중 어느 수와도 같을 수가 없다. 즉 (0, 1) = { a_1, a_2, a_3, ⋯}에 속하지 않는다. 이것은 모순이다. 그러므로 구간 (0, 1)은 가부번이 아니다.

위의 방법을 칸토르의 **대각선논법**이라 부른다.

위의 결과들에 따라, 무리수 전체의 집합이나 초월수 전체의 집합은 가부번이 아님을 알 수 있다.

위의 정리에서 두 가지 문제가 생겨났다.

실수 전체의 기수를 $\aleph$ 또는 $\boldsymbol{c}$라 나타내고, 이를 연속체기수라 부르기로 하면, $\aleph_0 < \aleph$이다. 칸토르는 $\aleph$가 $\aleph_0$ 다음으로 큰 초한수이다, 즉

“$\aleph_0$와 $\aleph$ 사이에 다른 초한기수가 없다”

고 믿었으나, 이를 증명할 수는 없었다. 이것을 **연속체가설**이라 부른다.

또 하나의 문제는, 대수적 수인 실수 전체는 가부번이므로 실수 전체의 집합 $\boldsymbol{R}$와 같을 수가 없고, 따라서 초월수가 존재한다. 그러나 초월수의 예를 들 수는 없었으므로 초월수의 존재를 증명한 것이라 볼 수 없다는 반론이 나타났다.

이는 마치 어떤 사람에게 친구가 있다는 것을 보이는데, 친구의 이름을 대지 못하고 지구 위의 어디엔가 있다 하는 식의 막연한 것으로 보였다. 반대자들은 수학적 존재란 반드시 실제로 구성되어야 한다고 주장했다.

그 뒤, 1873년에 에르미트 Hermite는 자연로그의 밑 e가, 1882년에 린데만 Lindemann은 π가 초월수임을 보였다. 주어진 어떤 수가

초월수인가 아닌가를 보이는 것은 매우 어려운데, 예를 들면 π^{π} 에 대하여는 아직 알려져 있지 않다. 그러나 a가 0과 1이 아닌 유리수이고 b가 무리수이면 a^b은 초월수임이 알려져 있다. 이 결과는 거의 30년에 걸친 노력 끝에, 1900년에 힐버트가 제시한 $2^{\sqrt{2}}$가 초월수라는 것이 증명됨으로써 밝혀진 것이다 (⇨ p.329).

칸토르는 그 밖에도 많은 결과를 얻었다. 그 가운데서도 사람들이 뜻밖이라 생각했던 것은

> "직선과 평면은 점집합으로써 대등하다"

는 것이다. 직선 위의 점은 실수이고, 평면 위의 점은 실수의 순서쌍이다. 이제, 한 실수를 소수로 나타내어 홀수 자리와 짝수 자리로 갈라서, 예를 들어,

$$34567.23430781\cdots \leftrightarrow (357.2408\cdots,\ 46.3371\cdots)$$

이라 대응시키면, 직선 위의 점들과 평면 위의 점들 사이에 1 대 1 대응이 얻어진다.

이와 같이 하면, 보다 일반적으로.

> "차원이 다른 두 유클리드공간은 대등하다. 즉, 모든 유클리드공간의 기수는 $\aleph$ 이다"

라는 것이 얻어진다. 여기에서 주의할 것은, 이들이 대등하다 하여도 차원이 다르면 위상동형은 아니다. 이 경우에 차원이 위상적 성질임을 보인 것은 브라우워 Brouwer(1881-1966)의 결과이다.

어떤 집합 A의 부분집합 전체의 집합을 A의 **멱집합**이라 부르고 2^A 또는 $P(A)$로 나타낸다. 즉,

$$2^A = \{B \mid B \subset A\}$$

이다. 공집합 $\varnothing$와 A 자신은 A의 부분집합이므로 $\varnothing \in 2^A$, $A \in 2^A$이다.

실수 전체의 집합 $\boldsymbol{R}$은 자연수 전체의 집합 $\boldsymbol{N}$의 멱집합 $2^{\boldsymbol{N}}$과 대등함이 알려져 있다.

칸토르는

"어떤 집합 A의 멱집합의 기수는 A의 기수보다 크다"

는 것을 증명하였다. n개의 원으로 된 집합의 멱집합은 2^n개의 원으로 되어 있다. 즉 $n < 2^n$이다. $n=0$일 때 즉 공집합은 자기 자신 단 한 개만의 부분집합을 가지므로, 그 멱집합의 기수는 $2^0=1$이 되어, 위의 결과가 성립한다. 또, 위의 정리로부터 임의의 초한기수보다 더 큰 초한기수가 존재하게 되므로, 최대의 초한기수는 있을 수 없다.

초한기수는 모두 $\aleph_\alpha$꼴로 쓸 수 있는데, 기수가 $\aleph_\alpha$인 집합의 멱집합의 기수를 $2^{\aleph_\alpha}$로 나타낸다. 따라서 $\aleph_\alpha < 2^{\aleph_\alpha}$이다. 한편 $\aleph = 2^{\aleph_0}$임은 위에서 밝힌 바 있다.

위의 정리에서 얻어지는 문제로

"어떤 초한기수 $\aleph_\alpha$에 대하여, $\aleph_\alpha$와 $2^{\aleph_\alpha}$ 사이에 다른 초한기수는 없다"

는 일반연속체가설이 생겨났다. $\alpha=0$인 경우가 바로 연속체가설인 것이다.

서수

실수의 집합에는 대소관계와 같은 크기 순서가 정의되어 있으나, 복소수의 집합에는 그런 것을 정의할 수가 없다. 그러나 대소관계가 아닌 순서 같은 것은 정할 수도 있다.

한 집합 A가 있을 때, $A\times A$의 한 부분집합 R을 A에서의 한 **관계**라 부른다 (⇨ $p.216$). 이제

$$(a,\ b)\in R \text{을 } a\leqq b$$

라 나타내기로 했을 때, R이 세 공리

(ⅰ) 임의의 $a\in A$에 대하여 $a\leqq a$ (반사율)

(ⅱ) $a\leqq b,\ b\leqq a$이면 $a=b$ (반대칭률)

(ⅲ) $a\leqq b,\ b\leqq c$이면 $a\leqq c$ (추이율)

을 만족하면, R을 A의 한 **반순서**라 부르고, 이때 A를 **반순서집합**이라 부른다. 특히, 반순서 R이 공리

(ⅳ) A의 임의의 두 원 $a,\ b$에 대하여 $a\leqq b$ 또는 $b\leqq a$

까지 만족하면, R을 **전순서**라 부르고, A를 **전순서집합**이라 부른다.

예를 들면, 실수의 임의의 부분집합은 대소관계에 의하여 전순서집합이 된다.

좌표평면의 점 $(x,\ y)$들의 집합은 (1) $x<x'$ 또는 $x=x',\ y<y'$일 때 $(x,\ y)<(x',\ y')$이라 정하면, $\leqq$는 전순서가 되고, (2) $x\leqq x'$, $y\leqq y'$ 일 때 $(x,\ y)\leqq(x',\ y')$이라 정하면 반순서가 된다.

집합 X의 임의의 두 부분집합 A, B에 대하여 $A\subset B$를 $A\leqq B$

라 생각하면, X의 멱집합 2^X는 한 반순서집합이 된다.

자연수를 서수로 생각하는 것과 마찬가지로, 무한순서집합에 대하여 **초한서수**(超限序數)를 정의해 보기로 하자. 어떤 반순서집합에서, 임의의 공 아닌 부분집합이 반드시 그 순서에 관하여 첫째 원소, 즉 최소원을 가질 때, 그 반순서집합을 **정렬집합**이라 부른다. 유한집합은 한 줄로 세우면 정렬집합이 되고, $\boldsymbol{N}$은 보통 크기 순서로 정렬집합이 된다. 또, 정렬집합은 반드시 전순서집합이 된다.

두 정렬집합 A, B 사이에 1 대 1 대응 $f: A \to B$가 있어, f가 순서를 보존할 때, 즉

$$A\text{에서 } a < a'\text{이면, } B\text{에서 } f(a) < f(a')$$

일 때($<$는 순서를 나타냄), A와 B는 같은 **서수**를 가지고 있다고 정의하자.

그리고 유한정렬집합의 서수는 기수와 같다고 정한다.

또, 위에서와 같이 무한정렬집합에 대하여 초한서수를 정의한 뒤에 칸토르는 그들 사이의 합, 곱, 거듭제곱 같은 연산과 대소 관계를 정의하여 소위 무한산술을 만들었다.

뒤에 기수는 서수 중 특별한 성질을 가진 것임을 알게 되었다.

서수들 사이에는 다음과 같은 **비교가능정리**가 성립한다.

> "임의의 서수 α, β에 대하여
>
> $$\alpha < \beta,\ \ \alpha = \beta,\ \ \alpha > \beta$$
>
> 중 단 하나가 반드시 성립한다."

0과 자연수 전체로 된 집합의 보통 크기 순서에 의한 초한서수를 ω라 나타낸다. 예를 들어,

$$0,\ 1,\ 2,\ 3,\ \cdots,\ a$$

와 같이 0과 자연수열 뒤에 한 원소 a를 덧붙인 정렬집합의 서수는 $\omega+1$과 같이 나타낸다. 이때 $\omega \neq \omega+1$이다. 그런데 a 뒤에 0과 자연수열을 놓은 정렬집합

$$a,\ 0,\ 1,\ 2,\ 3,\cdots$$

의 서수는 $1+\omega=\omega$이다. 일반으로 자연수 n에 대하여 $n+\omega=\omega$이다.

위의 예에서 보는 바와 같이 서수의 덧셈에서는 교환법칙이 성립하지 않는다. ω는 초한서수 중 최소의 것이며, 그 바로 앞의 서수는 있을 수 없다. 이 같은 초한서수를 **극한서수**라 부른다.

ω 다음의 서수는

$$\omega+1,\ \omega+2,\ \cdots,\ \omega+n,\ \cdots,\ \omega+\omega,\ \cdots$$

로 이어지는데 $\omega+\omega=\omega\cdot 2$로 나타낸다. 마찬가지로 하여 $\omega\cdot 2+\omega=\omega+\omega\cdot 2=\omega\cdot 3$이라 나타낸다. 또,

$$\omega+\omega+\cdots=\omega\cdot\omega=\omega^2$$

이라 나타내고, 이와 같이 계속하여 나갈 수 있다.

서수들의 임의의 집합도 대소 관계에 의하여 정렬집합이 된다. 이 같은 사실을 이용하면 수학적 귀납법을 일반화한 다음과 같은 **초한귀납법의 정리**가 얻어진다.

"서수 α에 관한 어떤 명제 $P(\alpha)$가 임의의 서수 α에 대하여 참임을 증명하는 데는 다음 두 가지를 증명하면 된다.

(1) $P(0)$이 참이다.

(2) $\alpha > 0$일 때, α보다 작은 모든 서수 β에 대하여 $P(\beta)$가 참이라 가정하면, $P(\alpha)$도 참이다."

그 이유를 생각해 보자. $P(\alpha)$가 참이 아닌 서수 α가 존재한다고 가정하면, 이 같은 서수 중 최소인 것 α_0가 존재한다. 그러면 (1)에 의하여 $\alpha_0 > 0$이다. α_0가 최소라는 데서, 그보다 작은 β에 대하여 $P(\beta)$는 참이 되어야 한다. 따라서 (2)에 의하여 $P(\alpha_0)$는 참이다. 이것은 α_0의 정의에 모순된다.

집합론의 역리

원래 제논의 역리(逆理) 때문에 그리스 수학자들은 무한개념을 회피하려 했고, 증명이나 작도는 모두 유한의 과정으로만 한정하였다. 미적분학은 극한 개념에서 보는 바와 같이 "한없이 가까이 가면"과 같은 무한의 과정을 사용하고 있는 것이다. 비유클리드 기하학을 발견하고도 논란을 싫어하여 발표하지 않을 정도로 신중했던 가우스는 무한을 조심스럽게 다루어야 한다고 경고한 바 있다. 꼬오쉬의 ε-δ 논법은 미적분학에서의 무한과정을 회피하여 부등식의 해의 존재조건을 바꿈으로써 그리스 이래의 이론의 유한성을 살리려 한 것이다.

앞서 본 바와 같이, 본질적으로 무한을 다루는 집합론이 과연 완전한 것일까? 여러 사람이 이에 반대하는 등 논란의 와중에서 일이 벌어졌다. 칸토르의 초기 연구가 여러 방면의 수학에 침투하여 실제로 수학이 집합론을 근거로 하여 재건되어 가는 과정에서 무한집합에 관한 몇 가지 역리(paradox)가 나타난 것이다.

1897년에 **부랄리-포르티** Burali-Forti(1861-1931)는 집합론의 첫 역리를 얻었는데, 그 핵심은 2년 후에 칸토르 자신이 얻은 비슷한 역리와 같다. **칸토르**는 모든 가능한 집합 전체로 이루어진 집합을 생각하고, 어떤 집합도 집합 전체의 집합보다 더 많은 원소를 가질 수 없으므로, 임의의 초한기수는 집합 전체의 집합의 기수 이하가 될 것이다. 따라서 집합 전체의 집합의 기수는 최대의 기수가 된다. 이는 임의의 기수보다 큰 기수가 존재한다는 칸토르 자신의 정리에 따라 모순이다. 부랄리-포르티의 역리는 위의 칸토르의 것에서 기수 대신 서수라 둔 것이라 생각하면 된다.

위의 두 사람이 발견한 역리들이 소박한 집합론의 결론들을 사용하고 있는 데 비하여, **럿셀** Russell(1872-1970)은 1902년에 집합의 개념만을 사용하여 표현된 한 역리를 발견하였다. 우선, 한 집합은 자기 자신의 원소이든가 아니든가 둘 중 하나이다. 이제 A를 자기 자신의 원소가 아닌 집합들 전체의 집합이라 하자. 즉

$$A=\{x \mid x \notin x\}$$

라 두고, A가 A의 원소가 되는가 생각해 보자.

$$A \in A \Leftrightarrow A \in \{x \mid x \notin x\} \Leftrightarrow A \notin A$$

에서, A가 A에 속한다는 것과 A가 A에 속하지 않는다는 것이 동등이 되어 모순이 얻어진다 (⇨ $p.$330).

럿셀의 역리는 여러 형태로 대중화되었는데, 이들 중 가장 널리 알려진 것은 1919년에 럿셀 자신이 표현한 것으로 이발사의 역리가 있다 (⇨ $p.$330).

그리스 시대 이후 인간의 언어와 논리 때문에 생겨나는 역리는 아

주 많이 나타났다. 그러나 집합론 안에서 이 같은 역리가 나타난다는 것은 수학의 존립 자체를 위협하는 것으로 생각되었으므로 당시의 수학자들 사이에 수많은 논란을 불러일으켰다.

선출공리

칸토르는 모든 집합은 적당한 순서를 도입함으로써 정렬집합이 될 수 있을 것이라 생각했는데, 1904년에 **체르멜로** E. Zermelo(1871-1953)는 이 사실을 전부터 수학자들이 암암리에 써 오던 명제를 써서 증명하였다. 이 명제가 바로 선출공리인데, 이것이 바로 정렬화가능성과 동등한 것임이 밝혀졌다.

체르멜로의 **선출공리**는

> "공 아닌 집합들을 원소로 가지는 집합족 $\mathbb{A}$가 주어져 있을 때, $\mathbb{A}$의 원소인 각 집합 A와 단 하나의 원소만을 공유하는 집합 B를 만들 수 있다"

이다. 여기에서 집합의 집합이라는 혼란스런 용어를 피하기 위하여 집합족이라는 말을 썼다. 바꾸어 말하면,

> "$\mathbb{A}$의 각각의 집합 A에서 한 원소씩을 꺼내어 이것들만을 원소로 가지는 새 집합 B를 만들 수 있다"

는 것이다.

이 선출공리와 동등한 **정렬화정리**는

> "임의의 집합은 그 원소들 사이에 적당한 순서를 도입함으로써 정렬집합이 되게 할 수 있다"

는 것이다. 이것은 기수들의 비교가능정리를 증명하는 데 필요했던 것이다.

이 밖에도 선출공리와 동등한 명제는 수학의 각 분야에서 수없이 많이 나타나 있으며, 그중에는 다음과 같은 **조온** Zorn (1906-93) 의 **보조정리** (lemma) 라는 유명한 것도 있다.

> "한 반순서집합의 임의의 전순서부분집합이 상계를 가진다면, 그 반순서집합은 한 극대원을 가진다."

선출공리는 1904 년 이후에 큰 논란의 대상이 되었는데, 첫째는 이것이 증명될 수 있는 성질의 것인가이며, 둘째로 그것을 사용하는 것을 반대하든가 또는 다른 것으로 대치하기를 원하는 수학자들이 있어, 20 세기 수학의 큰 쟁점의 하나가 되었다. 이에 대하여는 뒤에 설명하기로 한다.

공리적 집합론

체르멜로는 1908 년에 앞에서와 같은 집합론의 역리들을 제거하기 위하여는 소박한 집합론 대신에 공리적 방법을 택하여야 한다고 생각하고, 집합론의 공리계를 제안하였는데, 이때의 공리계는 알려진 역리를 배제하는 데 충분할 정도로 제한된 것이었다.

뒤를 이어 프랭켈 Fraenkel (1891-1965), 스콜렘 Skolem (1887-1962), 폰 노이만 J. von Neumann (1903-57), 베르나이스 Bernays (1888-1977) 등이 공리적 집합론을 더욱 다듬었다. 체르멜로의 공리계를 뒤에 보완한 프랭켈의 이름을 덧붙여서 흔히 **체르멜로-프랭켈의 공리계**라 부르는데, 이제 그 몇 가지를 좀 쉽게 표현해 보자.

먼저 집합이라는 말과, 한 집합이 다른 집합의 원소가 된다(속한다)는 것을 무정의용어로 받아들이고, 이들 사이에 다음 공리가 만족된다고 생각하자.

(1) 같은 원소들을 가지는 두 집합은 같다(직관적으로는 이것이 집합의 개념을 정의한다).
(2) 공집합이 존재한다.
(3) x, y가 집합이면 순서가 안 붙은 쌍 $\{x, y\}$도 한 집합이다.
(4) 집합들의 집합의 합도 집합이다.
(5) 무한집합은 존재한다(무한공리).
(6) 집합론의 언어로 형식화될 수 있는 임의의 성질은 집합을 정의하는 데 쓰일 수 있다(공리형식).
(7) 임의의 집합의 멱집합도 집합이다.
(8) 선출공리
(9) 집합 x는 x에 속하지 않는다.

이와 같은 공리계로부터 논리적으로 얻어진 명제 전체를 체르멜로-프랭켈 집합론이라 부르는데, 이 안에서는 이제까지 얻어졌던 역리는 모두 회피된다. 그러나 이 공리계가 무모순인 것, 즉 그것에서 새로운 역리가 나타나지 않으리라는 보장은 얻어져 있지 않다. 그러나 이 집합론에서는 몇 가지 의문은 좀더 확실해졌다.

이제 위의 공리계를 ZFC 라 나타내고, 그것에서 선출공리를 뺀 것을 ZF 라 나타내자. 여기에서 C는 선출공리 AC (Axiom of Choie 의 약자를 나타낸다)를 가리킨다. 즉, ZFC = ZF + AC 이다. 1939년에 괴델 Gödel(1906-78)은

"ZF가 무모순이라면, ZFC에 일반연속체가설을 첨가하여도 무모순이다"

라는 것을 모델로 제시함으로써 증명하였다. 1947년에 시어핀스키 W. Sierpinski (1882-1969)는 일반연속체가설에서 선출공리를 이끌어낼 수 있음을 보였다. 그 뒤 1963년에 **코헨** Cohen (1934-)은

"ZF가 무모순이라면, ZF+(~AC), 즉 ZF에 선출공리의 부정을 첨가한 것도 무모순이다"

"ZFC가 무모순이라면, ZFC에 연속체가설의 부정을 첨가한 것도 무모순이다"

를 보였다. 또, 같은 해에 솔로베이 Solovay (1938-)는 선출공리와 연속체가설을 써서 일반연연속체가설을 얻을 수 있음을 보였다.

이들 결과를 종합하면,

"ZF를 써서 선출공리가 참인지 거짓인지 논리적으로 결정하는 것은 불가능하다. 즉 선출공리는 ZF와 독립이다."

"일반연속체가설은 ZFC와 독립이다"

라는 것이 된다. 이 상황은 마치 유클리드의 공리계 안에서의 평행선 공리와 비슷하므로, ZF에 어떤 공리를 첨가하느냐에 따라 서로 다른 집합론이 얻어질 수 있는 것이다.

집합론 안에서는 이 밖에도 수슬린 Suslin (1894-1919)의 문제 등, 증명 또는 반증을 할 수 없는 채 남아 있는 문제들이 있는데, 대부분은 ZF 안에서 그 무모순성이나 독립성을 보일 수 있어서, 본질적으로 결정불능인 것임이 알려졌다.

오늘날의 집합론은 ZFC를 가리키거나, 또는 그것과 거의 동등하

면서 때로는 좀더 쓰기 편리한 폰 노이만, 베르나이스, 괴델의 공리계 NBG로 얻어지는 공리적 집합론을 뜻하는 것으로 되어 있다.

칸토르

칸토르

칸토르 G.Cantor (1845-1918)는 유태계 덴마크인이었던 사업가의 아들로 상트페테르부르크에서 태어났다. 그의 외삼촌은 비엔나에서 바이올린 연주가를 위한 음악 학교를 세운 사람으로 저명하다. 1856년 독일의 프랑크푸르트로 이주하여, 15살 때 김나지움(고등학교)에 입학하였다. 어려서부터 수학의 재능이 뛰어나서, 그의 아버지는 그를 기술자로 키우려 하였다. 위와 같은 인연으로 덴마크, 러시아, 독일, 이스라엘이 모두 칸토르를 자기 나라 사람으로 간주하고 있다.

17살 때, 스위스의 취리히대학에 입학하였고, 1863년에 아버지가 죽자 독일로 돌아와 베를린대학에서 수학, 철학, 물리학을 공부하였다. 바이어슈트라스와 쿰머 Kummer에게서 해석학을 배웠고, 크로넥커 Kronecker에게서 정수론을 배웠으며, 1867년에 가우스가 남긴 정수론의 문제를 해결하여 박사 학위를 받았다.

잠시 베를린에서 여학교 교사를 한 뒤에 1869년에 할레 Halle대학의 사강사가 되었고, 이어서 1872년에 조교수, 1879년에 교수가 되었다. 할레대학의 동료 하이네 Heine는 푸리에급수를 연구하고 있었는데, 그의 격려로 이 같은 급수의 일의성의 연구를 한 결과를

1872년 27살 때 논문으로 발표하였다. 이것이 뒤에 그의 초한집합론의 기본이 되었다. 즉, 여기에서 무리수를 유리수열의 극한으로 정의하여 그것을 실직선 위에 표시할 수 있음을 보였다.

그러나 실무한을 배격하던 당시의 철학에 따라, 그의 업적은 별로 인정을 받지는 못하였다. 같은 해에 데데킨트도 무한집합에 근거를 두고 연속체를 논하였는데, 유리수가 조밀하기는 하지만 실직선 위에 무수히 많은 무리수가 놓여 있다는 것이었다. 이에 대하여, 칸토르는 유리수와 대수적수가 가부번임과, 실수가 비가부번임을 1874년 당시 가장 권위 있던 크렐레 Crelle의 잡지에 발표하였다.

같은 해 8월에 그는 결혼하였고, 내외는 여름을 스위스의 하르츠 Harz 산맥에서 보냈으며, 그때 데데킨트를 만났다. 이때 같이 논의한 문제를 1877년에 칸토르가 해결하여 데데킨트에게 알렸는데, 그 내용은 결과적으로 모든 유클리드공간이 서로 대등하다는 것이었다. 이 결과를 크렐레의 잡지에 보냈으나, 그의 스승이었던 편집위원 크로넥커의 반대로 발표가 지연되다가 그 이듬해에 출간되었다. 이에 마음이 상한 칸토르는 다시는 이 잡지에 논문을 보내지 않았다. 크로넥커와 칸토르의 대립은 철학의 차이였는데, 크로넥커는 직관주의자이었고, 칸토르는 뒤의 형식주의를 따른 때문이다.

1878년에 집합의 기수의 개념을 도입하고, 5년에 걸쳐 집합론을 체계화했으며, 그중에는 일반위상수학의 기초가 되는 여러 연구가 들어 있다. 1883년에는 유명한 "칸토르 집합"과 연속체가설에 관한 논문을 발표하였다.

한편 이러한 업적들은 구시대의 대부분의 지도적 수학자들의 반격을 받았고, 칸토르는 1884년 이후 때때로 정신병의 징후를 나타내었다.

그 뒤 차차 그의 업적이 큰 영향을 주기 시작했으며, 그는 철학과 신학에도 큰 관심을 나타내어, 그것이 그의 집합론의 전개에도 나타나 있다. 한편 그는 독일수학자협회의 창립과 함께 의장이 되었으며, 제1회 국제 수학자 대회(ICM, 1897)를 취리히에서 개최하는 데도 공헌하였다.

1900년을 전후하여, 그는 여러 외국 학술원이나 학회의 명예 회원으로 추대되는 등 영예를 누렸으나, 정신병이 도지기 시작하여, 1905년에는 휴직하고, 1913년에는 퇴직하였다. 70회 탄생일(1915)에는 일차 대전 중이었음에도 불구하고 독일 수학자들이 축하회를 열었으며, 그로부터 3년 후 할레의 정신병원에서 돌아갔다.

수학의 본질은 바로 그 자유성에 있는 것이다. —칸토르

2. 논리

명제와 논리식

모든 학문은 언어로 표현되어 전달되며, 그 표현은 논리적이어야 한다. 한편 논리학은 논증의 형식화에서 비롯된 것이지만, 오늘날에는 그 밖의 연구 활동도 다방면에 걸쳐 있다.

수학의 한 이론은 공리계로부터 논리를 써서 이끌어내어지는 결론들, 즉 정리들의 모임이라 할 수 있고, 이때의 공리계는 그 이론의 출발점이 되는 근거를 이루며, 논리는 이 근거들로부터 정리를 이끌어내는 규칙들로 이루어진다. 고전수학에서 쓰여 오던 아리스토텔레스의 형식논리에 대한 반성은 20세기 전반의 수학기초론의 발전에 힘입어, 현대의 수리논리학으로 그 면모를 일신하게 되었다.

어떤 사물의 판단에 대하여 설명한 문장을 **진술**이라 부르고, 이러한 진술이 참인지 거짓인지를 분별할 수 있을 때 **명제**라 부른다. 이러한 명제 여러 개를 합성하고 기본적인 기호논리의 공리를 적용하여 나아가는 것을 **형식논리학** 또는 **수리논리학**이라 부른다. 수학에서는 이 같은 논리를 써서 주어진 공리계로부터 명제들 즉 정리를 얻어내게 된다.

수들 사이의 연산을 다루는 것처럼, 몇 개의 명제를 결합하여 새로운 명제를 만들어나가는 것을 **명제의 합성**이라 부른다.

명제들 사이의 기본적인 합성으로서 다음과 같은 다섯 가지 기호로 된 “접속사”를 생각한다.

$\sim$ 부정	not (…가(이) 아니다)
$\vee$ 논리합 (이접, 선언)	or (또는)
$\wedge$ 논리곱 (합접, 연언)	and (및, 와(과), 그리고)
$\rightarrow$ 함의 (조건문)	implies (…이면, …이다)
$\leftrightarrow$ 동등	equivalent

이들 다섯 개와 괄호를 합쳐서 **논리기호**라 부른다.

이제 각각의 명제가 가진 구체성을 버리고 추상화하여 “임의의 명제 p”라는 개념을 도입하여, 이것을 **명제변수**라 부르자. 명제변수와 논리기호를 써서 명제를 형식적으로 나타낸 것을 **논리식**이라 부른다. 명제변수 단독으로 되어 있는 것도 논리식이다.

p, q가 명제변수이면 명제 $\sim p$, $p \vee q$, $p \wedge q$, $p \rightarrow q$, $p \leftrightarrow q$ 등은 논리식이 된다. 특히, $p \leftrightarrow q$는 논리식 $(p \rightarrow q) \wedge (q \rightarrow p)$와 같은 의미이다.

P가 논리식이면 $\sim P$, $\sim(\sim P)$도 논리식이다. P, Q가 논리식이면 $P \wedge Q$, $P \vee Q$, $P \rightarrow Q$, $P \leftrightarrow Q$도 논리식이다.

진리값

명제는 참 (True) 이든가 거짓 (False) 중 한 값을 가진다. 따라서 “함수”의 관점에서 보면

> “논리식은 명제변수를 변수로 가지는 함수로서, 명제변수의 정의역은 $\{T, F\}$이고, 또 논리식의 치역도 $\{T, F\}$이다.”

이제 어떤 논리식이 n개의 서로 다른 명제변수의 함수이면, 각

명제변수에 T, F의 값을 대입하는 경우의 수는 2^n가지이다. 또, 그 각각의 경우에 대하여, 논리식의 값은 T이든가 F가 된다. 이 논리식의 값을 **진리값**이라 부른다.

논리식의 진리값이 거기 들어 있는 명제변수의 진리값에 대응하여 어떻게 정해지는가와 같은 것을 알아보려는 것이 **명제논리**의 문제이다.

명제 p에 대하여 $\sim p$의 진리값은, p가 참일 때 $\sim p$는 거짓, p가 거짓일 때 $\sim p$는 참으로 정한다. 명제들의 합성에 대한 진리값은 다음과 같이 정한다.

p	q	$p \vee q$	$p \wedge q$	$p \rightarrow q$
T	T	T	T	T
T	F	T	F	F
F	T	T	F	T
F	F	F	F	T

위와 같이 정한 것은 일상생활에서의 경험으로 보아 타당한 것으로 생각되나, p가 거짓인 경우에 $p \rightarrow q$는 항상 참이다라는 것이 문제가 된다. 이같이 함의를 넓게 생각한 것을 **프레게** Frege (1848-1925)는 **실질함의**라 불렀는데, 일상적인 의미와는 좀 다르다. 가령 "비가 오면 나는 극장에 갈 것이다"라는 명제에서, 선행하는 "비가 오면"이 성립할 때, 결과는 "나는 극장에 갈 것이다"가 필수적으로 따른다는 함의가 생긴다. 실질함의에 $p \rightarrow q$에서는 p와 q를 임의의 명제로 두는 것을 허용하며, p와 q 사이에는 인과 관계 같은 어떤 관계도 있을 필요가 없다. 따라서 "x가 짝수라면 나는 극장에 갈 것이다"라는 것도 다룰 수 있다. 더구나 실질함의는 x가 짝수라는 것이 거짓

일지라도, 결과는 영화를 보러 갈 수 있는 것이다. 그러므로 "x가 짝수가 아니라면, 나는 극장에 갈 것이다"나 "x가 짝수가 아니라면, 나는 극장에 갈 것이다"라는 함의도 허용된다. 그러므로 "x가 짝수라면 나는 극장에 갈 것이다"는 x가 짝수이고, 나는 극장에 가지 않는 경우에만 거짓이다. 그 밖에 "철수가 오늘 돈을 받는다면, 그는 음식을 살 것이다"나 "만일 나무가 금속이라면 나무는 펴서 늘일 수 있다"를 생각해 보자. 앞의 경우, 돈을 못 받더라도, 음식을 살 수 있으며, 뒤의 경우는 당연히 옳다고 보아야 한다. 그러므로 p가 거짓인 경우, q가 참이거나 거짓이거나 간에, $p \to q$는 참이라 생각한다.

이 같은 실질함의의 개념을 사용하는 데 중요한 점은, 진리값의 표로부터

"p가 참이고 $p \to q$가 참이면, q도 참이다"

라는 것을 얻는 데 있다. 이것이 바로 뒤에 나오는 연역원리이다 (⇨ p.281).

항진명제와 동치명제

논리식으로서 거기에 들어 있는 명제변수가 참이든 거짓이든 항상 진리값이 참이 되는 것을 **항진명제** 또는 **토톨로지** tautology라 부른다.

명제들의 합성을 쓰면 여러 가지 논리의 기본법칙이 얻어지는데 이들은 모두 항진명제이다. 가령, 동일률 $p \to p$는 전형적인 것이다. 또, 아리스토텔레스의 삼단논법을 알아보자.

q이면 r이다.	동물은 죽는다.
p이면 q이다.	개는 동물이다.

그러므로 p이면 r이다.　　　그러므로 개는 죽는다.

이것을 기호로 나타내면

$$(p \to q) \land (q \to r) \to (p \to r)$$

이 되고, 이것의 진리표를 만들어 봄으로써 이것이 항진명제임을 안다.

논리식 $P \leftrightarrow Q$가 항진명제일 때, 논리식 P와 Q는 동치라고 말하고, 이를 $P \Leftrightarrow Q$와 같이 나타내기도 한다. 서로 동치인 명제는 진리표가 반드시 일치한다.

예를 들면,

$p \lor q \Leftrightarrow q \lor p$ $p \land q \Leftrightarrow q \land p$	교환법칙
$(p \lor q) \lor r \Leftrightarrow p \lor (q \lor r)$ $(p \land q) \land r \Leftrightarrow p \land (q \land r)$	결합법칙
$p \lor (q \land r) \Leftrightarrow (p \lor q) \land (p \lor r)$ $p \land (q \lor r) \Leftrightarrow (p \land q) \lor (p \land r)$	분배법칙
$\sim(p \lor q) \Leftrightarrow (\sim p) \land (\sim q)$ $\sim(p \land q) \Leftrightarrow (\sim p) \lor (\sim q)$	드 모르강의 법칙
$\sim(\sim p) \Leftrightarrow p$	이중부정의 법칙
$p \to q \Leftrightarrow (\sim q) \to (\sim p)$	대우
$p \to q \Leftrightarrow (\sim p) \lor q$	함의의 뜻

등을 얻는다. 따라서 어떤 명제 $p \to q$를 증명하는 대신에 그 대우 $(\sim q) \to (\sim p)$ 또는 $(\sim p) \lor q$ 를 증명하여도 된다.

또 **동일률** $p \to p$ 는 전형적인 항진명제라 했는데, 함의의 뜻을 받아들인다면

$$p \lor (\sim p)$$

와 동치이며, 이를 흔히 **배중률**이라 부른다. 또, 이것은 드 모르강의 법칙과 이중부정의 법칙으로부터

$$\sim (p \land (\sim p))$$

와 동치임을 아는데, 이것을 **모순율**이라 부르기도 한다.

일반으로, 결합기호 $\sim$, $\lor$, $\land$를 써서 합성된 두 논리식 P, Q가 서로 동치이면, P와 Q 속의 $\lor$와 $\land$를 교환하여 만들어 낸 논리식 P', Q'도 서로 동치이다. 이것을 논리에 있어서의 **쌍대원리**라 부른다.

이제 위에서의 동치라는 개념을 써서, p가 거짓일 때의 $p \to q$의 진리값을 참이라 정한 이유의 또 다른 해석을 하여 보자. $p \to q$의 부정은 "p 이지만 q는 아니다" 즉 $p \land (\sim q)$라 생각된다. 따라서 위의 이중부정의 법칙에 따라

$$p \to q \Leftrightarrow \sim (p \land (\sim q)) \Leftrightarrow (\sim p) \lor q$$

가 되어야 하며, $(\sim p) \lor q$의 진리값을 조사함으로써, p가 거짓일 때도 $p \to q$는 참이라 생각된다.

위와 같이 명제논리에서는 논리식의 진리값을 결정하는 문제는 명제변수에 어떤 값을 주면 논리식이 참이 되는가, 또 항진인 논리식에는 어떤 것이 있는가 등을 따지게 된다.

명제논리를 공리적 이론으로 전개할 수도 있다 (⇨ p.282).

명제함수

명제를 그 주어와 술어가 모두 나타나도록 기호화하는 것이 바람직할 때가 있다. 가령 "n은 소수이다"라는 명제는 $P(n)$과 같이 나타내어 주어가 n, 술어가 P라 생각할 수 있다. 수학에서 나타나는 명제는 이를 기계적으로 주어와 술어로 나누는 것보다는, 몇 개의 대상 사이의 관계라 보고 기호화하는 것이 더 편리한 경우가 있다. 예를 들어, "x는 y보다 작다"를 두 주어 x, y를 써서 $<(x, y)$ 또는 $R(x, y)$ 또는 $x<y$처럼 2항식으로 쓰면 편리하다. 이와 같은 **관계의 논리**는 아리스토텔레스는 다루지 않았던 새로운 수리논리학의 방법이다.

이와 같이, 명제변수 이외의 변수(구별할 필요가 있을 때에는 **항변수**라고도 부른다)를 포함하고, 그 변수에 대입되는 사물에 따라 자신의 진리값이 바뀌는 명제를 **명제함수**라 부른다.

명제함수의 항변수에는 그것이 나타내는 사물의 범위를 명확히 규제하여 두어야 한다. 이와 같은 범위를 그 항변수의 **정의역** 또는 **대상영역**이라 부른다.

n개의 변수를 가진 명제함수를 n**변수의 술어** 또는 n**항관계**라 부른다.

1항관계를 흔히 **성질**이라 부른다. 그 이유는 위의 예에서처럼 $P(n)$은 n이 가져야 할 성질을 나타낸 것이기 때문이다.

명제함수는 항변수의 각각에 정의역의 원소를 대입할 때 비로소 명제, 즉 진리값을 가진 문장이 된다. 그때까지는 진위는 문제가 되지 않는다.

$P(x)\rightarrow R(x, y)$와 같이 몇 개의 명제함수를 합성한 것도 명제함

수이다.

한정기호

수학에서 나타나는 몇 가지 저명한 진술에 대하여 생각하여 보자.

"임의의 자연수에 대하여 그보다 큰 소수가 존재한다."

—유클리드 Euclid(300? B.C.)

"임의의 대수방정식은 반드시 한 복소수근을 가진다."(대수학의 기본정리)

—가우스 Gauss (1777-1855)

"2가 아닌 모든 짝수는 두 소수의 합으로 표시된다."

—골드바하 Goldbach (1690-1764)의 예상(미해결)

"0이 아닌 모든 정수 x, y, z, n에 대하여, $n>2$이면 등식 $x^n+y^n=z^n$은 성립하지 않는다"

—페르마 Fermat (1601-65)의 대정리 (1995년에 증명)

이와 같이 수학에서는 "임의의", "모든", "각각의"라는 형용사와 "존재한다"는 말을 쓰는 일이 많다. 이 같은 진술들을 형식화하여, 논리식의 꼴로 표현하면 편리하다.

이러기 위하여 한정기호(양화기호) $\forall$와 $\exists$가 도입되었다. **전칭기호**(보편기호) $\forall$는 all, arbitrary, any, each, every 등을 같은 뜻으로 보아 all의 A를 거꾸로 쓴 것이며, **존재기호** $\exists$는 exist, some 등의 뜻으로 exist의 E를 거꾸로 쓴 것이다.

이제, $P(x)$가

"x는 성질 P를 가진다"

일 때, $(\forall x)\,P(x)$ 는

"대상영역 안의 모든 대상은 성질 P 를 가진다"

또는

"모든 (임의의, 각각의) x 에 대하여 $P(x)$ 가 성립한다"

라고 읽고, $(\exists x)\,P(x)$ 는

"대상영역 안에 성질 P를 가진 대상이 존재한다"

또는

"어떤 x 가 존재하여, 그것이 $P(x)$ 를 성립시킨다"

라 읽는다. 이때, 한정기호가 붙은 항변수를 **속박변수**라 부르고, 그밖의 항변수를 **자유변수**라 부른다. 가령,

$$(\exists y)\,(P(x) \rightarrow R(x,\ y))$$

에서 x 는 자유변수, y 는 속박변수이다.

자연수의 집합을 n 의 대상영역이라 할 때

$$\{P(0) \wedge (\forall n)(P(n) \rightarrow P(n+1))\} \rightarrow (\forall n)P(n)$$

은,

"$P(0)$ 이 성립하고, 또 각각의 n 에 대하여 $P(n)$ 이 성립한다고 가정할 때 $P(n+1)$ 이 성립한다면, 모든 n 에 대하여 $P(n)$ 이 성립한다"

는 수학적 귀납법을 주장한 것이 된다.

일반화된 드 모르강의 법칙

$$\sim (\forall x)\ P(x) \Leftrightarrow (\exists x) \sim P(x)$$
$$\sim (\exists x)\ P(x) \Leftrightarrow (\forall x) \sim P(x)$$

가 성립한다.

또, 두 개의 항변수를 가진 명제함수 $L(x,\ y)$에 대하여

$$(\forall x)\ (\forall y)\ L(x,\ y) \Leftrightarrow (\forall y)\ (\forall x)\ L(x,\ y)$$
$$(\exists x)\ (\exists y)\ L(x,\ y) \Leftrightarrow (\exists y)\ (\exists x)\ L(x,\ y)$$

가 성립한다. 그러나

$$(\exists x)\ (\forall y)\ L(x,\ y) \rightarrow (\forall y)\ (\exists x)\ L(x,\ y)$$

이지만, 그 역은 성립하지 않는다. 역의 경우, $L(x, y)$를 "x는 y에 이긴다"로 하고 가위 바위 보의 경우를 생각해 보면 알 수 있다.

이와 같이 한정기호, 논리기호, 수식을 써서 상당히 복잡한 수학에서의 개념도 논리식의 꼴로 고쳐 쓸 수 있다. 여기에서 수학의 형식화가능성이 나타난다. 가령

"실함수 $f(x)$가 실수 $x=a$에서 연속이다"

라는 것은, a가 실수상수이고, 항변수 ε, δ, x의 대상영역이 모두 실수라 할 때

$$(\forall \varepsilon)\{(\varepsilon > 0) \rightarrow (\exists \delta)[(\delta > 0) \wedge (\forall x)[(|x-a| < \delta) \rightarrow (|f(x)-f(a)| < \varepsilon)]]\}$$

이다. 이것을 말로 나타내면,

"임의의 양수 ε에 대하여 양수 δ가 존재하여, x와 a의 차가 δ보다 작으면 $f(x)$와 $f(a)$의 차를 ε보다 작게 할 수 있다"

는 주장이 된다(⇨ $p.228$). 이때, a는 자유변수이다.

추론규칙

명제계산의 범위에서는 두 가지 추론규칙만을 허용하기로 한다.

첫째 것은 **연역원리**라는 것으로서

"명제 P와 명제 $P \to Q$가 모두 참이면 명제 Q도 참이다"

라는 것이며, 이것의 특별한 경우로서

"P와 $P \to Q$가 모두 항진논리식이면 Q도 항진논리식이다."

이것은 삼단논법의 일종이다.

둘째 것은 **대입원리**라는 것으로서

"명제 P가 참이면, P에 들어 있는 각 명제변수에 임의의 명제를 대입하여 이루어진 명제도 참이다"

라는 것이며, 이것의 특별한 경우로서

"논리식 P가 항진명제이면, P에 들어 있는 명제변수에 임의의 논리식을 대입하여 이루어진 논리식도 항진명제이다."

예를 들면, 배중률 $p \vee (\sim p)$가 항진명제이므로, 대입원리를 쓰면

$$(p \to q) \vee \sim (p \to q), \quad (p \wedge q) \vee \sim (p \wedge q)$$

도 항진명제가 된다.

앞서, 명제논리를 공리적 이론으로 나타낼 수 있다고 하였는데, 이 때, 이론의 출발점이 공리이어야 하지만, 수학에서와는 달리 공리로부터 어떤 논리를 써서 정리를 얻을 수는 없다. 왜냐하면, 공리적 이론으로 나타내고 싶은 명제논리 자체가 하나의 "논리"이기 때문이다. 그러나 최소한의 "논리"가 없이는 일을 할 수가 없으므로, 참으로 분명한 것만을 허용하여야 한다. 이것이 바로 위의 추론규칙이라는 것이다.

힐버트와 아커만의 공리계

1928년 힐버트 Hilbert(1862-1943)와 아커만 Ackermann(1896-1962)은 수리논리학에 관한 기초적인 연구를 발표하였다.

p, q, r이 명제변수일 때 다음 세 식이 항진명제임은 진리표를 만들어 봄으로써 곧 알 수 있다.

(T_1) $p \to (q \to p)$

(T_2) $\{p \to (q \to r)\} \to \{(p \to q) \to (p \to r)\}$

(T_3) $(\sim p \to q) \to (\sim q \to p)$

따라서 이 세 식에 연역원리와 대입원리를 몇 번 적용함으로써 얻어지는 것도 항진명제이다. 그런데 힐버트와 아커만은 그 역을 증명하였다. 즉

"임의의 항진명제도 T_1, T_2, T_3에 연역원리와 대입원리를 유한 번 적용하여 이끌어 낼 수 있다."

여기에서, 명제식 중에 $P \vee Q$, $P \wedge Q$, $P \leftrightarrow Q$가 들어 있으면, 각각 그와 동등한 $\sim P \to Q$, $\sim(P \to \sim Q)$, $\sim((P \to Q) \to \sim(Q \to P))$(또는 $(P \to Q) \wedge (Q \to P)$)로 바꾸어 놓을 수 있는 것으로 한다.

위의 정리의 예로서, 동일률 $p \to p$와 배중률과 동치인 $\sim(\sim p) \to p$를 위의 정리에 따라 이끌어 내어 보자.

먼저, T_2의 r 대신 명제변수 p를 대입하면

(1) $$\{p \to (q \to p)\} \to \{(p \to q) \to (p \to p)\}$$

를 얻는데, (1)의 가정이 T_1이므로, 연역원리로부터 그 결론

(2) $$(p \to q) \to (p \to p)$$

도 항진논리식이다. 이 q에 $q \to p$를 대입하면

(3) $$(p \to (q \to p)) \to (p \to p)$$

를 얻는데, (3)의 가정이 T_1이므로, 다시 연역원리로부터 그 결론

(4) $$p \to p$$

가 얻어진다.

다음에 이 식의 p에 $\sim p$를 대입하면 항진명제

(5) $$\sim p \to \sim p$$

를 얻는다. T_3의 q 대신 $\sim p$를 대입하면 항진명제

(6) $$(\sim p \to \sim p) \to (\sim(\sim p) \to p)$$

를 얻는데, 이 가정이 항진명제 (5)이므로 연역원리로부터 항진명제

$$(7) \qquad \sim(\sim p) \to p$$

를 얻게 된다.

명제논리는 명제변수와 논리기호 이외의 기호를 포함하지 않는 수학적 체계(⇨ *p*.273)이다. 항진명제를 정리라 생각하면, T_1, T_2, T_3 로부터 명제논리의 모든 정리가 얻어지므로, 이 세 식을 명제논리에 관한 **힐버트-아커만의 공리계**라 부른다. 힐버트와 아커만은 이들 공리계가 무모순성과 완전성을 가짐을 증명하였다.

항변수나 한정기호를 포함하는 술어를 다루는 **술어논리**의 경우에는 다음 두 가지를 항진명제로 생각하고, 이를 공리로 첨가한다.

$$(T_4) \qquad (\forall x)\, P(x) \to P(a)$$

$$(T_5) \qquad P(a) \to (\exists x)\, P(x)$$

여기에서 a는 x의 대상영역 중의 특정한 대상이든가, 또는 항변수를 나타낸다. a가 술어 $P(x)$ 속에 항변수로 들어 있어도 괜찮은데, 이것이 뒤의 한정원리와 다른 점이다.

또, 추론규칙으로서는, 연역원리와 대입원리 외에 다음과 같은 **한정원리**를 덧붙인다.

"항변수 a가 명제 Q와 명제 $P(x)$에 들어 있지 않을 때, 명제 $Q \to P(a)$가 참이면 $Q \to (\forall x)\, P(x)$도 참이고, 또 명제 $P(a) \to Q$가 참이면 $(\exists x)P(x) \to Q$도 참이다."

특히 항변수 a에 관하여 같은 조건 밑에서

"$Q \to P(a)$가 항진논리식이면 $Q \to (\forall x)\, P(x)$도 항진이고, $P(a) \to Q$가 항진논리식이면 $(\exists x)\, P(x) \to Q$도 항진이다."

특히 주의할 것은, 한정원리에서의 a는 명제 Q와 명제 $P(x)$에 들어 있지 않은 항변수라는 가정이다. $Q \rightarrow P(a)$라는 정리가 특정한 대상 a의 특성을 쓰지 않고 증명된다면, 그 정리는 a를 그 대상으로 한정하지 않아도 성립한다고 주장하고 있는 것이다. $P(a) \rightarrow Q$에 대하여도 마찬가지이다.

항변수를 포함하는 명제변수 $P(x)$, $Q(a, b)$ 등을 **술어변수**라 부른다. 또 명제변수, 술어변수, 한정기호를 포함하는 논리기호로 씌어진 식(즉 특정한 수학적 체계의 기호 0, 1, =, +, ∈ 등을 포함하지 않는 식)도 **논리식** 또는 **술어식**이라 부른다.

힐버트와 아커만의 정리를 확장하여

> "공리계 $T_1 - T_5$로부터 세 가지 추론규칙을 유한 번 적용하여 얻어지는 논리식을 항진이라 정한다."

어떤 논리식이 항진이 되는가, 즉 정리를 구하는 것을 연구하는 수학을 (1계) **술어논리** 또는 **술어계산**이라 부른다. 술어논리가 무모순임은 1928년에 힐버트와 아커만이, 완전성을 가짐은 1930년에 괴델 Gödel(1906-78)이 밝혀냈다.

이와 같이 논리학도 공리화되었으며, 따라서 수학화되었다.

수리논리학의 역사

앞서 본 바와 같이 고대 그리스에서 이미 형식논리가 발전되었는데, **아리스토텔레스** Aristoteles(384-322 B.C.)는 그 결과들을 일상 언어를 써서 체계화하였다. 이 내용을 흔히 **고전논리**라 부른다. 일상 언어의 의미의 모호성은 엄밀한 수학의 논리로서는 부적당하므로,

과학적으로 논리를 다루기 위하여 기호적 언어가 도입되었다. 이리하여 기호논리학 또는 수리논리학이 탄생되었는데, 여기에서는 명제들 사이의 관계를 식으로 표시하여 일상 언어를 쓸 때의 모호성에서 벗어날 수 있었다. 앞에서 다루어 온 논리는 고전논리를 기호화한 수리논리이다.

기호를 사용할 것을 처음 생각한 이는 **라이프니츠** Leibniz(1646-1716)이었으며, 그는 1679-90년 사이에 몇 가지 개념을 기호를 써서 형식화하였다. 그 뒤 사고의 법칙과 대수에서의 연산 법칙과의 유사성이 밝혀짐에 따라 **부울** Boole(1815-64)과 **드 모르강** De Morgan(1806-71)의 저서들에서 기호논리가 전개되었다. **퍼어스** Peirce(1839-1914)는 관계의 논리를 확립하였고, 이를 **쉬뢰더** Schröder(1841-1902)가 체계화하였다. 보다 현대적인 것은 **프레게** Frege(1848-1925)의 1879-1903년의 업적과 **페아노** Peano(1858-1932)의 업적에서 나타났는데, 이들의 목표는 수학의 기초를 탄탄하게 하려는 것이었다.

프레게와 페아노의 업적은 **화이트헤드** Whitehead(1861-1947)와 **럿셀** Russell(1872-1970)의 《수학원리》로 이어지는데, 이 역사적인 대저(전 3권)의 기본 아이디어는 수학을 논리로부터 이끌어 내려는 것이었다.

1934-39년에는 **힐버트** Hilbert(1862-1943)와 **베르나이스** Bernays(1888-1977)의 《수학기초론》이 나왔는데, 여기에서는 힐버트의 논문과 강의를 중심으로 하여, 기호논리를 써서 수학의 공리계의 무모순성을 확립하려는 소위 **초수학**을 건설하는 것이 시도되었다.

수학의 한 이론의 공리계를 바꾸어 다른 이론을 세울 수도 있다는 생각이 나타난 뒤에도, 논리에 대하여는 아리스토텔레스가 만든 고전논리가 절대불변의 확고한 것이라는 생각이 오랫동안 지배적이었다. 이는, 고전논리의 법칙들이 어떤 의미에서의 우주의 속성으로 간주되기도 하고 또 인간의 이성의 참된 본질이라 생각되어 왔기 때문이다. 또, 명제논리와 술어논리의 무모순성과 완전성이 힐버트, 아커만, 괴델에 의하여 증명됨으로써, 고전논리에 관한 한 안심하고 사용한다는 것이 대부분의 수학자들의 생각이다.

그런데 여기에서도 새로운 견해가 나타났다. 위에서 살펴본 고전논리의 가장 기본적인 원칙 중 하나는 배중률인데, 이 원칙은 명제 p와 $\sim p$ 중 하나는 반드시 성립해야 하며, 따라서 p이면서 동시에 $\sim p$인 것이 있어서는 안 된다는 것이다. 그러므로 귀류법 (⇨ p.304)과 같은 증명법은 이런 배중률을 가정한 데서 나온 것이므로, 배중률을 무시한다면 성립하지 않게 된다. 이러한 이유 때문에 브라우워 Brouwer(1881-1966) 같은 많은 직관주의자들은 수학의 정리 가운데 귀류법을 사용하여 나온 것은 인정할 수 없다고 주장하였으며, 이러한 정리를 직접적인 방법으로 증명하려고 노력하였다. 예를 들면, 앞에서 실수 가운데 초월수의 존재성의 증명에서 실수는 비가부번이고, 대수적 수는 가부번이므로 초월수가 존재한다는 증명은 인정할 수 없으며, π나 e가 초월수임을 보임으로써 비로소 초월수의 존재성을 인정할 수 있다는 것과 같다.

그리하여, 현대의 수학에 있어서는 논리의 어떤 특정한 체계의 유일성이나 절대적 진리성마저 배제되었다. 따라서 유클리드의 평행선 공리의 부정에서 새 기하학들이 나타나고, 비가환연산으로부터 새 대수학이 나타나듯이, 배중률을 거부함으로써 다가논리가 나타났다.

예를 들어, 우카스제비츠 Łukaszewicz(1878-1956)는 3가논리를 생각하여 한 명제 p의 진리값이 참이든가, 거짓이든가, 참도 거짓도 아닌 “결정불능”의 세 가지 값을 가지는 논리의 체계를 발표하였다. 이런 3가논리의 체계로 이루어진 수리논리에서는 배중률이 성립하지 않는다.

임의의 m에 대한 m가논리를 포스트 Post(1897-1954), 우카스제비츠, 타르스키 Tarski(1902-83)가 연구하였고, 또 이것을 라이헨바하 Reichenbach(1891-1953)가 무한가논리로 확장하였는데, 이는 뒤에 양자역학에 적용되었다.

또한 **하이팅** Heyting(1898-1980)은 직관주의 수학자를 위한 기호적 2가논리를 창시하였으며, 이것과 고전논리의 차이는 이것이 배중률과 이중부정의 법칙을 보편적으로 받아들이지는 않는다는 것이다. 다가논리와 이러한 특별한 목적의 논리는 고전논리와는 다르며, 특히 함의의 뜻이 다르게 나타난다.

여기에서 논리들의 계통에 대하여 알아보자. 배중률을 기조로 하는 보통의 논리가 **고전논리**이며, 명제논리나 술어논리라는 것도 흔히 고전논리 안에서 생각한다. 이에 비하여, 배중률을 인정하지 않는 직관주의의 수학에 쓰이는 논법을 기호논리적으로 연구하는 경우에 그 대상인 논리를 **직관주의 논리**라 부르는데, 그 안에서도 명제논리와 술어논리가 있다.

우카스제비츠의 3**가논리**는 가능성이나 필연성을 나타내는 양상명제를 다루기 위한 것으로서, 보다 많은 논리값을 가지는 **다가논리**도 나타났다. 그렇다면 고전논리는 2가논리인 것이다. 그러나 양상명제를 다루는 데 반드시 3가 이상의 논리가 필요한 것은 아니고, 고전논리를 따르는 **양상논리**도 많이 연구되고 있다.

이 같은 논리학의 분과들은 이론적인 방면이나 과학철학, 언어학, 컴퓨터과학 등에서의 응용 면에서의 요구와 결부되어 점점 활발히 연구되게 되었다.

아인슈타인이 상대성원리를 어떻게 발견하게 되었는가라는 질문을 받았을 때, 그는 “한 공리에 도전함으로써”라 대답하였다고 한다. 로바쳅스키와 보요이는 평행선공리에 도전하였고, 해밀튼과 케일리는 곱셈의 교환법칙에 도전하였으며, 우카스제비츠는 배중률에 도전함으로써 새로운 체계를 발견하였다. 이와 같이, 전통적 신념에 대한 의혹과 도전은 새로운 창조적 결과를 낳고 있다. 마찬가지로 논리조차도 영원불멸의 것은 아닌 것이다.

정밀과학의 두 눈은 수학과 논리이다. —드 모르강

3. 수학의 형식화

현대수학의 기본 성격

수학이 고대의 일상생활 경험의 축적에서 시작하여 논증체계로 변한 뒤, 현대에 들어와 비약적인 발전을 이루면서 문명 발전의 원동력이 되고 있음에도 불구하고, 아직도 수학이 무엇인가에 대한 적절한 해답은 없다. 그러면서도 각 시대의 수학자들은 그 나름대로 그 시대의 수학에 관한 적절한 견해를 가지고 그 시대의 수학을 이끌어 왔다.

현대에 있어서의 수학이나 그보다 더 넓은 수리과학은 합리적 사고 전반을 가리키는 별명과 같은 성격을 가지고 있는 것처럼 보인다. 현대의 수리과학은 수나 도형과 같은 고전적 대상뿐 아니라 더 광범위한 새로운 수학적 대상을 다룬다. 더구나 자연계와 인간 사회의 현실문제에 대하여 그들은 공리적 이론의 꼴로 정리·전개하여 그 현실을 그 이론의 한 모델로 처리함으로써 너무나 많은 탁월한 응용 면을 보이고 있다.

이와 같이, 현대수학의 기초적 수법은 공리주의의 방법인데, 그 방법을 적용하는 주된 대상은 흔히 집합으로 파악된다. 여기에서 집합과 논리 사이의 깊은 관계가 활용된다. 하나 또는 몇 개의 집합과 함께, 그들의 원소 사이에 성립하는 몇 가지 기본적인 "관계"가 주어져 있는 것을 "수학적 구조" 또는 간단히 "구조"라 부르고, 수학은 기본적으로는 구조의 자세한 상태를 연구하는 것이다.

예를 들어, 앞서 본 순서구조, 대수적 구조, 위상적 구조 등의 연구뿐 아니라 그들 사이의 상호 관련성이 연구되고 있다. 집합론은 본래는 새로운 원리에 따르는 무한론이었으나, 거기에 나타나는 역리의 극복을 위한 수학기초론이 나타나고, 또 이것은 수리논리학과 함께 수학에 있어서의 증명의 패턴을 밝히고 있다. 이러한 순수수학의 발전에 발맞추어 확률·통계가 체제를 일신하였으며, 또 응용수학의 발전에 따르는 컴퓨터과학, 정보과학, 경영과학, 산업공학 등의 수리과학이 크게 발전되고 있다.

현대의 수학은 기본적으로는 수학적 대상을 그 자신에서보다도 그들 사이의 관계의 연구에 보다 더 큰 비중을 두고 있다. 따라서 수학적 대상과 그들 사이의 상호 관련성에 중점을 두어, 그와 유사한 구조를 찾아내고, 그들 사이에 어떤 공통성이 있을 때, 이것을 새로운 개념으로 받아들인다. 이것은 개념의 추상화를 가져올 뿐 아니라, 표현의 추상화마저 가져오게 하며, 따라서 추상성이 현대수학의 한 특징이 되게 하였다.

몇 가지 유사한 구조에서 공통성을 찾아내어 그것을 공리화하고, 이로부터 다시 수학적 대상을 만들어 내면, 이는 개별적 특수적인 것을 포함하는 일반성을 지닌 이론이 된다. 현대 수학의 이러한 일반성이 바로 부르바끼 Bourbaki가 말하는 "다가이론"인 셈이다.

현대수학이 가지는 또 다른 특징의 하나는 무한개념의 자유스런 구사이다. 바일 Weyl은 수학을 "무한의 본질을 규명하는 과학"이라 표현하였고, 럿셀 Russell도 "수학적 무한을 둘러싸고 있는 난제의 해결은 우리 시대가 자랑할 수 있는 최대의 사업일 것이다."라고 내세우고 있다. 과거의 수학이 유한성을 벗어나지 못했던 데 대하여 무한성은 현대 수학의 뚜렷한 특징인 것이다.

또, 현대의 수학은 과거의 수학에 비하여 크게 포괄성을 가지고 있다는 것도 한 큰 특징이다. 수학의 역사에 나타난 과오에 대한 수많은 반성을 통하여 새로운 방법론이 대두되어 왔고, 그러면서도 다른 학문에서와는 달리 각 시대의 업적은 다음 시대의 수학의 불가결한 부분으로 흡수되어 왔다.

요컨대, 20 세기 수학의 많은 업적은, 여러 분과에 있어서의 논리적 기초와 그 분과에서 다루는 구조를 검토하는 것으로 이루어져 있다. 이것이 공리적 체계의 형태로 나타났다. 한편 수학의 많은 기본적인 개념들도 진화되고 일반화되어 집합론, 추상대수학, 위상수학, 측도론(測度論) 같이 아주 깊고 기본적인 분야들이 개발되었다. 또, 소박한 집합론에서 나타난 역리 때문에 논리학 자체도 조심스럽게 재검토되었다. 논리학과 철학의 결합은 수학의 철학에 대한 여러 학설을 낳았다. 여러 응용수학의 발전과 컴퓨터 혁명이 20 세기의 수학적 문화에 충격을 준 것도 큰 사건이었다.

수학의 방법—공리주의

수학은 인간의 사고 활동으로서 실재를 다루는 경우에 두 가지 활동으로 나타난다. 그 하나는 직관, 귀납, 유추(analogy) 등이며, 이들을 써서 어떤 가설과 같은 결과에 도달하게 된다. 다른 하나는 연역에 의한 형식화로서, 이 과정에서 위의 가설은 엄밀한 논증을 거치게 된다. 이 두 과정들은 본질적으로 수학적 결과의 발견과 증명을 이루게 한다. 이때의 형식화는 그리스 시대에 비롯된 것이며, 그것은 엄밀화하는 과정에서 수리논리학이 개발되었다.

오랫동안 수학적 대상은 감각의 경험에 의한 대상의 이상화로 간주되었으며, 이들 대상은 아리스토텔레스의 논리를 따르는 것으로 되어 있었다. 19세기 이후 보다 추상화된 개념이 나타나고, 1900년 전후의 역리의 발견은, 수학적 개념과 감각 경험에서 이끌어낸 개념 사이의 대응에 회의를 느끼게 하였다. 이리하여 이 같은 대상의 유형을 어느 정도 제한하는가, 또는 이들 대상에 적용되는 논리를 어느 정도 제한하는가에 따라 수학의 내용이 달라질 수 있게 되었다.

오늘날 수학자 대다수는 고전논리를 그냥 사용하기로 하고, 수학의 개념이나 대상이 물리적 실재와 구체적인 관련을 가질 필요가 없다는 태도를 취한다. 수학자는 그의 논법이 형식화 가능하기만 하면 무엇을 하든 자유스럽다는 입장을 취한다. 여기에서 형식화 가능성이란 형식적 언어로 번역할 수 있다는 뜻으로서, 다시 말하면, 한 번 고정시킨 기호들을 정확하고 완비된 규칙에 따라 계산하여 나가는 것이며, 이때의 기호들은 기호에 불과할 뿐 그 밖의 다른 어떤 것을 대표하는 것은 아니라 생각한다. 이때 수학자들이 따라야 할 규칙들 중 한 부류는 논리규칙들인데, 이는 고전논리를 형식화한 것이고, 또 다른 부류는 집합론의 공리계인데, 이는 기호 $=$와 $\in$(속한다)을 쓰는 규칙을 제시한 것이다. 이때의 공리계로는 흔히 ZFC를 쓴다. 이 같은 형식화는 흔히 공리적 체계의 형태를 취한다.

실제로 수학은 수많은 이론들로 이루어져 있다. 수학의 한 분과인 이론의 내용을 이루는 명제들의 모임, 즉 정리들의 체계는 수학의 논증법에 따라 증명을 거친 것이다. 여기에서 **증명**이라 함은, 이미 존재가 허용된, 즉 이미 성립한다는 것이 증명된 바 있는 명제에서 새로운 명제의 존재를 연역하는 것이므로, 이것을 거꾸로 올라가면 마침내 증명할 수 없는, 즉 어떤 것으로부터도 연역해 낼 수 없는 근본적 진술이 나타나게 된다. 정의에 대하여도 마찬가지로 거슬러 올라가면 무정의용어가 나타나게 된다.

이와 같이 무정의용어가 들어 있는 근본적 진술들을 흔히 그 이론(분과)에서의 공리들의 모임, 즉 **공리계**라 가정하는 것이다. 그러므로 공리계의 선택이 그 이론의 내용 전체를 결정하는 것이고, 따라서 어떤 이론의 내용이라는 것은, 그 이론의 최초의 공리계와 거기에서 연역된 모든 정리로 이루어진 명제들의 모임을 가리키는 것이다. 이 때의 공리들은 무조건으로 성립한다고 가정하는 것이다. 이와 같이 얻어진 이론을 공리화된 이론, 즉 **공리적 체계**라 부른다.

고전논리에 있어서의 명제논리와 술어논리를 공리적 체계로 나타낼 수 있음은 이미 아는 바와 같다. 다른 과학의 이론에 있어서는 수학에서처럼 논증만으로 진행되지는 않으나 실험, 관측, 조사 등에 의하여 대상에 관한 데이터를 얻음으로써 여러 가지 명제나 법칙이 성립함을 확인한다. 그러나 이들에 대하여도 어떤 시점에 있어서의 그 이론의 성과 전체는 공리적 체계로 표현하는 것이 원리적으로는 가능하다.

또 일상 회화와 사회 현상의 경우 또는 그 밖의 여러 가지 국면에서 이루어지는 논증도, 그 전제가 되는 명제를 모두 공리라 부른다면, 이들을 궁극적인 근거로 하여 차례로 추론함으로써, 공리적 체계의 형태로 나타낼 수 있다.

이 같은 공리적 체계는 수리논리학의 방법을 써서 형식적 체계로 고쳐 쓸 수 있다. 이때의 공리계의 본질이 무엇이냐에 따라 수학기초론의 여러 견해가 나타났다(⇨ *p*.305).

공리주의의 회고

수학의 모든 이론이 공리적 체계로 나타나야 한다는 주장이 바로 공리주의이다. 이 같은 공리주의는 유클리드의 《원론》을 비롯한 그리스 시대와 그 이후의 여러 저작에서 볼 수 있고, 극단적으로는 스피노자 Spinoza의 《윤리학》에까지 나타난다. 유클리드의 《원론》은 그 당시에 대성된 형식논리의 전개와도 깊은 관련을 가진 것이었다.

그리스 시대의 공리주의에서는, 공리란 그 성립함이 자명한 명제이어야 한다고 생각한 나머지, 너무나 자명한 것은 이를 일일이 공리라 밝히지 않고 사용하기조차 하였다. 또, 공리계에 들어 있는 무정의 용어도 어떤 구체적인 사물이나 구체적인 개념을 가리키는 것으로 생각되어 왔다.

그러나 유클리드의 평행선공리를 부정한 새로운 비유클리드 기하학의 출현 이후, 공리가 절대적인 진리라는 생각은 포기되고, 다만 그 이론을 구성하는 데 필요한 기초적 가정에 불과하다는 인식이 얻어졌다. 한편, 서로 용납되지 않고 배타적인 관계를 가지는 기하학이 공존함을 알게 되자, 기하학이 현실적인 공간에 관한 구체적인 과학이 아니라는 해석이 나타났다. 그리하여, 리이만의 사상에 따라서 기하학의 공리계는 어떤 집합체(다양체)에 관한 가설의 모임이며 이들에게서 이끌어내어지는 것이 기하학이라고 생각하는 새로운 공리주의가 나타났다.

이러한 사상을 계승하여 좀더 적극적으로 구체화된 공리주의를 내세운 것이 힐버트이다. 그는 1899년의 《기하학의 기초》에서, 수학에서의 비판 정신의 발전 이래 많은 결함이 있다고 생각되어 오던 유클리드기하학의 공리계에 대신할, 비교적 잘 검토된 새로운 공리계를

힐버트

제시하였다. 그의 주장에 의하면, 공간 안의 점, 직선, 평면을 무정의원소라 하고, 그들 사이에 "…의 위에 있다", "…과 …의 사이에 있다", "합동", "평행" 등의 관계가 성립한다고 하고, 그 관계들을 결합공리 8개, 순서공리 4개, 합동공리 5개, 평행선공리 1개, 연속공리 2개, 합해서 20개의 공리로부터 유클리드 기하학이 유도된다고 하였다.

그 밖에도 19세기 말에서 20세기 초에 걸쳐 유클리드 기하학의 기초에 관한 여러 가지 공리계를 팟쉬 Pasch, 페아노 Peano, 피에리 Pieri, 베블렌 Veblen, 헌팅턴 Huntington, 버코프 G.D. Birkhoff, 블루멘탈 Blumenthal 등이 도입하였다. 피에리의 것은 20개의 공리에 점과 운동을 무정의용어로 가지며, 베블렌의 것은 16개의 공리에 점과 순서를 무정의용어로 가지는 것이었으며, 헌팅턴의 것은 23개의 공리에 구면과 "포함된다"를 무정의용어로 가지는 것이었다.

20세기 중엽 이후 많은 학자들과 집필 그룹이 고등학교의 기하학을 공리로부터 엄밀하게 전개하려는 교재를 만들었는데, 흔히 힐버트 또는 버코프의 공리계 중 몇 개를 바꾸든가 평이하게 하든가 하여 사용한 것이다.

위와 같은 기하학기초론에서의 공리주의의 전개 외에도, 오늘날의 수학에서 "구조"를 가진 집합을 공리계로 파악하게 된 데에도 긴 역사가 있다.

해석기하학과 미적분학의 발견 이후, 급격한 발전을 보인 해석학은 그 다채로운 성과에도 불구하고, 그 기초에 있어 엄밀성에 문제가 있었다. 꼬오쉬가 무한소를 0에 수렴하는 변량으로 파악한 뒤에도, 19세기 전반까지 존재하였던 극한의 이론은 불완전하였고, 그보다 앞서 유리수에서 실수로의 확장 단계가 이론화되어져야 했다. 즉, 무리수의 이론은 극한의 이론을 세우는 데 꼭 필요한 것인데, 그 무리수론을 세우는 데 흔히 극한의 개념을 쓰고 있었다. 이 같은 결함이 있는 순환논증을 피하고, 또 극한론을 가정하지 않는 새로운 무리수론을 칸토르와 데데킨트가 확립하였다(⇨ *p*.73 이후).

이리하여 이때까지 소박한 직관이나 표상으로 구성되었던 해석학의 기초에 관한 반성은, 이제 엄밀한 수의 개념을 써서 해석학뿐 아니라 전통적인 수학의 모든 분야를 기초지으려는 경향인 산술화 운동으로 나타났다. 즉 수학의 모든 개념을 실수의 개념으로 돌리고, 다시 자연수에서 실수로의 수 개념의 확장 단계들을 거꾸로 따라가면 실수의 문제는 자연수의 문제로 환원된다. 따라서 순수논리의 개념과 그 명제들을 제외하면, 고전수학 속의 모든 개념들은 모두 자연수에 관한 개념으로 정의되고, 고전수학의 명제는 자연수의 성질에서 연역될 것이다.

이와 같이 자연수론으로 환원시킨 뒤 다시 나아갈 논리적 분석의 길은 자연수론 그 자체를 최소한도의 무정의용어와 공리로부터 전개하는 것이었는데, 이는 페아노에 의하여 완성되었다. 이 같은 산술화 운동이 동기가 되어, 칸토르는 수렴, 극한, 연속 등 해석학의 기초를 다지는 데 직선 또는 평면 위의 점집합의 성질을 연구하게 되었으며, 이는 곧 함수론을 비롯한 해석학의 기초를 세우는 데 없어서는 안 되는 것이 되었고, 다시 위상수학으로 발전되어 현대 수학의 한 방법론으로 크게 쓰여졌다.

칸토르는 이러한 집합을 더 일반적으로 다루었고, 1883년 이후 무한집합의 산술이라 볼 수 있는 집합론을 세워서, 모든 수학을 집합의 용어를 써서 개편하려는 계기를 세웠다. 그러나 집합론에 있어서의 역리의 발견은 19세기 말에서 20세기 초의 수학의 위기를 가져왔다. 이를 피하기 위하여 공리적 집합론이 체르멜로, 프랭켈 등에 의하여 세워졌으며, 자연수를 비롯한 수의 체계는 ZF 안에서 구성될 수 있음이 알려졌다.

집합론의 발전으로 말미암아, 수학의 많은 이론은 "구조"를 가진 집합에 관한 연구로 생각되었고, 또 이때의 "구조"가 공리계로 파악됨으로써 각 이론은 공리적 체계의 형태로 제시되었다. 이때, 현실적으로 공리적 체계의 형태를 취하고 있지 않다 하더라도, 원리적으로는 이를 공리적 체계의 형태로 형식화하는 것이 가능하다는 가정 밑에 일상언어로 표현되고 있다.

자연수의 공리계

이제 공리적 체계의 한 예로 자연수의 공리계를 들어 보기로 하자.

인류가 생긴 이래 가장 최초의 수학적 개념은 자연수이었을 것이다. 유클리드가 기하학에 대하여는 그토록 정의와 공리계의 중요성을 인식했으면서도, 자연수의 개념은 자명한 것으로 생각하고, 아무 정의도 하지 않은 채, 그 안에 소수가 무수히 있다는 것을 증명한 것은 조금 기이하다는 생각이 든다.

실제로 자연수는 수의 확장 단계의 첫 발자국이므로, 모든 수를 엄밀하게 정의하려면 자연수에 관한 확고한 인식이 필요했다. 이것에 눈을 뜬 것은 너무나 늦어서, 페아노 Peano(1858-1932)의 1895년의 책에서였다.

이제 그의 자연수의 공리계를 좀 쉽게 설명해 보자. 먼저 “자연수”, “후자” (어떤 자연수의 바로 다음 자연수), 1과 같은 것을 무정의용어로 잡고 그들 사이에 다음과 같은 5개의 공리를 정한다.

(1) 1은 한 자연수이다.
(2) 임의의 자연수 x에 대하여 그 후자 x' 이 유일하게 정해진다.
(3) 어떤 자연수 x에 대하여도, $x' \neq 1$ 이다.
(4) $x' = y'$ 이면 $x = y$이다.
(5) 자연수의 어떤 집합 M이 있어, $1 \in M$이고, $x \in M$일 때에 $x' \in M$이 되면, M은 모든 자연수를 포함한다.

실제로 페아노의 책은 기호논리를 써서 형식화되어 있으나, 우리는 위와 같이 말로써 나타냈다. 위의 공리 중 (1), (2), (3) 은 무엇이 자연수의 집합 $\boldsymbol{N}$의 원소인가를 판정하는 기준이며, (4)는 $\boldsymbol{N}$의 두 원이 같은가 아닌가 판정하는 기준이다. (5) 는 바로 수학적 귀납법의 공리이다.

이 공리계로부터 $\boldsymbol{N}$에 관한 임의의 정리를 이끌어 낼 수 있다. 위에서 x' 이라는 것은 $x+1$을 가리키나, 덧셈은 위의 공리계로부터 정의되는 것이므로, 우선 x' 이라 나타낸 것이다.

실제로 페아노의 공리계는 ZF 로부터 얻어지며, 또 이 공리계를 써서 $\boldsymbol{Z}$, $\boldsymbol{Q}$, $\boldsymbol{R}$, $\boldsymbol{C}$ 등이 차례로 ZF 안에서 구성되는 것이다.

수학의 형식화

한 수학적 체계란 수학의 한 이론을 가리키는데, 흔히 다음의 것들로 구성된다.

(1) 무정의개념의 집합

(2) 한 전체집합

(3) 관계들의 집합

(4) 연산들의 집합

(5) 논리의 공리들의 집합(논리에서의 추론규칙 포함)

(6) 논리가 아닌 공리들의 집합

(7) 정리들의 집합

(8) 정의들의 집합

(9) 기본적인 집합론

위의 (6) 에서의 공리는 원소(무정의개념), 관계, 연산들과 같이 수학자들의 연구대상에 관련된 것이다. 예를 들면, 군론에서의 군의 공리와 위상공간의 공리 같은 것이다. 이와 같이, (2) 의 전체집합에 (1), (3), (4), (6) 으로 주어지는 것이 한 수학적 구조를 주게 된다.

또, (9) 에서의 집합론은 ZF 또는 ZFC 또는 이와 동치인 NBG 와 같은 것이다.

수학적 체계의 예로, 평면기하학을 들어 보면, 무정의개념은 점과 직선이고, 전체집합은 평면 위의 점들 전체의 집합이며, 관계란 상등(같다), 직교, 평행 같은 개념들이다. 이때의 논리 아닌 공리의 예로는

"서로 다른 두 점을 지나는 직선은 단 하나 존재한다"

와 같은 것이다.

또 다른 수학적 체계의 예로 실수계, 모든 대수계, 위상수학에 나타나는 여러 공간, 여러 가지 기하학과 같은 것을 들 수 있다.

모든 수학적 논의는 설사 분명히 언급되어 있지 않다 하더라도 어

떤 수학적 체계에 관한 것이다.

정의는 한 마디로 단축이다. 예를 들면,

"$a \leqq b$는 $a = b$ 또는 $a < b$ 임을 뜻한다"

와 같이 비교적 짧은 것도 있으나,

"실함수 f가 구간 $[a, b]$에서 적분가능이라 함은

$$\lim_{x_j - x_{j-1} \to 0,\, n \to \infty} \sum_{j=1}^{n} f(\delta_j)(x_j - x_{j-1}) < \infty$$

임을 가리킨다"

와 같이 그 내용이 긴 것도 있다.

정의에서는 정의된 말을 정의된 바와 같이 대치할 수 있음을 뜻한다. 즉, 모든 정의는 어떤 동등성을 정한 것이다.

이제 한 수학적 체계 안에서 A_1, A_2, $\cdots$, A_k가 공리 또는 이미 얻어진 정리라 하자. 한 진술 P의 한 형식적 증명(연역)이라 함은 명제 S_1, S_2, $\cdots$, S_n을 가리키는데, 여기에서

(a) S_n은 P(즉, 마지막 명제는 P)이고,
또 임의의 i, $1 \leqq i \leqq n$에 대하여

(b) S_i는 A_1, $\cdots$, A_k 중 하나이다.

(c) S_i는 S_1, $\cdots$, S_{i-1}들로부터 추론규칙을 쓴 유효한 논의에 의하여 얻어진다.

한 **정리**란 공리들 또는 앞서 얻은 정리들로부터 연역된 명제를 가리킨다.

일반으로, 한 수학적 체계에 있어서, 그 체계에 도입된 기호(예: 0, 1, $\cdots$, $\in$ 등)로 기술된 상명제(변수가 아닌), 명제변수, 논리

기호로 씌어진 몇 개의 논리식이 그 수학적 체계의 **공리**(公理)들이며, 그것들로부터 추론규칙을 유한 회 적용하여 얻어지는 논리식이 그 체계의 **정리**(定理)인 것이다.

위의 형식적 증명의 정의는 약간 까다로우므로, 예를 들어 보자.

예: 어떤 수학적 체계가 다음 공리를 포함한다고 하자.

$$A_1:\ a+b=c \rightarrow (x<y)\wedge(2=3)$$

$$A_2:\ a+b=c$$

다음은 $x<y$의 형식적 증명이다.

S_1: $a+b=c \rightarrow (x<y)\wedge(2=3)$ (A_1에 의하여)

S_2: $a+b=c$ (A_2에 의하여)

S_3: $(x<y)\wedge(2=3)$ (S_1, S_2에 대한 연역원리에 의하여)

S_4: $x<y$ (항진명제 $(P\wedge Q)\rightarrow P$ 에 의하여)

실제로 수학자들은 형식적 증명을 쓰는 대신 비형식적 증명을 쓴다. 비형식적 증명이란 형식적 증명이 존재함을 보여 주는 논의를 가리킨다. 다시 말하면 다른 사람이 확신을 가질 수 있을 정도로의 형식적 증명을 준다는 뜻이다. 따라서 우리는 비형식적 증명을 "확신을 주는 논의"라 부를 수 있을 것이다. 수학자는 다른 수학자들을 확신시키려 한다.

예: 다음은 위의 체계에서의 $x<y$의 비형식 증명의 예이다.

A_1과 A_2에서 $(x<y)\wedge(2=3)$이 얻어진다. 따라서 $x<y$이다.

수학자는 이 같은 비형식적 증명을 즐겨 쓴다. 수학의 기능의 하나는 증명들을 창조하는 데 있다.

이제, 수학자들이 흔히 쓰는 증명의 기본적 형태를 몇 가지 들어 보기로 하자.

(i) $P \to Q$ 꼴의 명제의 증명

(1) 조건적 증명의 규칙: 이는 P를 가정하고, Q를 이끌어 내는 것이다. 이제 A_1, A_2, $\cdots$, A_n이 공리 또는 이미 증명된 정리들이라 하자. $P \to Q$를 증명하기 위해서는

"A_1, $\cdots$, A_n으로부터 $P \to Q$를 이끌어 낼 수 있다"

는 것이 유효한 추론이어야 한다. 그러기 위하여, 임시로 P를 한 공리로 보고

"$A_1, \cdots$, A_n, P로부터 Q를 이끌어 낼 수 있다"

는 것이 유효한 추론이어야 한다.

(2) 대우의 증명: $P \to Q$을 증명하는 대신에 그 대우 $\sim Q \to \sim P$임을 증명하는 방법이다.

(ii) $P \leftrightarrow Q$ 꼴의 명제의 증명

(1) $P \leftrightarrow Q$의 정의에 따라 $P \to Q$와 그 역 $Q \to P$를 증명한다. $P \leftrightarrow Q$를 P iff Q라 읽는데, iff는 if and only if를 생략한 것으로,

$P \to Q$를 그 "only if" 또는 "필요" 부분이라 부르고,

$Q \to P$를 그 "if" 또는 "충분" 부분이라 부른다.

(2) $P \to Q$와 그 이(裏) $\sim P \to \sim Q$를 증명한다.

(3) iff-연쇄: P에서 Q까지 연결해 주는 동치인 명제들을 만들어 낸다. 가령,

$$P \to Q_1 \to Q_2 \to \cdots \to Q_n \to Q$$

$$Q \to S_1 \to S_2 \to \cdots \to S_k \to P$$

가 되는 명제들 Q_i와 S_j를 찾아내면 된다.

(iii) $\forall x P(x)$, $\exists x P(x)$의 증명:
전체집합의 임의의 원소 x에 대하여 $P(x)$임을 보이면 $\forall x P(x)$가 증명된다. 또, $\exists x P(x)$를 증명하는 데는 전체집합의 원소 중 $P(x)$를 만족시키는 x가 있다는 예를 보이면 된다.

(iv) 귀류법: 이것은 명제 P를 증명하는데, $\sim P$를 가정하면

$$R \wedge (\sim R)$$

와 같은 모순을 얻게 됨을 보이는 것이다. 여기에서 R은 P나 어떤 공리나 앞서 증명된 정리를 포함하는 명제이면 된다. 이 방법은

$$[(\sim P) \to (R \wedge (\sim R))] \to P$$

가 항진명제라는 것으로 정당화된다. 이 방법을 **간접증명법** 또는 **귀류법** (reductio ad absurdum, 모순으로 이끌어 간다는 뜻)이라 부른다.

가령, 앞의 $P \to Q$ 꼴의 명제를 증명하는 데 귀류법을 써 보자. 그 부정 $\sim(P \to Q)$ 즉 $P \wedge \sim Q$를 가정하자. 즉 P와 $\sim Q$가 옳다고 가정하고, $R \wedge (\sim R)$와 같은 모순을 이끌어 내면 된다.

이 밖에 수학 자체의 독특한 증명법으로

(v) 경우를 가르는 방법

(vi) 수학적 귀납법

(vii) 존재성과 일의성의 증명

같은 것이 있는데, (vi)은 ZF의 한 정리이다.

4. 수학의 기초

수학의 본질에 관한 견해

럿셀이 그의 《수리철학서설》에서 말한 바와 같이, 수학의 연구는 역사적으로나 심리적으로, 중간에서 시작되어 위와 아래의 두 방향으로 나아간다. 그중 보통의 방향은 소위 건설적—간단한 것에서 점차 복잡한 것으로 수학의 내용을 풍부하게 건설하여 나아가는 것이고, 다른 하나는 점차 논리적으로 단순한 것, 추상적으로 나아가는 방향으로서, 처음에 가정된 것에서 무엇이 정의되고 무엇이 연역되는가를 문제로 하지 않고, 주로 출발점으로 잡은 것을 보다 일반적인 개념이나 원리에 따라 따지게 된다.

이 방향이 다름 아닌 수학의 기초에 관한 연구이다. 수학기초론은 수학을 엄밀히 연구하는 것을 목표로 하는 것이므로, 연구 대상인 수학을 먼저 논리적으로 엄밀히 조직하여 놓아야 한다. 그러기 위하여, 언어의 모호성이나 논리의 불명확성 등을 피할 목적으로, 수학의 내용과 논리의 전부를 기호화함으로써 수학 전체를 형식화하고, 그에 대하여 모순이 있는가 없는가를 연구하게 된다. 이것은 수학 전체를 대상으로 하는 것으로서, 힐버트는 이를 **초수학**(超數學)이라 불러 보통 수학과 구별하였다.

그러나 수학의 기초에 관한 연구는 논리의 문제를 중점적으로 다루는 초수학 또는 수학기초론에서 그치는 것이 아니다. 수학의 발전에 따르는 철학자들에 의한 수학적 인식의 연구는 기초론의 또 다른 전제가 되는 것으로서, 철학적 고찰에 의존하는 "수학의 철학"을 이루게 된다. 이리하여 집합론에서의 역리 제거를 위한 노력들을 주된 동기로 하여, 단순히 역리 그것만을 문제로 하는 것이 아니라, 철학적으로는 수학적 인식의 본질, 논리학과 수학과의 관계 등이 연구되고, 수학적으로는 수학의 논리적 구조, 수학의 증명에 사용되는 논리에의 반성이 전반적으로 논해지게 되었다. 이와 밀접한 관련을 가지는 것이 수리논리학의 발전이었다.

수학의 본질에 관한 철학적 논의는 크게 두 가지로 나눌 수 있다. 그 하나는 **내용주의**이고, 다른 하나는 **형식주의**이다. 내용주의에 따르면, 수학은 확정된 주제와 내용을 가져야 하며, 그 대상은 어떤 의미로든 존재하여야 하고, 그 명제는 사실과 일치해야 한다는 입장이다. 한편, 형식주의에 따르면, 수학은 그 주제보다도 그 방법에 의해서 파악되어야 한다는 것으로 보고, 그 논법이 형식화가 가능하기만 하면 무엇을 하든 자유스럽다는 것이며, 대상은 특별히 지정되어 있는 것이 아니라, 대상의 해석이 여러 가지 있을 수 있다는 것이다. 이에 비하여, 수학적 대상이 유일해야 한다는 것이 내용주의의 성격이다.

내용주의는 다시 두 가지로 나눌 수 있다. 그 하나는 플라톤주의라 부를 수 있는 것으로서, 수와 집합의 개념은 본질적으로 존재하는 것이며, 기초를 보강할 필요가 있기는 하지만, 고전수학은 실제로 근거가 불안한 것은 아니라고 하는 것이다. 초기의 경험주의 같은 것도 이것에 속한다고 볼 수 있겠다. 다른 하나는 수학의 근거가 박약하다고 보며, 또 고전해석학의 상당한 부분을 버려야 한다고 주장하는 것으로서 비판적 내용주의라 볼 수 있겠다. 이 두 주장도 각각 여러 가지로 세분된다.

수학에서 나타난 역리들은 플라톤주의의 극단적인 형태를 받아들이기 어려운 것으로 보게 한다. 역리를 일으키는 진술을 명제가 아니라고 생각하면 모순을 얻지 않을 것이다. 따라서 문제는 논리의 영역에 있다.

아마도 플라톤주의는 기초의 문제에 관심이 없는 대부분의 수학자들이 다소간 무의식적으로 취하고 있는 견해이다. 이 같은 주장은 **프레게**와 **럿셀** 같은 수리논리학의 창시자들이 취했던 입장이며, 아직도 이 입장을 옹호하는 논리학자들이 존재한다. 이들이 진전된 형태를 포괄적으로 **논리주의**라 부른다.

또 비판적 내용주의의 주된 흐름은 **직관주의**로 알려져 있다.

1930 년대까지는 논리주의, 직관주의, 형식주의라는 세 학파의 철학이 수학의 본질에 관한 주요한 주장으로 형성되었다. 이제, 이들의 주장을 그 창시자들이 가지고 있던 수학을 통해서가 아니라, 그 뒤의 발전된 수학을 통해서 살펴보기로 하겠다.

실제로 이들 철학이 모두 난점을 가지고 있는데, 1931 년의 **괴델**의 논문 이후, 이들의 차이는 공리나 추론규칙의 차이로 생각되는 경향이 있다. 그러함에도 불구하고, 이들 세 학파의 영향은 강하게 남아있어, 주로 집합론, 직관주의와 그의 여러 가지 구성적 변형, 수리논리학의 많은 분과 등에서 아직도 아름다운 수학을 낳고 있다. 그래서, 이제는 이 같은 종류의 수학을 포괄적으로 수학기초론이라 부르는데, 여기에서는 철학적 색채가 없어지고, 수학적 이론의 구조만을 그 연구 대상으로 하게 되었다.

이들 새로운 수학은 오늘날의 대수학이나 해석학처럼 수학의 전문적인 분과인 것이며, 거기에서 얻어진 결과는 철학, 논리학, 언어학,

컴퓨터과학을 비롯한 여러 과학에 응용되고 있다.

논리주의

역사적으로 보아, 논리주의는 수학의 본질에 관한 통일된 견해가 아니라, 논리학의 수학에 대한 관계를 말해 주는 특정한 학설에 불과하다.

수학에서 직관적 요소를 제거하고, 순수 논리에 의존하여서만 수학을 구성하려고 시도한 것은 **프레게**에서 비롯된다. 1884년의 산술의 기초에 관한 저술에서 그는 "자연수란 무엇인가"를 다루어, 수학을 기호로써만 나타내고, 논리계산으로서의 수학을 연역해 내었으나, 그 내용이 간결, 평이, 중요한 것이었음에도 불구하고, 사람들의 주목을 끌지 못했다. 그의 수의 정의도 18년 후인 1901년에 럿셀이 발견하기까지 거의 잊혀진 상태였다.

페아노도 역시 쉬뢰더의 연구를 기초로 하여, 기호를 써서 논리적으로 수학을 연역하려고 시도한 결과, 자연수론의 공리화 같은 업적을 남겼다. 이들의 영향을 받아 논리주의를 세운 것이 **화이트헤드**와 **럿셀**의 《수학원리》(1910-13)이다. 이들의 생각은, 수학이 논리학의 한 분과라는 것이다. 실제로 럿셀은 "논리학은 수학의 청년 시대이고, 수학은 논리학의 장년 시대이다"라고 하여, 그들 사이에 본질적인 구별이 없다고 보았다.

이들이 옳다면, "왜 고전수학 안에서 모순이 일어나지 않는가?"는 "왜 논리 안에서는 모순이 일어나지 않는가?"로 바뀐다. 이때, "논리"가 무엇인지 정의되어야 한다. 이제 우리는 화이트헤드와 럿셀이 현대수학을 알고 있었다고 상상해 보자.

《수학원리》는 형식적인 집합론에서 고전수학을 이끌어 내는 과정이라 생각되며, 그 형식화는 전체적으로 미완성이지만 그 두 사람은 완성된 것으로 보았고, 결과적으로 수학은 논리에 귀착시킬 수 있음을 보였다고 주장하였다. 그들은 그때까지의 모든 고전수학이 집합론 즉 《수학원리》의 공리계로부터 논리적으로 이끌어내어진다고 생각했으므로, 남는 일은 《수학원리》의 공리들이 논리에 속함을 보이는 것이 된다.

우리가 《수학원리》의 공리계 대신 ZFC를 쓰기로 하면, "ZFC의 9개의 공리가 논리에 속한다"는 것이다. 이것만으로도 그들의 주장이 성공할 수 없음을 보이는 데는 충분하다.

이번에는 그들이 말하는 "논리"가 무엇인지 분명히 해야 한다. 오늘날, 고전논리는 일계언어 (형식주의의 항에서 설명 ⇨ *p*.316) 안에서 비논리적인 공리를 쓰지 않고 추론규칙과 논리의 공리만을 써서 증명되는 정리 전체로 구성된 일계논리라 정의된다. 이 같은 정리의 한 예로 배중률, 즉 "명제 p에 대하여 $p \vee \sim p$는 항진이다"가 있다.

실제로, 그들의 "논리"는 위의 것보다 더 광범위하여서, 한 명제가 논리에 속한다, 즉 그것이 "논리적 명제"가 된다는 것에 대한 일반적인 개념을 가지고 있다. 그들에 따르면, 논리적 명제란 완전히 일반성을 가지고, 그 내용보다도 그 형식에서 참인 명제(이때는 정리와 동의어)를 가리키고 있다. 배중률과 같은 논리적 명제는 p의 특수한 내용 때문에 참인 것이 아니라, 그 "형식" 때문에 참이라는 것이다. p는 수학의 명제이든, 물리학의 것이든, 또 다른 것일 수 있다.

한편, 위에서와 같이 정의한 고전논리의 모든 정리가 논리적 명제임을 보이는 것은 어렵지 않으며, 또 고전논리에 속하지 않는 논리적 명제가 있을 수 없다는 어떤 선험적인 이유도 없다. 이 때문에 그들의 논리의 정의가 보다 광범위한 것이라 하였다. 그들의 목표는 "ZFC의 9개의 공리의 각각이 논리적 명제"임을 보이는 것이다.

그런데 ZFC의 적어도 두 공리, 무한공리와 선출공리가 논리적 명제가 될 수 없음이 알려져 있다. 그중 무한공리를 받아들이는 이유는, 누구든지 $\boldsymbol{N}$, $\boldsymbol{R}$, $\boldsymbol{R}^2$, $\boldsymbol{R}^3$와 같은 많은 무한집합을 알고 있기 때문이다. 따라서 무한공리는 그 내용을 받아들이는 것이지, 그 형식을 받아들이는 것은 아니다. 일반적으로, 우리의 일상 경험상 친근한 위와 같은 대상의 존재를 주장할 때, 이 공리는 논리주의자가 말하는 논리적 명제는 아니다.

ZFC의 적어도 두 공리가 논리적 명제가 아님으로 해서, 수학은 논리학의 일부가 될 수 없다. 이것이 논리주의의 실패이다. 그 밖에 그들의 공리 중 하나인 "환원공리"에 관한 난점이 있다. 이처럼, 논리적 명제가 아닌 명제를 수학의 구성에 있어 공리로 쓰지 않으면 안 된다는 것이 바로 수학과 논리학의 한계를 보여 준 것이며, 또 이렇게 하여 구성된 수학에 다시 모순이 생기지 않으리라는 보증도 하지 못한 것이다. 따라서 그들의 업적은 논리의 한계와 수학의 구성 한계를 제시한 점에 있으며, 또 수리논리의 발전에 크게 공헌한 점에 있다. 특히, 실질함의와 한정기호를 도입한 프레게와 《수학원리》의 논리학에 끼친 영향은 너무나 크다.

한편, 시간이 지남에 따라 논리주의는 그들의 영향을 받은 학자들 즉 램지 Ramsey(1903-30), 비트겐슈타인 Wittgenstein(1889-1951), 루이스 Lewis(1883-1964), 카르납 R. Carnap(1891-1970), 콰인 W.V.O. Quine(1908-2000)과 같은 사람의 학설을 포함하는 것으로 변해 갔다. 그러나 이들의 이론은 분명히 형식주의적이다. 그리하여, "논리주의"는 역사적인 연관을 가진 몇 가지 이론에 공동으로 붙여진 이름이지, 앞에서 본 바와 같은 다른 학파와 별개의 것으로 보기는 어렵다. 따라서 이제는 어떤 이론이 논리주의에 속한다는 것도 모호한 말이며, 사람에 따라 논리주의는 다른 뜻으로 받아들여지고 있다.

그러나 위에서 든 여러 사람들의 이론은 어떤 공통성을 가지고 있다. 첫째는 수학이 귀착되어야 할 논리학은 철학적 논리학이 아니라 수학적 체계의 일종이다. 또, 그들은 프레게의 자연수의 정의를 받아들인다는 것이다. 그들의 논리는 본질적으로 고전논리이며, 이것이 유일한 논리임을 확신하고 있다는 것도 특징이다.

직관주의

집합의 개념이 수학의 여러 분야에 적용된 뒤, 한편으로 역리가 존재하고, 해석학의 기초에 악순환이 존재함이 밝혀지자, 일부 수학자들은 무한을 포함하는 것에 직관적인 기초가 없다고 생각하고, 수학을 가능한 대로 유한적, 직관적으로 개조하여, 이것이 불가능한 부분들은 포기하여야 한다고 생각하게 되었다. 1907년에 **브라우워**는 가장 간단하다고 생각되는 자연수론에 있어서마저 유한을 넘은 초한적 내용이 있음을 보고, 이를 유한적, 직관적인 체계로 고쳤다. 이와 같은 견해를 **직관주의**라 부른다.

논리주의자가 수학을 논리의 순수한 연역체계로 생각하는 데 비하여, 직관주의자들은 수학을 내용적인 의미를 가지는 학문이라 생각하고, 수학적 인식은 형식적 이념적인 것이 아니며, 또 경험과도 독립된 것이라 본다. 이러한 입장을 가졌던 선구적 학자들로는 크로넥커와 프왕카레가 있고, 또 **반직관주의** 또는 **경험주의**라 불리는 보렐 E. Borel (1871-1956), 르벳구 Lebesgue (1875-1941), 루진 Luzin

(1883-1950) 등이 있다.

그러나 직관주의의 철학을 확립한 것은 브라우워이며, 그 후 바일 Weyl (1885-1955)과 같은 유력한 지지자들의 노력이 뒤따랐다. 브라우워 자신은 위상수학의 분야에서 훌륭한 업적을 남겼으나, 한편으로 1913년의 논문에서 힐버트의 철학에 강력하게 대항하였다. 그는 수학을 자기의 철학에 따라 재구성하는 작업을 하여, 1918년에는 집합론, 1919년에는 측도론, 1923년까지는 함수의 이론을 배중률을 쓰지 않고 전개하였다.

직관주의자들은 고전수학 자체가 오류를 포함하고 있다고 생각했다. 논리주의자들은 역리를 수학의 오류가 아니라 수학자들이 공통적으로 범할 수 있는 과오라 생각했으나, 직관주의자들은 이들 역리가 바로 고전수학의 완전치 못한 분명한 증거이므로, 수학을 그 밑바닥에서부터 재건하여야 한다고 생각하였다.

그 밑바닥이란 자연수 1, 2, 3, …이 무엇인가이었다. 그들의 견해로는, 모든 인간은 자연수에 대한 원시적 직관을 가지고 있다. 이것은 첫째로, 자연수 1이 무엇을 뜻하는가 하는 직접적 확실성을 가지고 있다는 뜻이며, 둘째로 1을 구성할 수 있는 정신적 과정을 되풀이할 수 있다는 것이다. 이것을 반복할 때, 2의 개념을 얻고, 다시 3을 얻고, 이같이 하여, 임의의 자연수 n에 대하여 유한인 "시분"(始分) 1, 2, …, n을 구성할 수 있게 된다. 이와 같이 "하나 다음에 하나" 하는 식으로 구성해 나가는 것은, 시간을 지각하지 않는다면 불가능하다. "다음에"란 시간을 가리키는 것이며, 브라우워는 인간이 시간에 대한 직접적 지각을 가지고 있다는 칸트 Kant의 설을 따랐다. 칸트는 "직접적 지각" 대신 "직관"이라는 말을 썼기 때문에, 이것이 이 주의의 어원이 되었다.

인간은 자연수에 대하여 임의로 긴 유한시분 1, 2, …, n을 구성할 수 있을 뿐, 고전수학에서부터 친근한 자연수 전체의 집합을 구성하는 것을 허용할 수 없다는 태도이다. 또, 앞의 방법이 “귀납적”이고 “유효”한 구성법임에 주목해야 한다. “귀납적”이라 함은, 가령 수 3을 구성할 때, 처음에 1을, 다음에 2를, 끝으로 3을 구성하는 정신적인 과정을 다 거쳐야 한다는 뜻이다. “유효”하다는 말은, 한 번 자연수를 구성하기만 하면, 그것은 완성된 상태로 우리 앞에 있는 것이며, 우리는 그것을 사용해도 된다는 것이다.

직관주의에 따르면, 수학은 인간의 정신적 활동으로 정의되어야지, 논리주의에서와 같이 정리의 모임으로 정의되어서는 안 된다. 그것은 차례차례로 반드시 귀납적이고 유효한 정신적 구성 과정이어야만 한다. 물론, 인간은 주어진 정신적 구성이 이러한 두 가지 성질을 가지고 있나 없나를 인식할 수 있다고 가정하고 있다. 이러한 두 성질을 가진 정신적 구성을 “구성”이라 부르기로 하다면, 수학의 정의는 “차례로 구성을 해 나가는 정신적 활동”이 된다.

예를 들어, 실수 r이 직관주의에 의한 증명 또는 정리 속에 나타났다면, 그것은 존재증명에 근거를 두고 거기에 나타난 것이 아니라, 밑바닥에서부터 건설되어 나타나야만 한다는 것이며, r의 10진전개에 의한 소수의 모든 자리의 숫자가 분명히 주어져 있어야 한다는 것이다. 요컨대, 모든 직관주의적 증명, 정리, 정의 등은 완전히 구성적이어야 한다는 것이다. 따라서 어떤 옳은 논리적 과정이 있다면, 그것은 모두 구성적이어야 하므로, 고전논리의 옳은 부분은 수학의 일부분이다. 고전논리의 어떤 법칙이라도 구성적이 아닌 것이 있으면 이는 언어의 의미 없는 결합에 불과한 것으로 보아야 한다. 배중률을 이같이 의미 없는 언어의 결합으로 본다는 것은 충격적인 일로서, 직관주의에서는 배중률을 무차별적으로 사용해서는 안 되고, 쓸 수 있는 경우가 제한되어야 한다는 것이다. 그리하여 귀류법과 같은 간접 증명법이 배제되어야 한다.

이 같은 생각 밑에서, 직관주의자들은 그들의 입장에 따르는 산술, 대수학, 해석학, 집합론 등을 발전시켰다. 이때, 각 분야에서 구성적으로 얻어지지 않는 고전적인 정리들은 포기되었다. 이들은 논리주의자와는 달리, 고전수학을 정당화하려는 목적이 아니라, 수학의 옳은 정의를 내리고, 거기에서 어떤 수학이 얻어지는지 기다려 보자는 것이다. 이같이 고전수학의 많은 비구성적 부분을 포기한 결과, 직관주의의 수학에서는 역리가 나타나지 않는다. 그 밖의 기초적인 문제들이 직관주의 안에서는 만족스럽게 해결되고 있다.

그러나 고전수학의 입장에서 본다면, 직관주의는 수학에 알맞은 기초를 확립하는 데 실패하고 있다. 거의 대부분의 수학자들이 이 주의를 배격하는 이유는 무엇일까? 한 이유는, 직관주의자들이 의미 없는 것으로 생각하는 많은 아름다운 정리들을 포기하는 것을 싫어하기 때문이다. 또 다른 이유는, 고전적으로도 직관주의로도 증명되는 정리들 때문이다. 이들 중에는 고전적으로는 증명이 짧고, 우아하고, 악마처럼 영악한 수법이지만, 구성적인 것은 아니어서, 직관주의자들이 자기들의 증명으로 대치해 놓았을 때, 길이가 흔히 10배 이상으로 되거나, 우아하지 않게 되는 것들이 있다. 한 예로, 대수학의 기본정리의 어떤 증명은 반 페이지면 족하지만, 직관주의로는 10페이지를 소비해야 한다. 고전수학자들은 우아한 증명을 비구성적이라 하여 의미 없는 것이라 주장하는 것을 거부할 수밖에 없다. 셋째 이유로는, 직관주의자들의 정리라는 것 중 고전수학에서는 성립하지 않는 것이 있다. 가령, 직관주의에 따르면, 실수 전체에서 정의된 실함수는 항상 연속이다. 이것은 알고 보면 함수의 정의가 서로 다르기 때문이다. 직관주의에 의하면, 모든 실수에서 정의되는 실함수 f는, 실수 r이 직관주의적으로 구성된 것일 때에, 실수 $f(r)$을 구성할 수 있게 되는 경우에만 정의되기 때문이다. 고전수학에서의 임의의 불연속함수는 직관주의적으로는 구성적이 아니다.

이 같은 이유들은, 모두 수학이 어떤 것이어야만 한다는 깊은 감각에 근거를 둔 것이고, 이와 같은 점에서 대부분의 수학자들이 받아들이지 않게 된 것이다. 괴델의 불완전성 정리 이후 힐버트의 프로그램이 부정적으로 종결되자, 귀납함수의 이론과 관련되어 직관주의가 재인식되었다. 직관주의의 공적은 논리학의 발전에 큰 영향을 준 것과 수학에서도 구성적인 증명을 추구하는 경향을 낳게 한 것에 있다.

형식주의

위에서 본 바와 같이, 유력한 수학자들에 의하여 제기되었던 논리주의와 직관주의가 실제로 수다한 난관에 부딪치게 되자, 이에 대하여 다른 방도에 의한 구제가 시도되었다. 1910년경에 힐버트는 "유한의 입장"을 포함하는 현대적인 형식주의를 주장하였다.

형식주의에서는 먼저 주어진 공리적 체계를 형식화(⇨ p.299)하는 것에서 시작한다. 여기에서 공리화와 형식화를 구별하자. 유클리드는 초등기하학을 공리화했으나, 형식화는 2,200여 년 후에 이루어졌다. 공리적 체계의 예로 유클리드의 공리계에 따른 유클리드의 평면기하학, 페아노의 공리계에 따른 자연수론, ZFC 등이 있다.

이제 어떤 공리적 체계 T가 주어져 있다고 할 때, 일계술어논리에 한정하여, "T를 형식화"하다는 것은, T의 각 무정의용어를 변수의 대상영역에 첨가한 T를 위한 "일계언어" L을 선택한다는 것이다. 그 정신은 대체로 앞의 수학의 형식화(⇨ $p.299$)에서 다룬 것과 같다. 따라서 L 안에서 T의 모든 공리, 정의, 정리들을 표현할 수 있을 뿐만 아니라, 그 밖에도 L 안에 고전술어논리의 모든 공리를 표현할 수 있으며, T의 정리들의 증명조차도 표현할 수가 있다. 요컨대, 우리들은 L 안에서 전적으로 "형식적으로" 진행할 수 있다.

형식화의 목표를 잘못 생각하면 안 된다. 페아노조차도 미분방정식에 있어서의 그의 가장 중요한 발견 중의 하나를 형식화된 언어로 출판하였는데, 이 논문은 어떤 자선가가 독일어로 번역해 놓을 때까지 아무도 읽을 수가 없었다고 한다.

전문적 수학자는 한 분야에 있어서의 중요한 정리들을 발견하고 증명하는 데 있어 흔히 "비형식적으로" 일을 하며, 이때에는 형식화는 흔히 도움이 되지 않을 뿐 아니라 방해가 되기도 한다. 그러나 "이 분야의 수학에서는 왜 모순이 생기지 않는가?"와 같은 기본적인 의문에 대하여는 형식화는 절대적으로 필요한 테크닉이 된다. 이것을 바르게 이해한 사람이 힐버트였다.

그의 생각은 대체로 다음과 같다. 이제 T가 일계언어 L의 용어로 형식화된 공리적 체계라 하자. 이 언어가 그 자신을 수학적 대상으로 연구할 수 있는 문장론을 가진다고 하자. 이때 가령 "우리가 L 안에서 표현된 T의 공리계와 고전논리의 공리계만을 써서 L 안에서 전적으로 형식적으로 해 나갈 때, 모순에 도달할 수 있는가?"라는 의문이 생긴다. 이 의문에 대한 해답이 "아니다"라는 것을 수학적으로 증명할 수 있다면 우리는 그 이론 T가 모순을 가지지 않는다고 본다. 이때의 증명은 기호화된 이론 그 자체를 대상으로 하여, 유한개의 기호로 된 구체적인 기호적 대상으로 파악하여 수행하려는 것이다. 이 기본 방침을 “유한의 입장”이라 부른다.

이것이 유명한 “힐버트 프로그람”의 대강이다. 이 아이디어는 수학의 여러 분야를 형식화한 뒤에, 그 각 분야가 모순이 없음을 “수학적으로” 증명하려는 것이었다. 실제로 형식주의자들이 이 방법을 써서 ZFC에 모순이 없음을 보일 수 있었다면, 그들은 실질적으로 수학 전체의 무모순성을 보인 것이 된다. 왜냐하면, 고전수학은 ZFC의 9개의 공리를 써서 공리적으로 구성할 수 있기 때문이다. 요컨대, 형식주의자들은 수학의 무모순성을 증명할 수 있는 수학적 기술을 창조하려고 하였던 것이다. 이것을 힐버트는 **초수학** 또는 **증명론**이라 불렀다.

논리주의와 형식주의가 모두 수학의 여러 분야를 형식화한 것은 흥미롭다. 그러나 전자가 이와 같은 형식화를 써서 문제가 되는 수학의 분야가 논리에 속함을 보이려 한 데 반하여, 후자는 그 분야가 **무모순**임을 수학적으로 증명하려는 데 형식화를 쓴 점이 크게 다르다.

형식주의자들은 공리계에 대하여 무모순성 이외에도 독립성, 완전성, 범주성을 논하였다. 이때의 **독립성**은 공리계의 임의의 한 공리나 그 부정이 다른 공리들로부터 얻어지지 않아야 한다는 정도의 뜻이므로 별로 문제가 되지 않았다. **완전성**은 그 공리계가 속하는 형식적 체계의 개념에 관련된 모든 의미 있는 진술은 증명 가능하든가 증명 불능이든가 둘 중 하나이다. 즉 비결정적인 명제는 있을 수 없다는 것이다. 끝의 **범주성**이라는 것은 공리계의 모든 모형(모델)이 동형인가 하는 것인데, 이제는 어떤 공리계도 범주적일 수 없다는 것이 알려져 있다.

힐버트, 그의 제자들, 괴델 등은 명제논리와 일계술어논리의 무모순성과 완전성을 증명하였다. 이 과정에서 “유한의 원리”는 포기되어야 했다. 그러나 1931년의 논문에서 괴델은 불완전성정리를 발표하여, 형식화가 수학의 무모순성을 보이는 수학적 기술이 될 수 없음을 보였다. 힐버트 프로그램의 조종(弔鐘)이 된 괴델의 정리는 무모순인 공리적 체계에 관한 것으로서, 그 공리적 체계는 자연수의 이론을 포함할 정도로 강한 것이었다. 이와 같은 공리적 체계들의 예로는 페아노의 것과 ZFC 같은 것이 있다. 이제 T가 이 같은 이론이라고 하고, T가 일계언어 L에 의하여 형식화되어 있다고 하자. 괴델의 결과를 쉽게 말해 보면, "L의 진술로서 T가 무모순임을 주장하는 것으로 번역될 수 있는 것은 언어 L 안에서 형식적으로 증명할 수 없다"는 것이다. 이것은, 수학은 그 자신의 무모순성을 증명할 수 없다는 것으로 해석되며, 또 T가 무모순이면 T는 불완전하다는 것을 말해 준다(⇨ p.336).

괴델의 결과는 요컨대,

> "자연수의 공리계가 ω-무모순이면, 그것은 완전하지 않다"

라는 것이었는데, 6년 후에 로써 Rosser(1907-89)는

> "자연수의 공리계가 무모순이면, 그것은 완전하지 않다"

는 것을 확실히 하였다. 그렇다면, 무모순성이라도 증명하면 될 것이 아닌가 하는 생각이 들겠으나, 괴델과 그 뒤의 업적은

> "자연수의 공리계가 무모순이면, 그 무모순성을 그 공리계로부터 이끌어 낼 수는 없다"

는 것이 되어, 자연수를 출발점으로 하는 무한개념을 포함하는 수학에서는 모두

"무모순이면서 또 그 자신의 무모순성을 정리로 이끌어 낼 수 있는 공리계를 만드는 것은 불가능하다"

는 것으로 귀착되었다.

뒤에 겐첸 Gentzen(1909-45)은 자연수론의 무모순성을 초한귀납법(超限歸納法)을 써서 증명하였는데, 이는 자연수론의 범위를 벗어난 것이다. 한편, 집합론 ZF나 ZFC의 무모순성은 아직 증명되어 있지 않다. 그리고 괴델의 이론은 어떤 의미에서 그것이 불가능임을 암시해 준다.

그리하여 괴델은 "인간의 불완전성"을 증명한 사람이 되었다.

비록, 어떤 이론의 공리계의 무모순성을 그 이론의 진리성으로 대치하려는 힐버트의 프로그램은 괴델 이후의 여러 업적으로 말미암아 성공할 수 없었으나, 증명이라는 것의 구조의 새로운 연구로서의 수학기초론이 새로 출발한 느낌이 있다. 오늘날의 수학에 있어서의 형식주의 학파의 공적과 중요성은 잘 알려져 있다. 이 학파 안에서 현대의 수리논리학과 그의 여러 분과—모형이론, 귀납함수론 등이 새로 태어났다.

현대수학의 재조직

수학의 발자취를 살펴보면, 연구대상의 확대에 따르는 수많은 분과의 파생에 대하여, 수학을 통일하여 일관된 체계로 고치려는 경향을 볼 수 있다. 그와 같은 첫 번째 예는 유클리드의 《원론》이었다. 그러나 아직 이러한 큰 기획이 성공한 예는 없고, 또 미국수학회에서 간행하는 《수학평론》(*Mathematical Reviews*)에서 보는 바와 같이 해마다 수천 개의 간행물을 통하여 발표되는 새로운 업적들은 이러한 세분화를 강력하게 조장시키고 있는 것처럼 보인다. 더구나 부르바끼의 말을 빌리면 "이들 분과는 그 목적뿐만 아니라 그 방법에 있어서도 또 그 사용하는 언어에 있어서마저 서로 완전히 고립되고 있는 것이다."

이러한 경향에 대하여, 이미 힐버트는 1900년 파리에서 열린 국제 수학자 대회에서의 장래의 수학의 여러 문제에 관한 강연에서 (⇨ *p*.328), 다음 시대의 수학의 발전에 중요한 역할을 하리라고 예상되는 23개의 미해결문제(그 뒤 여러 해에 걸쳐 상당수는 해결)를 조직적으로 설명한 뒤에 "이제 말한 여러 문제는 수학이 점점 다양해지고 있다는 것을 나타내는 것이다. 우리의 학문이 서로 관계없는 많은 분야로 세분되어 버리는 것은 두려운 일이 아닐까? 우리는 그것을 믿지도 않고 또 기대하지도 않는다. 수학은 그 발전에 있어 단일한 학문으로서의 성격을, 잃기는커녕 점점 더 명확히 나타내어 갈 것이다."라고 언급하였다.

부르바끼 Nicolas Bourbaki는 주로 프랑스의 수학자들로 이루어진 한 집단의 가명으로서, 1924년의 고등사범학교의 동기생을 중심으로 하여 1930년대 중반에 결성되어, 구성원을 바꾸어 가면서 아직까지 이어져 있다. 한동안의 구성원은 까르땅 H. Cartan(1904-2008), 쉬발레 C. Chevalley(1909-84), 델사르트 J. Delsarte(1903-68), 디외돈네 J. Dieudonnè(1905-92), 딕시미에 J. Diximier(1924-), 에르스만 C. Ehresmann(1905-79), 아일렌버그 S. Eilenberg(1913-98), 고드망 R. Godement(1921-), 코줄 J.L. Koszul(1921-), 사뮤엘 P. Samuel(1921-), 쉬바르츠 L. Schwartz(1915-2002), 세르 P.-J. Serre(1926-), 베이유 A. Weil(1906-98)이었다. 맨 처음에는 프랑스인뿐이었으나, 최초로 폴란드인인 콜럼비아대학의

아일렌버그가 어떤 프랑스인보다도 대수적 위상수학을 잘 안다는 이유로 들어갔다 하며, 뒤에 영국인 아티야 M. Atiyah (1929-)도 가입되었다. 이 그룹은 활력을 유지하기 위하여 50세가 되면 자동적으로 퇴회하게 된다는 말이 있다.

그들의 공동 연구는 가히 20세기 후반의 지도자적인 지위를 차지하고 있었다. 그들은 1936년 이래, 대부분의 수학자들이 진리라고 믿고 있는 것들의 상세한 증명을 시작하였다. 그들은 ZFC 또는 NBG와 몇 가지 논리의 원리를 받아들인다면 그 위에 수학 전체를 건설할 수 있다고 생각하고, 공리주의에 따라 현대수학을 재조직하려는 《수학원론》(*Eléments de mathématique*)를 1939년부터 현재까지 30여 권으로 간행하였다. 이들은 공리계의 무모순성 같은 문제는 초수학의 문제로 돌려버리고, 초연한 입장을 취하고 있다.

그들은 현대적인 입장에 서서 수학사를 검토하고, 현대 수학이 여러 갈래로 또 복잡한 외양을 띠면서도, 내면에 놓여 있는 여러 분야 사이의 긴밀한 관련을 중요시하고, 또 그 통일된 원리는 힐버트의 정신에 따르는 공리적 방법이라고 생각한다.

그들은 과거의 유산을 충분히 검토하여 공리들을 선택하고, 이 공리에 따라 수학의 복잡한 내용을 공리적 체계로 될 수 있는 대로 명쾌하게 재현시키려고 한다. 부르바끼는 모두라고까지는 할 수 없어도 대단히 많은 분야에 관하여 일반적인 공리적 체계를 세움으로써 수학적인 수단을 "표준화"하였다. 이리하여, 집합론에서 시작하여, 단순한 것에서 복잡한 것으로, 일반적인 것에서 특수한 것으로 계층적인 구조를 가진 질서 있는 수학을 이룩하여 나아가게 되었다.

그러면, 부르바끼는 실제로 어떠한 방법으로 현대수학을 재건하려고 하는가? 먼저 그들은 수학의 가장 보편적이고 추상적인 개념인 집합으로부터 출발한다. 여기에서 집합의 원소들 사이에 관계를 주는 개념을 수학적 "구조"라 부른다. 이 같은 구조를 정의하기 위하여, 이들 원소를 맺어 주는 몇 가지 "관계"가 주어진다. 이 관계가 만족하는 몇 가지 조건을 그 "구조의 공리"라 부른다. 이제 이것을 군의 개념에 대하여 생각하면, 임의의 두 원소에 대하여 그 연산(또는 곱)은 군의 구조를 주는 관계이다. 이 관계가 만족하는 세 조건(즉 결합법칙, 단위원의 존재, 임의원의 역원의 존재)를 군의 구조의 공리라 부르는 것이다. 그리하여 원소가 무엇이든지 간에 이들 공리 이외의 다른 어떤 가정도 쓰지 않고, 구조의 공리만으로 여러 가지 결론을 논리적으로 유도해 낼 때 이 구조의 공리적 체계를 얻게 된다는 것이다. 여기에서 논리라 함은 고전논리이다.

그들이 기본으로 잡은 수학적 구조는 대수적 구조, 순서 구조, 위상적 구조의 세 가지이었다.

한 예를 들면, 군으로서의 대수적 구조를 가진 집합에서 다시 이 위에 위상의 구조를 가지는 보다 복잡한 집합으로, 또, 바꾸어 말하면 일반적인 집합에서 실수와 같이 여러 가지 특수한 구조를 가진 구체적인 집합에 이르기까지, 기본적인 구조의 집합으로써 피라밋과 같은 계층을 쌓아간다. 그런데, 고전수학에서는 산술, 대수학, 기하학, 해석학은 각각 독립된 서로 다른 것으로 생각해 왔으나, 부르바끼는 이와는 반대로 기본구조에서 시작하여 단일한 수학을 재현시키려 한다. 이러한 방법을 진전시켜 나아가는 데는 고도의 추상능력을 필요로 한다.

사실, 단 하나의 공리적 체계로부터 모든 수학적 이론을 엄밀하게 세울 수 있다면 편리할 것이다. 그러나 괴델의 불완전성정리는 이러한 체계가 불가능함을 가리키고 있는 것 같다. 이러한 보편적인 공리적 체계로서 가장 적당한 것으로 믿어지는 체르멜로-프랭켈 집합론의 한계는 차차 수학의 주류에 속하는 사람들도 알아차리게 되었다.

위에서와 같이, 수학이란 고전적 술어논리를 써서 공리적 집합론의 범위 안에서 이루어지는 것이다라는 견해를 시카고대학의 매클레인 Mac Lane 은 **대집합론적 기초론** (Grand Set Theoretic Foundation)이라 불렀다. 그는 이 같은 견해에 대하여 여러 가지로 검토와 비판을 가한 뒤에, 수학을 다음과 같이 정의하려 하였다.

> "수학은 세계와 세계 안에서의 인간의 활동의 근저를 이루는 형식적 구조를 차례로 발견해 나가는 단계들로 이루어지며, 이러한 구조들의 넓은 응용성과 또 세계의 심오한 부면을 반영하는 구조들을 특히 강조하고 있는 것이다.
>
> 자세히 말하면, 수학적 발전은 적절한 형식적 구조를 찾는 데, 이들 구조를 연역적으로 분석하는 데, 구조들 사이의 형식적 상호관계를 확립하는 데 있어, 경험과 직관적 통찰을 이용한다. 바꾸어 말하면, 수학은 서로 관련된 구조들을 연구한다. 그 심오함과 직접적인 관심으로부터의 거리가 있음으로 해서, 수학적 처리는 엄밀해야 할 뿐 아니라 개념적인 명백성을 갖추어야 한다."

따라서 집합론 위에 건설되고 재조직된 수학만이 수학인 것은 아니다라는 것이다. 위의 매클레인의 말은 미래의 수학에 대하여 시사하는 바가 크다고 보겠다.

수학의 응용가능성

앞에서 본 바와 같이, 수학의 각 이론은 대체로 공리적 체계로 나타나며, 그렇지 않은 것처럼 보이는 것도 요구되기만 한다면, 그것을 공리적 체계로 정돈하는 것이 원리적으로 가능하다고 생각하면서 그 이론을 전개하는 것이다. 따라서 수학의 각 이론은 모두 원리적으로는 공리적 체계라 할 수 있다.

한편 과학의 개개의 이론에 있어서도, 어떤 시점까지의 성과는 모두 공리적 체계로 정돈할 수 있다.

이러한 사실과 논리에서의 증명의 형식적 성격을 기초로 하여 힐버트는 옛부터 인식론에 있어서의 어려운 문제로 되어 왔던 "수학의 적용가능성의 문제"를 대체로 다음과 같이 해결하려 하였다.

수학의 한 공리적 체계와 과학의 공리적 체계가 모두 한 형식적 체계에 따라 형식화되는 경우가 있다. 이 경우에 두 공리적 체계는 같은 형식적 구조를 가진다고 말한다. 이때, 수학의 공리적 체계만을 전개하여 두면, 다른 과학의 공리적 체계는 전개하지 않아도 된다. 왜냐하면, 수학의 공리적 체계에서 한 정리가 얻어졌다면, 그것은 그 형식적 체계의 한 정리식에 대응되고, 이 정리식은 또 과학의 한 정리에 대응할 것이다. 따라서 수학의 공리적 체계 쪽에서 한 정리가 얻어진다면, 위에서 말한 대응에 의하여, 과학의 공리적 체계의 정리가 실제로 증명을 하지 않더라도 얻어질 것이다. 이 같은 경우에 우리는 수학이 다른 과학에 응용되었다고 보는 것이다.

위와 같은 힐버트의 생각을 좀 더 구체적으로 살펴보기로 하자. 몇십 년 전까지만 해도 수학의 응용은 대부분이 물리과학이나 공학에만 한정된 것으로 되어 있었으나, 요즈음에는 생명과학, 사회과학, 경영과학, 정보과학 등으로 그 응용범위가 넓어져 왔다. 뿐만 아니라 이들 분야에서는 주로 통계학적 방법론만이 유용하다고 생각되어 왔던 것이 이제는 수학의 다른 분야들도 이들 과학에 응용되고 있다.

실제로 학자들의 수학에 대한 요구는 현실의 상황을 추상적 모형으로 전환하여 파악하려고 하는 데에서 비롯된다. 이 같은 수학적 모형이 파악되고 난 다음에는, 그것에서 얻어지는 논리적 귀결이나 계산으로 원하는 결과를 얻게 된다. 이 과정을 아래의 도식으로 나타내어 보자.

여기에서 실세계는 어떤 데이터들로 구성되어 있다고 파악되는데, 이들은 어떤 관측결과, 실험결과, 생산량 또는 완전히 파악하는 것이 불가능한 사회현상 등으로서 수치적 또는 통계적으로 처리된 것이다. 이들 데이터들의 직접적인 분석에서도 피상적이나마 어떤 추측을 할 수 있게 된다.

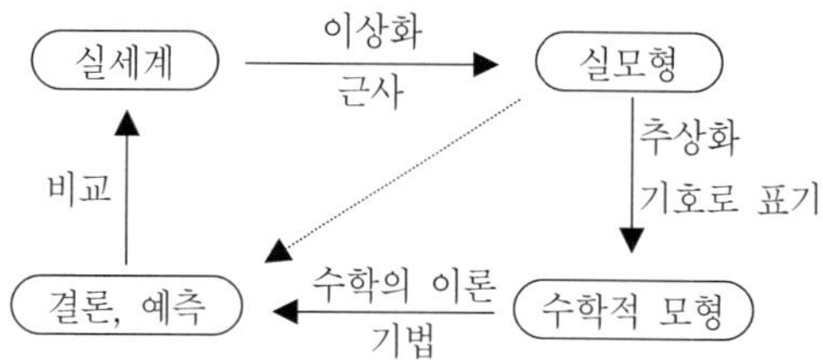

다음 단계는, 이들 추측에서 근사적으로 이상화한 실모형을 만드는 것이다. 이때 가능한 한 문제를 단순화시켜야 하며, 불필요한 정보는 제거되어야 하고, 또한 사용하는 개념은 엄밀히 정의되어야 할 것이 요구된다. 그러나 아직도 실모형은 현실적인 것이어서 수학의 도움을 필요로 하는 단계는 아니다.

다음에는 실모형을 추상화 또는 기호화하여 표현함으로써 수학적 모형을 만들어 내는 단계가 있다. 이 수학적 모형을 잘 택하는 것이 문제를 쉽게 해결하는 지름길이 되기 때문에, 이를 위해서는 고도의 창조력과 유사한 수학적 구조를 찾아내는 능력이 요구된다. 이같이 하여 수학적 모형을 만든 다음에는, 거기에 수학적 방법(이론 또는 계산기술) 을 적용하여 구하려는 결론을 얻게 된다. 이 결론은 수학적으로는 정리 같은 것이 되며, 실제 문제에 대하여는 어떤 예측을 주게 된다. 이 결론을 실세계와 비교하여 예측을 적용함으로써, 비로소 실세계에 대한 수학적 이해를 얻게 된다. 이때, 비교한 결론이 실세계와 일치하지 않으면 무엇인가 이들 과정에 잘못이 있었기 때문이며, 이런 경우에는 적절히 위의 과정을 수정해 나가면 될 것이다.

때로 실모형이 간단한 것이든가, 또는 수학화가 어려운 경우에는 직접 도식의 점선 과정을 통하여 결론에 도달하게 되는데, 이런 경우에는 그 결론이 정밀하지 못한 경우가 있다.

이와 같은 것이, 수학을 현실 문제에 적용할 때 나타나는 수학적 모형이론의 요점인데, 이 같은 방법은 수학 안에서도 흔히 나타난다. 우리가 과거나 현재의 수학을 면밀히 살펴보면, 위와 같은 방법이 의식적으로 때로는 무의식적으로라도 널리 쓰여지고 있음을 쉽사리 찾아낼 수 있을 것이다.

앞에서도 본 바와 같이, 수학의 철학은 현재 잘 되어 있지 않다. 역사상에 나타난 여러 철학들의 흥망에 대하여는 간략히 살펴본 바 있지만, 새로운 경험주의에 대하여 약간 논해 보자. 이에 따르면, 수학은 단순히 과학의 한 분야이고, 따라서 수학은 직접 실세계와 관련된다는 것이다. 경험주의는 수학이 수리물리학에의 응용 면을 강조하던 19 세기적 견해에서 새로 나타났으며, 칸트 철학의 분석과 종합의 이분법의 영향을 다분히 받은 것이다. 앞의 매클레인도 이러한 생각을 어느 정도 살리고 있는 것으로 보아야 한다. 한편, 저명한 수학사가 클라인 M. Kline 은 수학의 응용성을 강조하고, 또 새로운 결과를 이끌어 내는 데 과학에 대한 수학의 효용성을 기준으로 삼아야 한다고 주장하고 있다.

부록: 20 세기 수학의 몇 이야기

이 글에서는 20 세기의 수학자들이 이루어 놓은 업적들을 다룬다. 수학은 몇 백 개의 서로 다른 이론이 모여서 이루어진 학문이다. 수학을 방법론으로 쓰는 학문들의 총칭인 수리과학까지 고려한다면 그것을 구성하는 이론들은 너무나 많아서 그들을 일일이 구별하여 조직적으로 해설한다는 것은 참으로 어려운 일이다. 이들 이론의 대부분이 20 세기에 들어와서 크게 발전했거나 새로 생겨났으므로 20 세기의 수학자들이 이루어 놓은 몇 개의 업적을 예시하는 것으로 대신한다.

이 글의 내용은 1998 년 8 월 20 일 APEC 청소년 과학캠프의 "저명 과학자와의 대화"에서의 주제 강연의 요지로 마련된 것에다가 최근의 몇 이야기를 덧붙였다. 원래의 토픽스는 한 시간 동안의 강연으로 고등학교 이상의 학생들에게 쉽게 설명할 수 있는 것을 기준으로 하여 골라낸 것이다. 강연에는 여러 가지 영상자료와 해설이 첨가되었으나, 여기에서는 생략하였으므로, 독자들은 인터넷으로 자료들을 찾아보기 바란다.

1900 년　힐버트의 문제들

힐버트 Hilbert (1862-1943) 는 20 세기 전반의 지도적인 수학자이었다. 그는 고향 쾨니히스베르그에서 공부하고 그곳의 교수가 된 뒤 1895-1930 년까지 괴팅겐대학 교수로 있으면서 대수적 불변량, 대수적 정수론, 기하학 기초론, 디리클레 문제, 변분학, 적분방정식론, 수리물리학, 수학기초론, 수리논리학 등에서 큰 업적을 남겼다.

그는 1900 년 파리에서의 제 2 회 국제 수학자 대회 (ICM) 에서 23 개의 문제를 제시하였는데, 이들은 20 세기의 수학에서 해결하여야 할 중요한 것들이었다. 그 문제들 대부분이 해결되었는데, 이들의 해결이 발표될 때마다 괄목할 만한 사건으로 간주되었다. 그 문제들을 간단히 설명해 둔다.

1. 연속체 문제 [해결]
2. 산술의 공리계는 무모순인가? [해결]
3. (어떤 가정 하에서) 두 사면체의 체적이 같은은 합동공리만으로는 증명되지 않음 [해결]
4. 직선이 최단거리를 주는 기하학의 조직적 연구 [너무 막연]
5. 위상군이 리 Lie 군이 되기 위한 조건 [해결]
6. 물리학의 각 부문의 공리화 [미해결]

7. 여러 가지 수의 초월성의 증명 [부분적 해결]
8. 소수 분포 문제, 특히 리이만 Riemann 예상 [미해결]
9. 대수적 수체에서의 일반상반법칙 [해결]
10. 부정방정식의 유리정수해의 존재 여부를 유한회의 수단으로 판정하는 것 [해결]
11. 일반 대수적 수체에서의 2차형식론 [해결]
12. 대수적 수체의 확대 [해결]
13. 일반 7차 대수방정식이 2변수 연속함수의 합성으로 풀리지는 않음 [부정적 해결]
14. 어떤 유리함수들의 환의 유한생성성의 증명 [해결]
15. 대수기하학의 엄밀한 기초 [해결]
16. 대수곡선과 곡면의 위상의 연구 [미해결]
17. 정부호 유리함수를 제곱의 합의 몫으로 나타내는 것 [해결]
18. 다면체로 공간을 메우기. 가장 조밀한 구 쌓기 문제 [해결]
19. 정칙변분문제의 해가 항상 해석함수인가? [해결]
20. 어떤 경계조건을 가진 모든 변분문제가 해를 가지는가? [해결]
21. 주어진 모노드로미군을 가지는 선형미분방정식의 존재 증명 [해결]
22. 보형함수에 의한 해석함수의 일의화 [해결]
23. 변분학의 연구의 새 전개 [해결]

그중의 하나를 예로 들면 다음과 같다.

제7문제. a와 b는 대수적 수이고, a는 0이나 1이 아니며, b는 무리수라 한다. 이때 a^b은 반드시 초월수가 되는가?

이 문제는 1934년에 겔폰드 Gelfond 와, 그 직후에 독립적으로 슈나이더 Schneider 에 의하여, 성립함이 증명되었다. 베이커 Baker 는 겔폰드-슈나이더의 정리를 일반화함으로써 1970년 니스에서의 ICM 에서 필즈 메달을 받았다. 베이커가 얻은 가장 간단한 새 초월수는 $\pi + \log 2$ 이다.

20세기에는 오랫동안 수학자들이 힐버트 문제의 상황을 수학의 발전의 바로미터로 삼았었다.

1902년 럿셀의 역리

인류의 역사에는 수많은 논리적 역설 (paradox, contradiction, antinomy) 이 나타난다. 그런데 1902년에 럿셀 Russell (1872-1970) 은 칸토르의 소박한 집합론 안에서 다음을 발견하였다(⇨ p.263).

럿셀의 역리. $A = \{x \mid x \notin x\}$ 에 대하여

$$A \in A \Leftrightarrow A \in \{x \mid x \notin x\} \Leftrightarrow A \notin A.$$

1919년에 럿셀은 위의 역리를 대중화한 꼴로 다음을 들었다.

이발사의 역리. 어느 마을의 이발사가 한 원칙을 써 붙였는데, 그 원칙은 마을 사람 중 스스로 면도를 하지 않는 사람만 면도를 하겠다고 하였다. 이 상황에서 "이발사는 자신이 스스로 면도를 하는가?" 그가 자신의 면도를 한다면 그는 원칙에 따라 면도를 해서는 안 되며, 그가 자신의 면도를 하지 않는다면 다시 그의 원칙에 따라 그는 자신의 면도를 해야만 한다. 이것은 모순이다.

집합론의 이 역리를 비롯한 여러 가지 역리로 말미암아 1908년에 체르멜로 Zermelo (1871-1953) 는 공리적 집합론을 세우게 되며, 수

학기초론의 연구가 활발해졌고, 그 결과는 논리학, 언어학, 철학에 심대한 영향을 끼쳤다.

럿셀은 수학, 논리학, 철학, 사회학, 교육학 등에 관한 책을 40권 이상 저술하였으며, 1950년 노벨 문학상을 수상하였다.

1905년 아인슈타인의 상대성원리

아인슈타인 Einstein(1879-1955)은 1905년에 특수상대성이론, 1916년에 일반상대성이론을 발표하여 시간, 공간, 물질에 관한 자연인식의 근본에 관한 수학적 문제를 제기함으로써 수리과학의 발전에 기여하였다.

그는 취리히공과대학 졸업 후 베른 특허국 기사로 있으면서 특수상대성이론, 브라운 운동, 빛의 운동에 관한 연구 논문으로 유명해져서, 1913년 베를린대학 교수가 되었고, 1921년 노벨상을 받았다. 나치의 박해를 피하여 미국으로 이주한 뒤에는 1933년부터 프린스턴 소재 고등연구소 수학부 교수로 있었다.

1912년 브라우워의 부동점 정리

네덜란드의 위상수학자 브라우워 Brouwer(1881-1966)는 다음 정리를 발견하였다.

정리. 유클리드공간 $\boldsymbol{R}^n$의 한 완폐 볼록 부분집합 X에서 자기 자신으로 가는 한 연속함수 $f: X \to X$는 한 부동점 $x_0 \in X$를 가진다. 즉, $x_0 = f(x_0)$이다.

여기에서 완폐집합이라 함은 유계인 닫힌 집합이며, 닫힌 집합이라 함은 경계를 포함하는 집합이다. 예를 들면, 구면체, 단체, 평행육면체 (의 일반화) 같은 것이다.

이 정리는 곧 여러 가지 존재 정리의 증명에 이용되었는데, 예를 들면, 상미분방정식의 해의 존재, 교류회로 (상미분방정식계의 주기해), 타원형 편미분방정식의 해의 존재, 수력학, 게임이론 등이다. 또 위상수학의 여러 문제에 응용되어, 위상수학의 발전에 큰 영향을 주었다.

브라우워는 수학자이면서도 신비주의자, 직관주의 철학자이었으며, 수학의 기초는 자연수열에 관한 직관에 있다고 하여 직관의 기초가 없는 것에 대한 배중률을 거부하는 직관주의 논리학의 창시자로, 또 네덜란드 역사의 연구로도 저명하다.

1920 년　라마누잔의 업적

라마누잔 Ramanujan (1887-1920) 은 정수론, 분할 이론, 연분수의 이론에서 위대한 공헌을 하였다.

그는 1887 년 12 월 22 일에 인도의 마드라스 주의 에로데에서 태어났다. 수학에 집중한 나머지 다른 과목을 소홀히 한 결과 마드라스 대학교에서의 학업을 마치지 못하였다. 그의 괄목할 만한 수학적 재능은 많은 사람들의 인정과 격려를 받았다. 그 결과로, 케임브리지 대학교 수학과의 케일리 Cayley 강사였던 하디 Hardy (1877-1947) 의 초청을 받아, 1914 년부터 공동연구를 하게 되었다.

그의 수에 대한 뛰어난 감각을 말해 주는 일화가 있다. 어느 날 하디가 타고 온 택시의 번호가 1729 라는 말을 듣고, 즉각 “두 세제곱수의 합으로 나타내는 방법이 둘인 수 중에서 가장 작은 수 ($1729 = 1^3 + 12^3 = 9^3 + 10^3$) 라고 말했다고 한다.

1917년에 병환에 걸려 영국의 여러 곳의 요양원을 옮겨 다니다가, 1918년 가을에 약간의 차도를 보였다. 1919년 2월 27일에 영국을 떠나 3월 27일 뭄바이 (봄베이) 에 상륙하고, 4월 2일 마드라스로 돌아왔다. 1920년 1월 12일에 하디에게 마지막 편지를 띄웠고, 4월 26일에 죽었다.

그는 1918년에 영국학술원(the Royal Society) 회원으로 뽑혔고, 그 뒤 같은 해에 케임브리지의 트리니티대학의 연구원(fellow)으로 뽑혔다.

그는 세 권의 Notebooks를 남겼다. 여기에는 앞선 연구와는 무관한 독창적인 내용이 많으며, 아직도 증명되지 않은 것이 수백 개나 된다.

그의 연분수에 관한 공식은 1985년에 MIT의 고스퍼 Gosper가 원주율 π의 값을 소수 1,700만 자리까지 계산하는 데 쓰였고, 그의 분할 이론은 통계역학의 문제에 적용되었다.

1924년 바나카-타르스키 정리

수학에는 많은 "이상한" 결과들이 많다(예를 들면, 공간을 채우는 곡선, 칸토르의 삼진집합, 비가측집합 등이다).

바나카 Banach(1892-1945)는 폴란드의 수학자이며 함수해석학을 창시하는 업적을 남겼다.

타르스키 Tarski(1902-83)는 역시 폴란드의 수학자이며 2차대전 이후 미국에서 활동하였으며, 역사상 4대 논리학자 중 한 사람이다 (다른 세 명은 Aristotle, Frege, Gödel 이다).

이 두 사람은 다음과 같은 정리를 발견하였다.

정리. 임의의 3 차원 입체로부터 그것과 정확히 똑같은 두 개의 입체를 만들어 낼 수 있다.

따라서 한 개의 공을 여섯 조각으로 갈라서 그들을 다시 결합하여 두 개의 공을 만들어 내는 것이 이론적으로 가능하다. 이때 새로 만든 공들은 원래의 것과 같은 크기와 체적을 가진다. 이 역설은 1947 년에 로빈슨 Robinson 이 매우 복잡한 조각의 수를 다섯 개로 줄일 수 있음을 보였다.

이 정리는 선출공리를 써서 얻은 것이며, 그 공리가 잘못된 것임을 보이려 한 것이다. 오늘날의 생각은 이것이 논리적 모순이 아니라, 다만 우리가 완전히 일반적인 체적의 개념을 가질 수 없다는 것을 보여준 것이다.

1924 년 필즈 메달

이 해 토론토에서 열린 ICM 에서 대회의장이었던 필즈 Fields 는 수학에서의 특출한 업적에 대한 시상 제도를 제안하고, 뒤에 그 기금을 제공하였다.

1932 년 취리히에서 열린 ICM 에서는 이 제안을 시행하기로 정하고, 비범한 유망성을 보인 40 세 이하의 젊은 수학자에게 매 4 년마다 열리는 ICM 에서 순금 메달을 수여하기로 하였다. 1936 년에 처음 주어졌으나, 2 차 세계 대전 때문에 14 년간 중단되었다가, 1950 년부터 다시 주어졌다.

1966년 모스크바의 ICM에서는 이 상을 4명까지 주기로 정하였다.

다시 1982년부터는 헬싱키 대학이 기부한 기금으로 정보과학의 수학적 분야에 대하여 네반리나 Nevanlinna 상을 수여하게 되었다.

1928년 폰 노이만의 극소극대 Minimax 정리

폰 노이만 J. von Neumann(1903-57)은 헝가리의 부다페스트에서 태어나 거기서 교육을 받았고, 뒤에 취리히와 베를린에 유학하였다. 독일에서 가르치다가 1930년에 미국으로 옮겨 가 1933년에 프린스턴의 고등연구소의 교수가 되었다.

그는 집합론, 실해석학, 수학기초론, 이론물리학 (특히 양자역학의 수학적 기초), 힐버트공간론, 작용소론, 연속기하학, 게임이론, 수리경제학, 등 많은 분야에서 중요한 업적을 남겼다.

2차대전 중에는 맨하탄 계획 Manhattan project(핵폭탄 개발)에 관여하였고, 만년에는 컴퓨터 디자인에 공헌하였으며, 미국 원자력 위원회의 위원이 되었고, 미국에서의 수학의 응용에 주된 역할을 맡았다. 실제로 그는 연산조직의 저장프로그램을 쓰는 초기 컴퓨터를 만든 팀의 지도자였다.

이보다 훨씬 앞서 1928년에 그는 게임이론의 기본정리의 하나인 다음과 같은 minimax 정리를 발견하였다.

정리. 유클리드공간의 완폐볼록집합 $K \subset \boldsymbol{R}^m$와 $L \subset \boldsymbol{R}^n$에 대하여 한 연속함수 $f: K \times L \to \boldsymbol{R}$가 다음 조건을 만족한다고 하자:

임의의 $x_0 \in K$와 $a \in \boldsymbol{R}$에 대하여 $\{y \in L \mid f(x_0, y) \leq a\}$는 볼록하다.

임의의 $y_0 \in L$ 와 $\beta \in \boldsymbol{R}$ 에 대하여 $\{x \in K \mid f(x, y_0) \geq \beta\}$ 는 볼록하다.

그러면 다음이 성립한다.

$$\max_{x \in K} \min_{y \in L} f(x, y) = \min_{y \in L} \max_{x \in K} f(x, y)$$

다시 1937년에 폰 노이만은 이 minimax 정리를 함의하는 교차정리를 발견하고 이를 수리경제학의 문제들에 적용하였다

1941년에 가꾸다니 Kakutani (1911-)는 브라우워 부동점정리를 다가함수 (집합값을 가지는 함수)로 확장함으로써, 그것으로부터 위의 폰 노이만의 두 정리의 쉬운 증명을 이끌어 내었다.

브라우워와 가꾸다니의 부동점정리들은 1950년에 내쉬 Nash (1928-)가 평형점 정리를 이끌어 내는 데 쓰였고, 특히 가꾸다니의 정리는 게임이론, 수리경제학, 수학적 프로그래밍, 제어이론, 미분방정식론 등 몇 백 개의 논문에 적용되었다.

내쉬의 경우와 같이 여러 수학자들이 노벨 경제학상을 받았다.

1931년 괴델의 불완전성 정리

20세기의 첫 30년 동안에 사람들은 대부분의 고전수학의 무모순성이 자연수의 산술에서의 대응되는 결과에 의존함을 알게 되었다. 이 결과로 1929년에 빈 (비엔나) 대학의 괴델 Gödel (1906-78)은 알파벳의 글자들과, 그것들의 결합인 단어와 문장들을, 수치부호 (numerical code)로써 표현하는 법을 창안해 냈다. 이것을 쓰면 한 문장이 참인가 거짓인가를 산술적으로 결정할 수 있게 되었다.

그리하여 괴델은 1929년에 일계술어논리가 완전성을 가짐을 증명

하여 이듬해에 박사 학위를 받고, 1931년에는 자연수의 산술을 기술할 수 있을 정도의 논리적 체계는 피할 수 없이 모순성을 가지든가 불완전성을 가짐을 발표하였다. 그는 수치부호를 써서 본질적으로

(이 괄호 안의 진술은 증명할 수 없다.)

는 것과 동치인 산술의 명제를 구성할 수 있었다.

이것은 불합리한 것이 아니다. 만약에 이 문장이 옳다면, 그것은 참이지만 증명할 수 없는 명제의 예가 되므로, 그 체계는 완전한 것일 수 없다. 한편, 이 문장이 거짓이라면, 그것은 거짓이지만 증명할 수 있는 명제의 예가 되므로, 그 체계는 모순이 된다. 따라서 수학의 실용적 성취 또는 유용성에는 아무 문제가 없음에도 불구하고, 수학의 참된 본질은 잘 알려져 있지 않다.

1933-38년 빈 대학교 강사를 했고, 1933년 이후 프린스턴 고등연구소의 연구원과 교수를 지냈다.

1936년　튜링의 계산기계

이 해에 발표한 논문에서, 튜링 Turing (1912-54)은 우리가 원하는 계산을 수행하는 데 "프로그램화"할 수 있는 계산기계를 만들 수 있는 이론적 가능성을 확립한 추상적인 정리를 세웠다. 케임브리지 대학을 마친 뒤 그는 1936년에 프린스턴 대학으로 옮겨가, 1938년에 현대 컴퓨터의 모델이라 할 수 있는 상상적인 "기계"를 수학적으로 고안하게 되며, 그는 이 기계가 종이테이프에 뚫린 구멍들로 필요한 명령을 입력하면 프로그램에 의해 자동으로 연산이 수행될 것이라 설명했다. 이 같은 "튜링 기계"의 개념은 자동화 이론, 논리학, 언

어 이론 등에 큰 영향을 주었다.

클린 Kleene(1909-94)은 이런 기계를 위한 프로그램이 그것이 수행해야 할 데이터와 본질적으로 차이가 없음을 보여 주는 또다른 추상적 정리를 세웠다.

1940년대 이후 전시, 전후의 수학

히틀러의 국가사회당(나치)이 1933년 봄에 수많은 교수들을 유태인 또는 정치적 반대파라는 이유로 해직한 뒤에 많은 학자들이 미국으로 피신하였다. 그 뒤 제2차 세계대전(1939-45) 중 여러 가지 필요에 따라 컴퓨터 디자인, 적정이론, 작전연구(O.R.), 암호해석, 그 밖의 많은 분야의 수학이 생겨났다.

튜링은 영국에 돌아와 실제로 독일의 암호를 해독하는 일에 종사하여, 1943년에 콜로서스 Collossus라는 세계 최초의 연산 컴퓨터를 만들었고, 이것을 써서 독일의 암호 체계를 깨뜨리는 데 큰 공헌을 하였다. 싱코브 Sinkov(1907-98) 같은 수학자는 2차대전 중 태평양 방면의 통신정보부대의 지휘관이었고, 전후에는 국가안보기구(NSA)의 책임자로서 암호분석에 종사하였다.

오랫동안 경영 문제에 과학적 접근법을 적용하려는 시도가 있어왔으나, 2차 대전 중 작전과 조직관리의 문제 해결에 체계적이고 과학적인 분석을 이용한 O.R.(operations research)이 막대한 성공을 거두었다.

2차대전 후, O.R.은 경영수학, 산업수학으로 발전하였으며, 선형계획법에서는 단지그 Danzig(1914-2005)가 단체법(1947-48)을 발견하였고, 동력학적 계획법에서는 벨만 Bellman(1920-84)이 우주항행공학에서의 제어이론(1951)을 세웠다. 그 밖에도 경영과학, 정보이론, 마르꼬프 Markhoff 과정, 자동화이론 같은 것이 생겨났다. 촘스키 A. N. Chomsky(1928-)의 언어이론에의 수학의 적용도 잘 알려져 있다.

1960년 비표준 해석학

17, 18세기의 미적분학은 "무한소"라는 모순적인 개념을 가지고 있었는데, 이것을 합리화하려는 시도가 실패한 뒤에, 그 개념의 사용은 ε-δ 논법과 극한이론으로 대치되었다 (⇨ *p*.227).

그로부터 거의 100년이 지난 뒤 수학기초론 안에 모델이론이 나타났다. 모델은 형식화된 이론을 해석하는 틀이며, 일정한 조건을 갖춘 이론에는 표준적이 아닌 모델이 존재하는데 이를 비표준모델이라 한다.

1960년에 로빈슨 Robinson(1918-74)은 실수 $\boldsymbol{R}$의 비표준모델 $\boldsymbol{R}^*$에 무한소와 무한대의 초실수를 도입하여 라이프니츠 시대의 무한소 연산을 합리화하는 데 성공하였다. 이것이 비표준해석학의 시초이다.

이렇게 해서 생겨난 현대적 무한소해석학은 물론 ε-δ 논법 (⇨ *p*.227)을 쓰는 이론과 동등하지만, 더 직접적이고 직관적이다. 그것은 미적분학의 첫 과정을 간단화함으로써 교육적 가치가 있으며, 오일러 이전의 여러 학자들의 엉성한 추론을 정당화시켜 준 이론적 가치도 있다.

1967년 프랙탈 기하학

프랙탈 fractal이란 작은 구조가 전체 구조와 비슷한 형태로 끝없이 되풀이되는 구조를 말한다.

만델브롯 Mandelbrot (1924-)은 "브리테인 섬의 해안선은 얼마나 긴가? 통계적 자기닮음성과 프랙탈 차원"이라는 논문을 발표하여, 자기닮음성을 가진 도형에 관한 프랙탈 기하학의 시조가 되었다.

그보다 앞서 1920년대의 파토우 Fatou(1878-1929)와 줄리아 Julia(1893-1978)가 연구하기 시작한 복합동력계의 어떤 구조를, 1970-80년대에 발달한 컴퓨터 그래픽의 덕으로, 만델브롯 등이 알아볼 수 있게 된 것이 그 동기가 되었다. 이러한 연구에서 나타난 놀랄 만큼 아름다운 그림들은 그 자체로서도 예술적인 가치가 있다. 줄리아 집합과 만델브롯 집합으로 알려진 환상적인 수학적 대상은 프랙탈의 한 예이다. 인터넷에 나와 있는 그림들을 찾아보기 바란다.

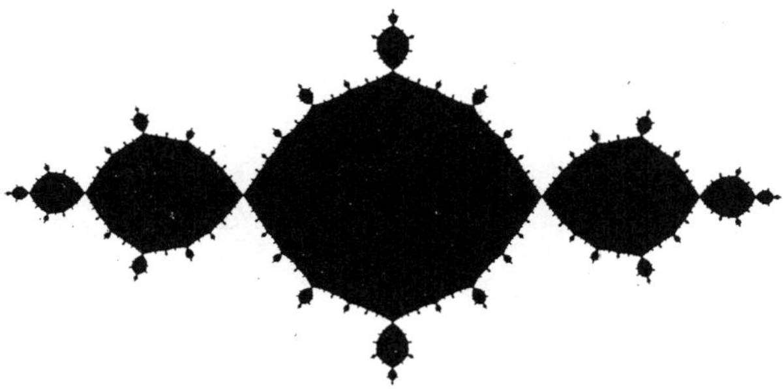

줄리아 집합의 예

프랙탈 이론은 수학뿐 아니라 물리학, 생물학, 지구과학, 컴퓨터과학, 여러 공학에 응용되며, 복잡한 집단을 분석하는 금융수학, 경영학,

심리학, 사회학의 이론에도 응용된다. 일정한 규칙을 반복하여 새로운 이미지를 만드는 컴퓨터 예술이나 애니메이션과 무늬 디자인 등에도 쓰인다.

1976년 네 색 Four Color 문제

1852년에 런던의 구쓰리 Guthrie는 나라들이 연결되어 있을 때 모든 평면지도는 네 색 이하로 칠할 수 있는가라는 문제를 제기하였다. 이 문제는 드 모르강과 케일리 등이 연구하였으나, 굉장히 어려운 문제이었다. 이 문제는 지도에 색을 칠할 때 경계선으로 이웃하는 나라를 서로 다르게 칠하기로 하고, 점만을 공유하는 나라는 이웃나라로 보지 않기로 하면, 몇 가지 색이 필요 충분한가 하는 것이다. 네 색이 필요함은 오른쪽 그림에서 알 수 있으나, 문제는 네 색이면 충분한가이다.

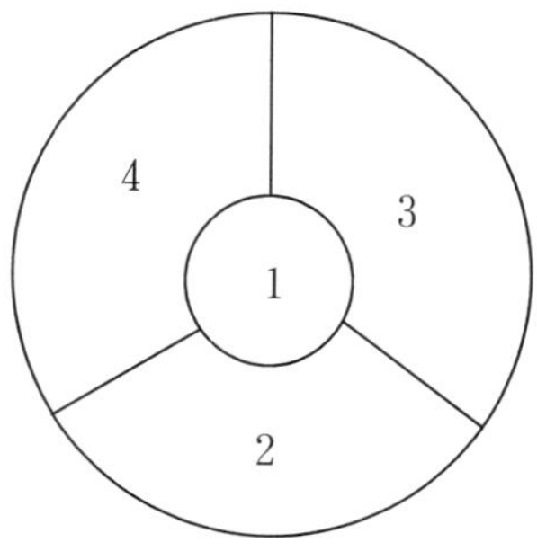

5색이면 충분하다는 것은 곧 증명되었고, 또 나라들이 평면 또는 구면 위에 있지 않고 원환면 (torus, 튜브꼴) 위에 있는 경우에는 7색이면 필요충분하다는 것도 밝혀졌다.

이 문제는 최종적으로 1976년에 일리노이 대학교의 아펠 Appel과 하켄 Haken이 네 색으로 충분하다는 것을 증명하였다. 그들의 방법은 지도를 그 특징에 따라 약 1,879개의 경우로 분류하고, 그 각각의 경우가 네 색으로 충분함을 컴퓨터를 써서 수학적 귀납법으로 증명을 완성하였다. 대형 컴퓨터를 1,200 시간 이상 가동하여 계산한 결과였다. 이 해결로 인하여 컴퓨터를 써서 하는 증명이 수학에서 처음 공인될 수 있었다.

1981 년 유한단순군의 분류

한 군 G의 한 부분군 H가 정규부부군이라 함은 임의의 $x \in G$와 $h \in H$에 대하여 항상 $xhx^{-1} \in H$가 성립하는 것이다. 단위원만으로 된 부분군과 G 자신은 항상 G의 정규부분군이다. 이러한 두 정규부분군 이외의 정규부분군을 가지지 않는 군을 단순군이라 부른다.

오랫동안 수많은 학자들이 연구해 오던 유한단순군의 분류가 고렌스타인 Gorenstein (1923-92)의 주도로 1981 년에 완성되었다. 이 유한단순군의 분류의 완성은 1950-80 년 초까지의 약 30 년에 걸쳐 100 명 이상의 학자들의 총 500 여 편의 논문으로 이루어진 것이며, 단일 정리로서는 가장 긴 증명을 가진 것이다. 이것이 계기가 되어 군론뿐 아니라 체론, 그래프 이론, 유한기하학 등에서 새로운 연구가 촉진되었다.

1984 년 대수방정식의 풀이

기원전 2000 년경에 바빌로니아 사람들은 특정한 2 차방정식을 풀 수 있었다. 중국 사람들과 인도 사람들도 마찬가지였다.

16 세기에 페로 del Ferro 와 카르다노 Cardano 같은 이탈리아인

은 3차방정식과 4차방정식의 근을 계수들로부터 구할 수 있었다. 일반적인 5차방정식의 근을 마찬가지로 구하려는 시도는 모두 실패로 끝났다. [이것이 실패로 끝날 수밖에 없었던 것은, 아벨과 루피니 Abel-Ruffini 정리 (1826)에 의하여, 일반적인 5차방정식의 위와 같은 풀이는 불가능하다는 것이 밝혀졌기 때문이다.] 갈르와 Galois (1811-32)는 한 n차방정식이 위와 같은 방법으로 풀리기 위한 군론적인 조건을 밝혀내었다. [한 대수방정식이 풀리기 위한 필요충분조건은 그 방정식의 갈르와군의 가해성이다].

이미 1858년에 에르미트 Hermite (1822-1901)와 크로네커 Kronecker (1823-91)는 서로 독립적으로 5차방정식을 타원적 모듈라 함수를 써서 풀 수 있음을 보였다.

$$a^{1/n} = \exp((1/n)\log a) = \exp((1/n)\int_1^a x^{-1}dx) \qquad (*)$$

이므로, 근을 구한다는 것은 함수 $1/x$의 적분과 지수함수의 사용과 관련되어 있다. 에르미트와 크로네커의 아이디어는 다음과 같다:

5차방정식을 풀기 위하여는 (*)에 들어 있는 지수함수를 다른 초월함수 (한 타원모듈라함수)로 바꾸고, 그 적분을 타원적분으로 바꾸어서 생각하는 것이 필요하다.

크로네커는 임의의 대수방정식의 근들이 마찬가지 방법을 써서 얻어지리라 생각했다. 1984년에 우메무라 Umemura는 크로네커의 생각이 옳음을 증명하였다.

정리. 임의의 대수방정식은 모듈라함수와 초타원적분을 써서 표현되는 한 근을 가진다.

1984 년 존스의 매듭이론

매듭은 다음 그림에서와 같이 3 차원 공간 안의 닫힌 곡선 꼴이다. 매듭이론에서는 한 매듭을 끊지 않고 매끄럽게 움직여서 다른 매듭으로 옮겨 갈 수 있을 때 이 두 매듭은 같은 종류라고 한다. 매듭이론의 한 중요한 과제는 매듭을 분류하는 일이다. 아래 그림의 다섯 매듭은 서로 다른 것인데, 이들이 서로 다름을 보여 주는 각 매듭의 다항식을 발견한 것이 존스 Jones 이다.

Null knot　　The right-handed trefoil　　The left-handed trefoil

The reef　　The granny

이 이론은 곧 분자생물학 (DNA 의 구조) 과 물리학 (통계역학) 에 응용되었고, 뒤이어 물리학자 위튼 Witten 이 개발한 위상적 양자마당이론에의 응용이 나타났다. 오늘날 물리학자들은 물질이 '초끈' (super-strings) 이라는 시공간 안의 작은 매듭 꼴로 이루어져 있고, 그 성질은 어떻게 매듭지어져 있는가에 달려 있다고 생각한다.

1995 년 페르마의 마지막 정리

페르마 Pierre de Fermat (1601-55) 는 변호사이며 프랑스 툴루즈 지방의회 의원이었다. 그는 아마추어 수학자이었지만, 모든 시대를 통틀어 가장 위대한 수학자 중 한 사람이다 (⇨ *p*.150).

그는 데카르트 Descartes 와 함께 해석기하학과 미분학의 선구자이고, 파스칼 Pascal 과 함께 확률론의 창시자이며, 무엇보다도 근대 정수론의 아버지라 할 수 있겠다.

오랫동안 수학에서 가장 악명 높은 미해결 문제로 되어 있던 페르마의 마지막 정리는 다음과 같이 태어났다. 1637 년경에 그는, 디오판토스 Diophantos 의 《산술》(*Arithmetica*) 의 바셰 Bachet 의 라틴어 번역판을 공부하다가 피타고라스의 정리에 관한 논의를 읽게 된다. 이것에 영향을 받아, 그 책의 여백에 잘 알려진 다음과 같은 글을 적어 넣게 된다.

> "정수의 세제곱을 두 개의 세제곱들로, 또는 네제곱을 두 개의 네제곱들로, 또는 일반적으로 제곱이 아닌 임의의 거듭제곱을 같은 지수의 두 거듭제곱들로 분리하는 것은 불가능하다. 나는 이 사실의 참으로 놀랄 만한 증명을 발견하였으나, 그것을 적어 넣기에는 이 여백이 너무나 좁다."

페르마는 이 같은 진술들을 흔히 약간의 정당화나 증명 없이 적어 놓기 일쑤였다. 1800 년까지 페르마의 진술들은 유일한 예외를 빼고 모두 해결되었으나, 위의 것이—그의 "마지막" 정리 (FLT, Fermat's Last Theorem)—그 예외이다.

페르마의 마지막 정리 (FLT). 임의의 정수 $N \geq 3$ 에 대하여 다

음을 만족하는 정수 x, y, z 는 없다:

$$x^N + y^N = z^N, \quad xyz \neq 0.$$

페르마 자신은 $N=4$ 인 경우에 위의 결과의 완전한 증명을 남겼다.

한편 타원곡선론에서는 한 유명한 (어렵고도 심오한) 문제로 시무라-다니야마-베이유 Shimura-Taniyama-Weil (STW) 예상이라는 것이 있었다. 이것은 1955 년에 다니야마가 제기한 원래의 예상에 시무라와 베이유가 부분적인 해를 주고, 다시 현대적인 언어로 표현한 것이다.

프레이 Frey, 세르 Serre, 리베트 Ribet 는 STW 가 FLT를 함의함을 보였지만, 그 뒤로도 수학자들은 자기 생전에 STW 나 FLT의 증명을 보리라 생각지 못했다. 여기에 영국 태생의 프린스턴 대학교 교수 외일즈 Andrew Wiles 가 나타난다.

10 살 때 아버지로부터 FLT를 알게 된 뒤, 그는 그것에 열중하게 되었다. 그는 말하기를 FLT에 매달려서 오랜 시간을 보냈고 옥스퍼드에 들어가기 전에 이미 지쳐 있었다고 한다. 케임브리지에서 박사를 받은 뒤, 그는 하버드로 옮겼고, 1980 년대 초에 프린스턴에 자리를 잡았다. 그는 주로 타원곡선과 STW 예상을 연구하였다. 1986 년에 프레이, 세르, 리베트의 연구의 영향으로 그는 다시 FLT를 만나게 된다. 그는 즉시 이 문제에 뛰어들어 7 년 후에 그 증명을 얻게 되었고, 그 결과는 1995 년에 간행되었다.

그가 STW 예상을 완전히 증명한 것은 아니다. 그는 그 예상의 일부를 증명했을 뿐이다. 그러나 그것만으로 FLT를 증명하기에 충분한 것이다. 애초부터 그는 바로 그것을 노린 것이다.

그로부터 6년 뒤인 1999년에 하버드대학의 콘라드 Conrad 등의 연구팀이 위의 STW 예상의 증명을 완성했다고 공식적으로 발표하였다.

1998년 베를린 ICM에서는 페르마의 마지막 정리를 증명한 와일즈에게 특별상으로서 필즈 메달 대신 "IMU 은판"이 주어졌는데, 이는 그가 40세를 넘었기 때문이다.

그는 1993년에 그 증명을 공표하였으며, 1994년 취리히 ICM에서 필즈 메달을 받으리라 기대되었었는데, 증명을 보충하여 발표한 것이 1995년인 탓에 이런 일이 일어났다. 물론 그가 다른 수상자들보다 오랜 박수갈채를 받았음은 자연스런 일이다.

1996년 에르되쉬의 업적

인류 역사에서 가장 많은 수학 논문을 쓴 사람은 에르되쉬 Erdös (1913-96)이다.

에르되쉬는 부다페스트에서 헝가리계 유태인으로 태어나서 바르샤바에서 심장마비로 사망하기까지 수학의 여러 분야에서 1,500편 이상의 논문을 발표하였다.

그는 연구할 과제를 찾아 세계 곳곳을 다니면서 다양한 문제를 여러 사람과의 공동 연구로 해결하였는데, 특히 정수론의 분야에서 뛰어난 업적을 남겼다. 1930년 대학 1학년 때 쓴 첫 논문에서

"임의의 자연수 n에 대해 $n < p \leq 2n$인 소수 p가 존재한다"

는 체비셰프 Chebyshev 정리의 간단한 증명을 발표하였고, 이러한 공부는 곧 소수분포에 대한 연구로 이어졌다. 1949년에는 셀버그

Selberg 와 함께 소수정리를 증명하였는데, 그 전의 증명과는 달리 복소함수론을 쓰지 않은 것이다 (⇨ p.69).

에르되쉬는 부정방정식에 대한 연구도 활발히 하여 1975 년에 셀프리지 Selfridge 와 함께 쓴 책에는

> "둘 이상의 연속적인 자연수의 곱은 제곱수나 세제곱수 또는 그 이상의 제곱수로 표현될 수 없다"

는 것의 증명도 포함되어 있다.

이밖에도 에르되쉬는 조합이론, 그래프이론, 집합론, 등의 분야에서도 크게 공헌을 하였다.

1997-99 년　큰 소수들의 발견

컴퓨터에 의한 계산능력의 확대는 우리가 알고 있는 수들에 대한 정확도를 증대시켜 주었다. π 나 e 같은 무리수들이 소수점 아래 100 억 자리까지 계산되었다는 것은 이미 지난 이야기가 되어 버렸다. 이 같은 결과는 컴퓨터의 기억용량이나 계산속도의 증가에 따라 더욱 발전될 것이다. 한편, 보다 더 큰 소수를 찾는 문제에도 많은 사람이 관심을 가지고 있는데 이는 암호론에의 응용 때문이다.

17 세기의 프랑스의 메르센느 Mersenne (1588-1648) 의 연구의 영향으로, $M_p = 2^p - 1$ (p 는 소수) 꼴의 수를 메르센느 수라 부르고, 이것이 소수일 때 메르센느 소수라 부른다. 1996 년 초에 월트만 Woltman 은 GIMPS (Great Internet Mersenne Prime Search) 를 시작하였는데, 여기에서 (http://www.mersenne.org/prime.htm) 프로그램을 다운받아 영국의 정보기술자 스펜스 Spence 는 1997 년 12

월에 자신의 펜티엄 Pentium 100 PC를 15일 동안 사용하여 메르센느수 $2^{2976221}-1$이 소수임을 보였다.

그러나 이 기록도 1998년 1월 27일에 클라크슨 Clarkson, 월트만 Woltman, 쿠로우스키 Kurowski 등이 $2^{3021377}-1$이 909,526자리의 소수임을 밝힘으로써 곧 깨졌다. 이러한 방식으로 계속해서 큰 소수가 발견되어 오고 있으며, 2005년에는 42번째의 메르센느수일 것이라 생각되는 $2^{6972593}-1$이 발견되었는데, 이는 781만 6,230자리의 소수이며, 한 페이지에 3,500자씩 들어가는 책으로 펴낸다면 약 2,200페이지가 된다.

1998년　케플러의 예상 (구쌓기 문제)

행성운행의 법칙에 관한 연구로 유명한 천문학자 케플러 Kepler (1571-1630)는 1611년에 자명한 사실로서 공간에서 동일한 크기의 구들을 가장 조밀하게 쌓는 방법은—과일가게에서 흔히 볼 수 있는—면심입방쌓기 (face-centered cubic packing)라고 생각하였다. 이때의 밀도는 약 74.05%에 이르며, 이것이 3차원 구 쌓기의 최대 밀도로 판명된다. 실생활에서는 누구나 아는 상식이었지만, 엄밀한 수학적 증명은 쉽게 얻을 수 없었다.

387년 후인 1998년 8월 9일 미쉬간 대학의 헤일즈 Hales는 마침내 자신의 제자 퍼거슨 Ferguson이 증명을 완성했노라고 e-메일로 전 세계에 공표하였다.

이 증명이 나오기까지의 역사를 간략하게 살펴보기로 하자. 우선은 여러 가지 쌓기에 대하여 밀도를 계산하는 것이 필요하였다. 많은 사람들의 노력에 의하여 입방격자 모양으로 쌓을 때는 밀도가 약

0.5236 이고, 육각형격자로 쌓을 때는 약 0.6046, 면심입방쌓기로는 약 0.7405 임을 알게 되었다. 문제는 불규칙적인 쌓기에서는 밀도가 어떻게 되는가 하는 것이었다.

1958 년 버밍햄대학의 로저스 Rogers 는 어떠한 쌓기도 밀도가 0.7796 보다 클 수 없음을 보였다. 이 결과는 케플러의 예상이 옳음을 더욱 믿게 하는 것이었다. 한편 1953 년에는 헝가리계 수학자 페예스 토트 Fejes Toth 가 증명이—비록 불가능할 정도로 복잡하기는 하지만—유한한 계산으로 귀착될 것이라는 것을 보였는데, 컴퓨터에 의한 계산 능력의 향상으로 용기를 얻은 헤일스는 1994 년부터 다섯 단계로 문제를 나누어 증명을 시작하였고, 마지막 단계를 퍼거슨이 증명한 것이다.

2000 년 새 천년의 현상 문제들

2000 년 5 월 25 일 16 : 00 시에 파리의 꼴레즈 드 프랑스 College de France 에서의 "새 천년 모임"에서, 클레이 Clay 수학연구소(CMI)는 수학에서 중점적인 중요성을 가지는 7 개의 문제에 관한 7 백만 달러의 현상금이 조성되었음을 발표하였다. 1900 년 8 월 8 일 ICM 에서의 힐버트의 저명한 문제들의 리스트에 영향을 받은 것이며, CMI 는 제시된 문제들의 해결에 각 백만 달러씩을 지불할 것이다.

CMI 는 발표문에서 "수학은 과학 가운데에서 특권을 가진 위치를 가진다"고 주장하고 이 현상 문제들은 "새 천년의 수학을 축하하는데" 도움이 될 것이라는 희망을 표현했다.

CMI 는 사립 비영리 재단이며, 그 목표는 "수학적 사고의 아름다

움, 강력함, 보편성을 촉진시키는 데 있다".

아래에 그 7개의 문제와 미국수학회 회보에 실린 간단한 요약을 들기로 한다.

P* versus *NP 한 문제가 P에 속한다 함은 다항식 시간 안에 진행되는 앨거리듬 (즉, 소요시간이 기껏해야 입력한 크기의 다항식 함수가 되는 것)에 의하여 해결될 수 있다는 것이다. 한 문제가 NP에 속한다는 것은 제안된 풀이가 다항식 시간 안에 검산될 수 있다는 것이다. 그렇다면 $P = NP$인가?

리이만 Riemann 예상 리이만의 제타 zeta 함수의 모든 비자명 영점 (nontrivial zero)은 실수부가 1/2이다.

프왕카레 Poincaré 예상 임의의 닫힌 단순연결 3차원 다양체는 3차원 구면과 위상동형이다.

하지 Hodge 예상 한 비특이 복소사영다양체에서, 임의의 하지류는 대수적 윤체들의 류의 유리수계수 일차결합이다.

버취 Birch 와 스위너튼-다이어 Swinnerton-Dyer 예상 유리수체에 관한 임의의 타원곡선에 관하여, 그것의 1에서의 L 함수가 0이 될 위수는 그 곡선 위에서의 유리점들의 가환군의 계수와 같다.

나비어-스토크스 Navier-Stokes 방정식 3차원 나비어-스토크스 방정식의 (적절한 경계 및 초기조건들을 가정할 때의) 해들의 존재와 해들의 원활성을 증명하든가 반례를 들라.

양-밀즈 Yang-Mills 이론 양자 양-밀즈 마당들의 존재와 그것이 질량 갭 gap을 가짐을 증명하라.

이들 7개의 문제 외에도 수학에는 오랜 역사를 지닌 골드바하 Goldbach의 예상, 샤우더 Schauder의 예상 등 여러 미해결 문제가 있으며, 이들이 21세기 수학에서의 주된 문제로 연구될 것이다.

위의 7개의 문제들 중 프왕카레 예상은 러시아의 페렐만 G. Perelman이 2003년 3월에 그 예상을 해결하는 요령을 제시했고, 그 이론에 따라 2006년 6월에 중국인 수학자 주 시핑과 차오 화이 둥이 완전히 해결했다.

2002년 아벨 상(Abel Prize)

아벨 Abel(1802-29)은 가난과 결핵으로 너무나 젊어서 죽은 노르웨이의 수학자로, 5차 이상의 대수방정식이 대수적으로 풀릴 수 없다는 것을 비롯한 여러 가지 연구로 큰 업적을 남겼다(⇨ *p*.65). 오랫동안 국왕을 비롯한 많은 노르웨이인들이 그를 기리는 상 제도를 만들려고 노력해 온 끝에 아벨의 탄생 200주년이 되는 해인 2002년 1월에 국가적인 상으로 확립되었다.

아벨 상은 노르웨이 학술원(Norwegian Academy of Science and Letters)이 수학 분야에서 탁월한 학문적 업적을 이룬 학자에게 매년 수여한다. 상금은 6백만 노르웨이 크로너(약 $920,000)이며, 국제적인 위원회가 수상자를 선정한다.

2003년 6월 3일 세르 Serre(1926-)에게 첫 번째 아벨 상이 주어졌는데, 그 앞뒤로 이를 경축하는 노르웨이의 국가적 행사가 있었다. 그는 위상수학, 대수기하학, 정수론 등 여러 분야에 걸쳐 혁명적인 대수적 방법을 발전시킨 공적이 있으며, 28세 때인 1954년에 필즈 메달을 받은 최연소 기록을 가지고 있다.

2004년도 수상자는 아티야 Atiyah와 싱어 Singer가 공동으로 그들의 이름이 붙은 지표정리에 관한 공헌으로 받았는데, 그 정리는 수학의 풍경을 바꾸어 놓았다는 평을 들었다.

2005년에는 락스 Lax가 편미분방정식의 이론과 응용에 크게 기여한 공으로 받았고, 2006년에는 칼슨 Carleson이 조화해석과 동력계에 관한 공헌으로 받았다.

참고문헌

이 책의 성격상 일일이 인용한 것을 제시하지 못했음을 유감으로 생각하며, 이 책을 쓰는 데 참고한 문헌만을 들어 둔다. 또, 대학 수학과에서의 표준적인 교과서들은 일일이 들지 않았다.

N.H. Abel and E. Galois, 群と代數方程式, 守屋美賀雄 譯・解說, 共立出版, 1975.

W.S. Anglin and J. Lambda, *The Heritage of Thales*, Springer, 1995.

K. Appel and W. Haken, "The solution of the four-color-map problem," *Scientific American* (October 1977), 108–121.

S.F. Barkes, *Philosophy of Mathematics*, Prentice Hall, Inc. 1964.

E.T. Bell, *Men of Mathematics*, Simon and Schuster, 1965.

M.I. Bittinger, *Logic, Proof, and Sets*, 2nd ed., Addison-Wesley Pub. Co., 1982.

M. Black, *The Nature of Mathematics*, Littlefield, Adams & Co., 1959.

M. Boll et J. Reinhart, *Les Ètapes de la Logique*, Collection Que sais-je? No 225 (花田圭介・吉田夏彦 譯, 白水社, 1955).

F. Cajori, *A History of Elementary Mathematics* (小倉金之助 補譯, 共立出版, 1970).

G. Cantor, 超限集合論 (功力金二郎, 村田全 譯・解說, 共立出版, 1979).

G. Cardano, *The Great Art of the Rules of Algebra* (Transl. & Edited by T.R. Witmer from the 1545 edition), The M.I.T. Press, 1968.

R. Carnap, *Foundations of Logic and Mathematics*, Univ. of Chicago

Press, 1939.

L. Chambadal, *Dictionarie de mathèmatiques*, Classiques Hachette, 1978.

B. Cipra, *What's Happenning in the Mathematical Sciences*, Amer. Math. Soc., vol. 1, 1993, vol. 2, 1994, vol. 3, 1996, vol. 4, 1999, vol. 5, 2002.

P.J. Cohen, *Set Theory and the Continuum Hypothesis*, W.A. Benjamin, Inc., 1966.

H.B. Curry, *Outline of a Formalist Philosophy of Mathematics*, North-Holland Publ. Co., 1951.

H.B. Curry, *Foundations of Matematical Logic*, Dover Publ. Inc., 1977.

D. van Dalen and A.F. Monna, *Sets and Integration, An Outline of the Development*, Wolters-Noordhoff, 1972.

T. Danzig, *Number, The Language of Science*, 4th ed., Free Press, 1954.

J.W. Dauben, "Georg Cantor and the origins of transfinite set theory," *Scientific American* (June 1983), 122–131.

J.W. Dauben, *The History of Mathematics from Antiquity to the Present: A Selective Annotated Bibliography* (Revised Edition on CD ROM), Amer. Math. Soc., 2000.

J. Dawson, *The Published Work of Kurt Gödel, An Annotated Bibliography*, Preprint.

J. Dawson, "The Gödel incompleteness theorem from a length-of-proof perspective," *Amer. Math. Monthly* 86 (1979), 740–747.

J. Dieudonne, *A Panorama of Pure Mathematics: As Seen by N. Bourbaki*, Academic Press, 1982.

E. Ditcher, *A History of the Second Fifty Years American Mathematical Society 1939–1988*, Amer. Math. Soc., 1988.

P. Duren, *A Century of Mathematics in America, Parts I, II, III*, Amer. Math. Soc., 1989.

H. Eves, *An Introduction to History of Mathematics*, 5th edition, The Saunders series, 1983.

W. Ewald, *From Kant to Hilbert: A Source Book in the Foundations of*

Mathmatics, I, II, Clarendon Press, Oxford, 1996.

L. Gåding, *Encounter with Mathematics*, Springer-Verlag, New York, 1977.

R. J. Gillings, *Mathematics in the Time of the Pharaohs*, Dover Publ., 1972.

K. Gödel, *The Consistency of the Continuum Hypothesis*, Princeton Univ. Press, 1970.

I. Grattan-Guinnes, "On the development of logics between the two World Wars," *Amer. Math. Monthly* 87 (1981), 495-509.

E. Hairer and G. Wannet, *Analysis by Its History*, Springer, 1996.

F. Hausdorff, *Set Theory* (transl. by J.R. Aumann et al.), Chelsey Publ. Co., New York, 1957.

Sir T. Heath, *A History of Greek Mathematics, I, II*, Dover Publ., 1981.

J. van Heijenoort (ed.), *From Frege to Gödel, A Source Book in Mathematical Logic, 1879-1931*, Harvard Univ. Press, 1967.

A. Heyting, *Intuitionism, An Introduction*, North-Holland Publ. Co., 1956.

K. Hrbacek and T. Jech, *Introduction to Set Theory*, Marcel Dekker, Inc., 1978.

T.J. Jech, *Lectures in Set Theory with Particular Emphasis on the Method of Forcing*, Lect. Notes in Mathematics 217, Springer-Verlag, 1971.

C.W. Kilmister, *Language, Logic and Mathematics*, English Univ. Press, 1967.

S.C. Kleene, *Mathematical Logic*, John Wiley and Sons, Inc. 1968.

M. Kline, *Mathematics, The Loss of Certainty*, Oxford Univ. Press, New York, 1980 (朴世熙 譯, 數學의 確實性, 民音社, 1984).

M. Kline, *Mathematical Thought from Ancient to Modern Times*, Oxford Univ. Press, 1972.

S. Mac Lane, "Mathematical models: A sketch for the philosophy of mathematics," *Amer. Math. Monthly* 88 (1981), 462-472.

前原昭二, 數學基礎論入門, 朝倉書店, 1977.

J.H. Manheim, *The Genesis of Point Set Topology*, Pergamon Press, 1964.

村田全, 茂木勇, 數學の思想, NHK, 1966.

J.R. Newman, *The World of Mathematics* (4 vols), Simon and Schuster, New York, 1956.

日本數學會 編集, 數學辭典, 第3版, 岩波書店, 1985 (M.I.T. 出刊의 英譯版이 있음).

L. Novy, *Origins of Modern Algebra*, Noordhoff International Pub., 1973.

朴世熙, 現代數學思想論攷, 文理大學報, 제5권 제1호 (1957), 60-69.

朴世熙, 數學基礎論硏究를 爲한 序說, 文理大學報, (上) 제9권 제2호 (1958), 109-116, (下) 제7권 제1호 (1958), 58-67.

朴世熙, 數學의 過去・現在・未來, 自然科學大學敎養講座 第1輯, 서울大學校, 1976.

M. Queysanne et A. Delachet, *L'algèbre moderne*, Collection Que sais-je? No 661, 1955 (芹澤正三 譯, 白水社, 1956).

W.V.O. Quine, *Set Theory and Its Logic*, The Belknap Press, 1970.

J.W. Robbin, *Mathematical Logic, A First Course*, W.A. Benjamin, Inc., 1969.

T. Rothman, "Genius and Biographers: The fictionalization of Evariste Galois," *Amer. Math. Monthly* 91 (1982), 84-106.

D.E. Rowe and J. McCleary, *The History of Modern Mathematics, I, II*, Academic Press, 1989.

B. Russell, *Principles of Mathematics*, 2nd ed., W.W. Norton & Co. Inc., Originally 1903.

B. Russell, *Introduction to Mathematical Philsophy* (平野智治 譯, 弘文堂書房, 1942).

W.C. Salmon, *Logic*, 2nd edition, Prentice-Hall Inc., 1973.

Scientfic American, *Mathematics, an Introduction to Its Spirit and Use*,

W.H. Freeman and Co., San Fransisco, 1978.

E. Snapper, "The three crisis in mathematics: Logicism, Intuitionism and Formalism," *Math. Magazine* 52 (1979), 207-216.

L.A. Steen (ed.), *Mathematics Tomorrow*, Springer, 1981.

D.J. Struik, *A Concise History of Mathematics*, Dover Publ., 1967.

J.W.N. Sullivan, *A History of Mathematics in Europe* (須藤利一 譯, 近世數學史, 創元社, 1953).

竹內外史, 直觀主義的集合論, 紀伊國屋書店, 1980.

寺阪英孝 編, 現代數學小事典, Blue Backs, 講談事, 1977.

M.J. Tits, "Evariste Galois, son oeuvre, sa vie, ses rapports avec l'acad émie," *C.R. Acad. Sc. Paris* 295 (1982), 171-180.

A.N. Whitehead and B. Russell: *Principia Mathematica* (3 vols), Cambridge Univ. Press, 1925-27.

R.L. Wilder, *Introduction to the Foundations of Mathematics*, 2nd ed., John Wiley & Sons, Inc.

藪內淸, 中國の數學 (朴世熙 譯, 電波科學社, 1977).

矢野健太郎, 數學史, 科學新興社, 1967.

찾아보기

ㄴ

ㄷ

ㄹ

ㅅ

ㅇ

ㅈ

ㅊ

ㅋ

ㅌ

ㅍ

「대학교양총서」 발간에 즈음하여

오늘날 우리는 실로 경이적인 발전과 변화의 시대에 살고 있다. 세계문명은 고도의 전문화를 지향하고 있으며, 이와 같은 경향은 이른바 '지식의 폭발'을 야기시키고 있다. 현대를 사는 교양인으로서 갖추어야 할 지식의 양은 놀랍도록 증대되어 가고 있다.

한편 전문적 지식 및 기술혁신에 의한 물리적 상황의 급격한 변화는 인간존재의 근저까지 뒤흔들어 놓았으며, 오늘날 인간의 존재양식에 대한 근원적인 회의에서 비롯된 새로운 가치, 새로운 휴머니즘의 탐구가 더욱 절실히 요청되고 있다.

그러나 인간의 가치 문제는 보편성과 동시에 역사성을 모면할 수 없으며, 한 개인의 주체적 자각은 필연적으로 역사적 자아와 결부된다. 우리는 공간적으로 세계와 연결되는 동시에 역사적으로 민족사 속에 뿌리를 내리고 있다. 우리가 진정한 자아를 확립하고 인류역사에 공헌하는 것은 오로지 민족적 자아로서이다.

금번 본대학출판부가 기획·발간하는 「대학교양총서」의 야심은 이상 세 가지의 명제에 부응함으로써 오늘의 한국의 교양인 및 대학생들의 지적 갈망, 윤리적 고뇌를 더불어 나누며 주체적 자아의 추구에 함께 나서려는 데 있다.

이로써 본대학출판부는 '깊이' 추구한 지식을 삶의 현장 속에 생동하는 진리로서 전환시켜 '널리' 전달함으로써 학문과 사회를 연결시켜야 하는 대학의 또 하나의 사명에 공헌할 수 있을 것이다. 「대학교양총서」를 통하여 이 땅 위에 진정한 사상과 문화가 열매 맺기를 빌어 마지않는다.

서울대학교 총장

□ 저자약력 □

박세희(朴世熙)

서울대학교 문리과대학, 대학원 수학과 졸업
인디애나대학교 대학원(Ph.D.)
서울대학교 문리과대학 강사, 전임강사, 조교수
서울대학교 자연과학대학 부교수, 교수 역임
캘리포니아대학교(버클리) 연구원, 인디애나대학교 객원교수, 필리핀대학교 객원교수, 연변대학 객좌교수
대한수학회 편집위원, 총무이사, 부회장, 회장 역임
대한수학회지, 회보에 발표한 60편을 포함하여 국내학술지에 120여 편, 외국학술지에 근 140여 편의 논문을 발표하였고, 18권의 저서, 17편의 국내해설논문, 50여 편의 잡문을 썼다. 그 밖에 AMS의 MR에 240여 편의 Review를 실었다. 모두 합하여 근 600여 편의 글을 발표하였다.
국내학술발표 및 초청강연 90여 회,
국제회의 발표 및 외국대학 초청강연 130여 회
서울시 문화상, 국민훈장 동백장, 대한수학회 학술상, 논문상
대한민국학술원상, 한국과학기술한림원상
현재: 서울대학교 명예교수
　　한국과학기술한림원 원로회원
　　대한민국학술원 회원

대학교양총서 18

개정판 수학의 세계

초판 1쇄 발행 1985년 5월 20일
개정판 1쇄 발행 2006년 9월 10일
개정판 12쇄 발행 2025년 1월 3일

지은이 박세희

펴낸곳 서울대학교출판문화원
주소 08826 서울 관악구 관악로 1
도서주문 02-889-4424, 02-880-7995
홈페이지 www.snupress.com
페이스북 **@snupress1947**
인스타그램 **@snupress**
이메일 snubook@snu.ac.kr
출판등록 제15-3호

ISBN 978-89-521-1484-6 93410

대학교양총서

1 한국 현대시의 정수
정 한 모

2 근대화—그 현실과 미래
김 경 동 외

3 20세기 이데올로기와 문학사상
정 명 환 외

4 현대미술의 이해
임 영 방

5 현대의 철학(Ⅰ)
한 전 숙 외

6 셰익스피어의 생애와 작품
이 경 식

7 한국 고미술의 이해
김 원 용

8 문화인류학의 세계
이 광 규

9 한국 전통음악의 이해
장 사 훈

10 미의 사색
백 기 수

11 빛은 있어야 한다
김 제 완

12 한국 현대문학 비평사
김 윤 식

13 한국의 전통사상과 문학
장 덕 순 외

14 현대문학 비평의 방법론
김 치 수 외

15 법과 사회정의
김 철 수

16 현대법학의 이해
최 종 고

17 국어연구의 발자취(I)
김 완 진 외

18 개정판 수학의 세계
박 세 희

19 한국의 전통사회와 법
박 병 호

20 예술의 사색
백 기 수

21 한국사회 한 세대
김 경 동 외

22 언어이론과 현대과학 사상
이 정 민

23 한국의 물레방아
이 춘 녕 외

24 과학과 환경
주 광 열

25 프루스트·토마스 만·조이스
이 형 식 외

26 문학과 자기성찰
이 상 옥

27 현대한국과 종속이론
임 현 진

28 한국문학의 근대성과 이데올로기 비판
김 윤 식

29 한국 근대 민족주의의 형성과 전개
신 용 하

30 한국 기업의 국제화와 경영전략
심 병 구 외

31 80년대 우리 문학의 이해
김 윤 식

32 80년대 우리 소설의 흐름(I)
김 윤 식

33 80년대 우리 소설의 흐름(II)
김 윤 식

34 한국의 법학자
최 종 고

35 프루스트의 예술론
이 형 식

36 쌀과 문화
이 춘 녕

37 대학진학을 뜻하는 젊은이에게
김 원 수

38 한국의 현대미술 무엇이 문제인가
안 휘 준

39 변혁기의 시와 문화
김 용 직

40 사랑의 의미
김 중 술

41 미국 문학과 작가들의 초상
김 성 곤

42 환경지구화학과 건강
전 효 택

43 근대작가의 삶과 문학
구 인 환

44 사람과 자동차
조 대 경

45 국어 표기 4법 논의
이 상 억

46 독일문학의 이해
박 환 덕

47 정의의 상을 찾아서
최 종 고

48 역사와 사회 속의 과학
김 영 식

49 한국 전통문화의 구조적 이해
이 광 규

50 프랑스어 문화권의 이해
원 윤 수

51 변화의 시대에 우리 젊은이들에게
곽 수 일

52 인류학과의 만남
전 경 수

53 민주주의와 사회주의
이 용 필

54 시인의 노래
조 창 섭

55 한민족의 세계사적 소명
이 광 규

56 독서 · 학문 · 문화
조 동 일

57 현대문학과의 대화
김 윤 식

58 입의 문화
김 수 경

59 정치개혁과 사법개혁
김 철 수

60 정치현상의 체계적 이해
이 용 필

61 건강한 청소년기를 위하여
김 응 익

62 한국문학의 사실과 가치
조 남 현

63 새로운 민족관의 수립을 위하여
이 광 규

64 농업의 이념과 철학
이 은 웅

65 경영학의 이해
김 원 수

66 사회주의 체제의 허상
최 종 기

67 우리의 배
김 재 근

68 서양건축문화의 이해
윤 장 섭

69 약, 그 허와 실
박 찬 웅

70 도시 · 문명 · 국가
최 몽 룡

71 현대 한국가족의 이해
이 광 규

72 파스칼—그 생애와 사상
이 환

73 로마공화정
허 승 일

74 현대음악
이 석 원

75 국제화 시대의 한민족의 진로
이 광 규

76 전통문화산책
이 광 규

77 서양근대건축
윤 장 섭

78 동 · 서양 시의 이해
이 병 한 외